HASARD ET PROBABILITÉS
HISTOIRE, THÉORIE ET APPLICATION DES PROBABILITÉS

PHILIPPE PICARD

HASARD ET PROBABILITÉS

HISTOIRE, THÉORIE
ET
APPLICATION DES PROBABILITÉS

VUIBERT

Également aux éditions Vuibert :

Claude BOUZITAT & Gilles PAGÈS,
    En passant par hasard... Les probabilités de tous les jours,
    Illustrations d'Yves GUÉZOU, 288 pages

Pierre DUGAC,
    Histoire de l'analyse,
    préface de Jean-Pierre KAHANE, 432 pages

G.H. HARDY & E.M. WRIGHT, *Introduction à la théorie des nombres,*
    traduction de François SAUVAGEOT, introduction de Catherine GOLDSTEIN,
    coédition Springer, 608 pages

Richard ISAAC,
    Une initiation aux probabilités,
    traduction de Roger MANSUY, coédition Springer, 256 pages

Claudine ROBERT,
    Contes et décomptes de la statistique. Une initiation par l'exemple.
    Illustrations d'Yves GUÉZOU, 208 pages

Claudine ROBERT & Olivier COGIS,
    Théorie des graphes. Problèmes, théorèmes, algorithmes, 256 pages

André MASSONI,
    Initiation aux statistiques descriptives avec Excel, 2ᵉ édition, 240 pages

Société mathématique de France, sous la direction de Jean-Michel KANTOR,
    Où en sont les mathématiques ? relié, 448 pages

Claudine SCHWARTZ (coordinatrice), *Pratiques de la statistique.*
    Expérimenter, modéliser et simuler, préface de Jean-Pierre RAOULT, 240 pages

... et des dizaines d'autres ouvrages de sciences et d'histoire des sciences :
www.vuibert.fr

ISBN 978 2 7117 4018 5

Illustration de couverture : Photo © Mike Chytracek/BigStockPhoto
Couverture : *Mademoiselle*
Édition : Benoît Dessalles
Composition de l'auteur
Maquette et mise en page : ScienTech

La loi du 11 mars 1957 n'autorisant aux termes des alinéas 2 et 3 de l'article 41, d'une part, que les « copies ou reproductions strictement réservées à l'usage privé du copiste et non destinées à une utilisation collective » et, d'autre part, que les analyses et les courtes citations dans un but d'exemple et d'illustration, « toute représentation ou reproduction intégrale, ou partielle, faite sans le consentement de l'auteur ou de ses ayants droit ou ayants cause, est illicite » (alinéa 1ᵉʳ de l'article 40). Cette représentation ou reproduction, par quelque procédé que ce soit, constituerait donc une contrefaçon sanctionnée par les articles 425 et suivants du Code pénal. Des photocopies payantes peuvent être réalisées avec l'accord de l'éditeur. S'adresser au Centre français d'exploitation du droit de copie : 20 rue des Grands Augustins, F-75006 Paris. Tél. : 01 44 07 47 70

© Vuibert, juin 2007 – 20 rue Berbier-du-Mets, F-75647 Paris cedex 13

Table des matières

Avant-propos 7

Introduction – L'origine des probabilités – Entre mythe et réalité 11
    Une naissance légendaire 11
    Autour de l'année 1654 14

Chapitre 1 – Une archéologie du calcul des probabilités 19
    Combinatoire et probabilités 19
    À la recherche de pistes pour une reconstitution des origines 23
    L'approche empirique 33
    Du côté des philosophes antiques 40
    En suivant la piste des jeux de hasard 45
    Annexe – La nouvelle académie et le probabilisme 48

Chapitre 2 – Le problème des partis 51
    Les jeux dans les textes mathématiques 51
    L'expérience et le raisonnement s'allient enfin 55
    Solution générale du problème des partis 56
    Les échanges de 1654 entre Pascal et Fermat 59
    Annexe – Lettre de Fermat à Pascal
        datée du vendredi 25 septembre 1654 65

Chapitre 3 – Huygens et l'espérance mathématique 67
    L'ouvrage de Huygens 67
    Espérance mathématique et variables aléatoires 75
    La linéarité de l'espérance mathématique 77
    Un exemple de dérive métaphysique 82
    Annexe 1 – Buffon : un précurseur dans l'utilisation du calcul des
        probabilités 85
    Annexe 2 – Le choix au hasard d'une droite dans un plan 86

Chapitre 4 – Les Bernoulli et l'âge de la maturité 91
    Introduction 91
    Cet extraordinaire théorème de M. Bernoulli
        que l'Europe savante va attendre pendant 25 ans 94
    Les lois des grands nombres 104

Le Problème de Saint-Pétersbourg 107
　　　Annexe 1 – La démonstration de Jakob Bernoulli 115
　　　Annexe 2 – Un jeu équitable à ruine certaine 117

CHAPITRE 5 – DE MOIVRE ET LE DEUXIÈME THÉORÈME ASYMPTOTIQUE ... 123
　　　La postérité de Jakob Bernoulli 123
　　　Le théorème de la limite centrée 128
　　　Comparaison des deux théorèmes asymptotiques 135
　　　Annexe 137

CHAPITRE 6 – MARCHES ALÉATOIRES ET RUINE DES JOUEURS 139
　　　De la ruine des joueurs à la théorie du risque 139
　　　Le langage des marches aléatoires 141
　　　Durée de la marche aléatoire avec barrières absorbantes
　　　　　(durée du jeu) 152
　　　Les temps d'atteinte remarquables 160
　　　Tous les chemins mènent-ils à Rome ? 170

POSTFACE – SUR QUELQUES POINTS D'HISTOIRE DES MATHÉMATIQUES 173
　　　La subjectivité historique 173
　　　Problèmes matériels et difficultés méthodologiques 175
　　　Le problème du symbolisme 176
　　　L'histoire et ses limites 179
　　　Excursion dans le monde des notations anciennes 180

APPENDICE 1 – À PROPOS DE CERTAINS DES PERSONNAGES CITÉS 185

APPENDICE 2 – LE LANGAGE DES PROBABILITÉS 201

APPENDICE 3 – ASPECTS DIVERS DU HASARD 205
　　　LE HASARD ou bien « des situations de hasard » ? 205
　　　En suivant Antoine-Augustin Cournot 205
　　　Le point de vue d'Henri Poincaré 206
　　　Hasard et aléatoire pur 208
　　　Le Hasard est-il objectif ou camoufle-t-il notre ignorance ? 208
　　　Hasard, ordre et finalité 210

APPENDICE 4 – ENTRE LA PROBABILITÉ ET L'ESPÉRANCE 213
　　　La Probabilité dans le Sens Ancien 213
　　　La Probabilité dans le Sens Moderne 214
　　　L'Espérance Mathématique 215

BIBLIOGRAPHIE 219

INDEX DES PRINCIPALES NOTIONS 223

Avant-propos

Le présent ouvrage est issu de conférences données dans le cadre de l'Université Ouverte, structure de vulgarisation scientifique de l'Université Claude Bernard Lyon 1, et destinées à des auditrices et auditeurs assez différents des étudiants traditionnels, puisque, n'ayant aucun projet professionnel et n'ambitionnant aucun diplôme, ces personnes sont là uniquement pour leur plaisir. Certaines d'entre elles, initialement de bon niveau scientifique, peuvent ignorer le calcul des probabilités ou bien avoir ensuite perdu tout contact avec les mathématiques depuis des décennies. D'autres peuvent être de formation purement littéraire, tout en étant fort curieuses de la science. Les conférenciers doivent donc s'efforcer de répondre à des attentes très hétérogènes.

Pour intéresser au calcul des probabilités un public aussi varié, il m'a semblé qu'une approche reposant sur une trame historique pourrait être judicieuse. Ce calcul est en effet né à une époque relativement proche de la nôtre, mais dans laquelle les mathématiques n'étaient pas encore trop savantes. Tout au moins ainsi les jugeons-nous, parce que nous pouvons les contempler avec les siècles de recul, qui nous ont permis de les assimiler et les approfondir. Il en allait bien sûr différemment pour les contemporains, lesquels ne disposaient ni des concepts, ni des notations dont nous pouvons aujourd'hui faire usage, pour clarifier ce qui devait leur paraître au contraire fort obscur. De ce fait, une grande partie des chapitres qui vont suivre, et surtout les premiers d'entre eux, aura une présentation plutôt littéraire et ne comportera presque aucunes mathématiques. Lorsque la technicité sera un peu plus prononcée, le lecteur en sera informé par l'un des symboles * ou ** indiquant que vont être requises un peu plus de connaissances ou de pratique des mathématiques, mais que les paragraphes ou sections ainsi indexés peuvent être omis sans problème dans une première lecture. Dans le volume prévu pour faire suite à celui-ci, et encore en cours de rédaction, le fil historique ne devrait pas disparaître, mais devenir plus ténu, l'accent étant mis sur ce que la théorie des probabilités recèle au fond de plus original, c'est-à-dire la dépendance et le conditionnement.

On comprendra qu'un ouvrage, qui se présente comme une succession de promenades historiques dans le monde des probabilités, ne puisse aucunement remplacer un manuel ou un traité de calcul des probabilités. En l'absence de contact récent avec cette science, le lecteur pourra donc avoir le désir de retrouver les principales notions utilisées, mais exposées dans un ordre didactique. Plusieurs des ouvrages cités en fin de volume, à la rubrique bibliographique, peuvent jouer ce rôle de manuel introductif : par exemple, celui rédigé sous la direction d'André Warusfeld, où la traduction française du livre de Richard Isaac, tous deux de styles assez différents pour se compléter sans se faire réellement concurrence. Les personnes désireuses de s'informer à un niveau plus approfondi, seront ensuite aptes à faire par elles-mêmes un choix parmi les cours de probabilités écrits pour l'enseignement universitaire. En plus des ouvrages récents, il ne faut pas hésiter à utiliser aussi des livres plus anciens, quitte à fréquenter les bibliothèques pour cela. Si lire seul les textes originaux très anciens demande une préparation considérable, on peut, sans effort notable, tirer beaucoup de la méditation de grands traités d'une ancienneté relative et ayant, en leur temps, atteint la célébrité. Sans remonter jusqu'à Poincaré ou même Bertrand, ce qu'il est néanmoins possible de faire sans véritables difficultés, on peut par exemple conseiller des livres parus vers le milieu du XXe siècle, comme ceux de Uspenski (en anglais), de Rényi (en français, traduit du hongrois en passant par l'allemand) et naturellement de Feller (en anglais), ce dernier régulièrement réédité, et qui restent des lectures d'une grande richesse.

Remarque importante, sauf peut-être au chapitre I, où est poursuivie une véritable recherche, ce livre, bien que nourri d'éléments historiques, ne se présente pas du tout comme un authentique ouvrage d'Histoire des mathématiques, au sens universitaire du terme s'entend. Cette dernière discipline, dont j'essayerai dans les quelques pages d'une postface d'expliquer pourquoi elle me paraît être d'une exceptionnelle difficulté[1], exige en effet une ascèse, une rigueur méthodologique, une exhaustivité, un respect de la chronologie, que je ne me suis jamais imposés. Tout au plus pourra-t-on retrouver dans les promenades conviviales pour lesquelles je me suis offert comme guide, le genre littéraire des causeries historiques, dans lesquelles anecdotes et faits du passé sont librement utilisés[2] pour illustrer les propos

---

1. Rien n'empêche de commencer la lecture de ce livre justement par cette postface.
2. Ainsi, habituellement, pour en faciliter l'abord quoique de façon anachronique, les documents anciens ont été présentés dans un symbolisme plus ou moins modernisé.

et rendre le parcours plus vivant. Mais raconter l'histoire n'est pas la reconstruire.

On notera que les annexes à un chapitre donné apportent simplement des compléments aux questions dont traite ce chapitre, tandis que les appendices en fin de volume portent sur des sujets pouvant concerner la totalité de l'ouvrage.

INTRODUCTION

L'origine des probabilités – Entre mythe et réalité

Une naissance légendaire

Une tradition complaisamment répandue, du moins en France, voudrait que le calcul des probabilités soit né durant l'été 1654, lors d'un échange de lettres entre Blaise Pascal et Pierre de Fermat. Les premiers résultats de ces échanges ont effectivement été rendus publics par Pascal cette même année, sous forme d'une adresse à l'Académie Parisienne. C'est Pierre-Simon de Laplace qui a initié cette tradition, dès 1795, en affirmant dans son *Essai philosophique sur les probabilités*[1] :

« *Cette science doit la naissance à deux géomètres français du XVIIe siècle, si fécond en grands hommes et en grandes découvertes et peut-être de tous les siècles celui qui fait le plus honneur à l'esprit humain.* »

On sait que Laplace fut loin d'être un historien rigoureux, cependant il a ici quelques excuses à être aussi catégorique, puisque pouvant s'appuyer sur le témoignage apporté par Christiaan Huygens en 1657 dans son *De ratiociniis in ludo aleae*, opuscule qui est tenu aujourd'hui pour le plus ancien traité de calcul des probabilités jamais écrit. Huygens déclare en effet ne pas être l'inventeur du nouveau calcul, puisque, dit-il : « *les meilleurs mathématiciens de France s'en occupent depuis plusieurs années.* » Ce qui, notons-le, ne signifie d'ailleurs nullement qu'ils ont été les seuls ou les premiers à le faire.

Il s'impose donc, pour le moins, de commencer par relire ce que dit Pascal dans ce texte si célèbre, et qui se présente comme le faire-part de naissance du nouveau calcul. Écrit en latin, il est adressé à la *Celeberrimae Matheseos Academiae Parisiensi*. Celle-ci n'est pas encore l'Académie des Sciences, laquelle ne sera officiellement fondée par Colbert, et à son instigation organisée par Pierre de Carcavi, qu'en 1666, pour devenir Académie Royale en 1699. Pour le moment, il s'agit d'une académie informelle, se réunissant

---

1. Repris en 1812 comme préface à sa *Théorie Analytique des Probabilités*.

depuis 1636, autour et sous l'impulsion du père Marin Mersenne[1]. En fait, ce personnage extraordinaire est mort depuis 1648, mais Le Pailleur lui a succédé comme animateur, et même après la disparition de ce dernier, fin 1653 ou début 1654, l'académie a continué à se réunir à son domicile ; Etienne Pascal et son fils Blaise ont souvent participé à ces réunions. Voici une version française de la partie de ce texte qui nous concerne ici :

> « ...*Et puis un traité tout à fait nouveau, d'une matière absolument inexplorée jusqu'ici, savoir : la répartition du hasard dans les jeux qui lui sont soumis, ce qu'on appelle en français* faire les partis des jeux *; la fortune incertaine y est si bien maîtrisée par l'équité du calcul qu'à chacun des joueurs on assigne toujours exactement ce qui s'accorde avec la justice. Et c'est là certes ce qu'il faut d'autant plus chercher par le raisonnement, qu'il est moins possible d'être renseigné par l'expérience. En effet les résultats du sort ambigu sont justement attribués à la contingence fortuite plutôt qu'à la nécessité naturelle. C'est pourquoi la question a erré incertaine jusqu'à ce jour ; mais maintenant, demeurée rebelle à l'expérience, elle n'a pu échapper à l'empire de la raison. Et, grâce à la géométrie, nous l'avons réduite avec tant de sûreté à un art exact, qu'elle participe de sa certitude et déjà progresse audacieusement. Ainsi, joignant la rigueur des démonstrations de la science à l'incertitude du hasard, et conciliant ces choses en apparence contraires, elle peut, tirant son nom des deux, s'arroger à bon droit ce titre stupéfiant :* La Géométrie du Hasard. »

Ce texte nous surprend par son ton emphatique. Ce n'est en fait qu'un début. Jusqu'au milieu du XIXe siècle, tous les auteurs s'occupant de probabilités ne cesseront pas d'avoir recours au même mode solennel. Tous proclameront le caractère extraordinaire du nouveau calcul, sa fécondité potentielle, et combien il va nécessairement s'introduire dans tous les aspects de la vie civile des sociétés (votes des assemblées, décisions des tribunaux, scrutins divers). Ils seront à ce propos fort imprudents, et plutôt démentis par l'Histoire, et par contrecoup le calcul des probabilités en sortira déconsidéré. Il aura ensuite parfois du mal à trouver sa véritable place dans le corpus des mathématiques[2]. Simultanément ces auteurs manqueront singulièrement d'audace, en ne prévoyant guère le succès, bien réel celui-là, que le nouveau calcul va rencontrer en théorie des assurances, en agronomie, dans les sciences de la vie, puis dans toutes les autres sciences de la nature. Et à plus forte raison, ils n'imagineront pas que l'aléatoire puisse être utilisé pour représenter plus simplement des situations entièrement déterministes mais de grande complexité.

---

1. Pour nombre des personnalités citées, consulter en fin de volume l'appendice 1.
2. Ce sera typiquement le cas en France. Au contraire, en Russie, il ne cessera jamais d'être considéré comme élément de base de toute formation universitaire en mathématique.

S'agissant d'un texte académique, il est normal qu'il soit en latin, mais on pourra s'étonner d'y voir figurer en français les termes que nous avons laissés en caractères ordinaires : « faire les partis des jeux ». Il n'y a là rien de surprenant car il s'agit des mots pour lesquels Pascal n'a pas su quelle tournure latine employer. Pour tous les termes mathématiques, il dispose naturellement d'expressions adéquates codifiées ; par contre il en manque quand il s'agit de parler des jeux pratiqués dans les salons parisiens mais que les classiques latins comme les textes médiévaux ignoraient. De façon plus surprenante, on va le voir, dans sa lettre du 29 juillet adressée à Fermat, abandonner par deux fois le français pour passer au latin. Avant de traiter de technique mathématique, il précisera même : « *je vous le dirai en latin, car le français n'y vaut rien* »[1]. De fait, une telle situation va perdurer assez longtemps. Le nouveau calcul des probabilités étant une science inconnue des anciens, aucune terminologie latine ne préexiste, il est donc commode de s'y exprimer en utilisant la langue courante. Mais dès qu'ils veulent exposer des mathématiques traditionnelles, les savants trouvent plus confortable de revenir au latin. Plusieurs décennies plus tard, Jakob Bernoulli procédera comme Pascal : usage du latin pour traiter de mathématiques classiques ; recours au français ou à l'allemand pour parler de probabilités. Concernant le travail de Huygens, qui avait rédigé son opuscule directement en néerlandais, c'est à la difficulté inverse que le traducteur sera confronté. Il lui faudra trouver en latin des termes convenables pour parler des jeux de hasard, ce qui ne sera pas aisé.

Si maintenant on considère le contenu du texte, on croit comprendre que Pascal aurait inventé tout seul cette nouvelle science, en partant de rien, car il parle d'une matière nouvelle absolument inexplorée jusqu'ici, ce qui est un peu surprenant. Le père Mersenne correspondant avec l'Europe entière et ayant en 1639 écrit une préface accompagnant la publication à Paris de textes de Galilée, on a peine à imaginer que, dans son entourage, on ait pu tout ignorer des travaux portant sur les jeux de hasard, et déjà réalisés en Italie durant les deux siècles précédents. En particulier les grands traités de mathématiques dus à Paccioli et Tartaglia, et imprimés respectivement en 1494 et 1551, proposaient des problèmes de probabilités, même s'ils ne les résolvaient pas correctement. Des exemplaires de ces ouvrages de référence étaient certainement parvenus jusqu'à Paris. Par ailleurs, Pascal ne mentionne

---

1. Pourtant, depuis deux siècles, on s'essaye à utiliser les langues vernaculaires pour parler de mathématiques. En 1494, Paccioli écrit en italien ; un premier traité d'algèbre écrit en français, dû à Nicolas Chuquet, a été rédigé à Lyon en 1485 ; un auteur inconnu a même composé à Pamiers, en 1435, une arithmétique en langue occitane.

nullement sa collaboration avec Fermat. Il dit bien « *nous l'avons réduite avec tant de sureté* » mais ce « *nous* » pourrait désigner Pascal lui-même, ou bien symboliser tout l'auditoire, ou même l'humanité entière, invitée, à la suite de Pascal, à régner sur l'aléatoire. Lorsqu'il signale à Fermat être intervenu devant l'académie, il n'est guère explicite sur l'exact contenu des documents présentés et le contexte de cette présentation.

Dans le texte deux points retiennent particulièrement l'attention. D'abord, Pascal déclare traiter d'une question qui, dit-il, « *rebelle à l'expérience n'a pu échapper à l'empire de la raison* », point de vue très platonicien qui ne paraît guère traduire la réalité des faits. Au contraire, tout ce que nous savons sur ses débuts en Italie semble montrer que le nouveau calcul est né de l'harmonieuse collaboration de la raison avec l'expérience, et que, sans cette dernière, il ne serait pas venu à l'existence. L'autre point concerne le membre de phrase « *l'équité du calcul… qui s'accorde avec la justice* », lequel a vivement impressionné les moralistes. Ils y voyaient la preuve que, lors même qu'il s'occupait de sujets aussi triviaux que des jeux de hasard, Pascal n'avait essentiellement en vue que la justice, ce qui confortait l'image austère qu'ils aimaient à donner de lui. En fait, le mot « *justice* » est un terme autant juridique que moral et le problème de partage étudié par Pascal ressemble fort à ceux que connaît la pratique commerciale, et sur lesquels, en cas de litige, les juges ont à se prononcer. Tartaglia, qui parle de ce problème dans son grand traité, et dont personne ne songe à faire un moraliste, déclarait déjà qu'il était autant judiciaire que mathématique. En France les commentateurs ont donc un peu forcé les textes.

Autour de l'année 1654

L'été 1654 et la suite des contacts

Nous aurons beaucoup à dire sur la préhistoire réelle du nouveau calcul, mais l'année 1654 va cependant rester pour lui une année cruciale. Avant cette année ce calcul avait une existence incertaine, après elle il se trouve définitivement constitué. Pour y voir plus clair, reprenons le calendrier des courriers échangés entre Pascal et Fermat, tout au moins de ceux qui nous sont parvenus. Une lettre relative à Pascal et adressée par Fermat à Carcavi y est insérée, parce que ce dernier a parfois servi d'intermédiaire, d'abord entre Fermat, qu'il avait connu au parlement de Toulouse, et les Pascal, père et fils, puis entre Fermat et Huygens.

Lettre de Pascal à Fermat	perdue
Réponse de Fermat à Pascal	sans date
Lettre de Pascal à Fermat	mercredi 29 juillet
Réponse de Fermat à Pascal	perdue
Lettre de Fermat à Carcavi	dimanche 9 août
Lettre de Pascal à Fermat	lundi 24 août
Lettre de Fermat à Pascal	samedi 29 août
Lettre de Fermat à Pascal	vendredi 25 septembre
Lettre finale de Pascal à Fermat	mardi 27 octobre

Ajoutons pour être complets le dernier échange en 1660.

Lettre de Fermat à Pascal	dimanche 25 juillet
Lettre de Pascal à Fermat	mardi 10 août

Il conviendra de noter que Fermat et Pascal ne se rencontreront jamais, et que le second se détournera[1] des sciences à la suite de sa deuxième conversion, le 23 novembre 1654. C'est ce qui rend particulièrement émouvantes les deux lettres de 1660. Fermat et Pascal sont alors tous deux très malades, et le premier sait que le second est venu se soigner en Auvergne. Il lui demande une entrevue à mi-chemin entre Toulouse, où il réside, et Clermont. Il est extrêmement pressant et le menace, si celui-ci ne vient pas à sa rencontre, d'aller le trouver : « *ce qui fera qu'il aura chez lui deux malades* ». Pascal répond que : « *s'il allait bien, il volerait à Toulouse, mais que, quant à la géométrie il ne s'y intéresse plus* ». Ils mourront, Pascal en 1662, Fermat en 1665, sans plus d'échanges et sans s'être jamais rencontrés.

Pour notre propos, les lettres les plus significatives sont celles des 29 juillet, 24 août et 25 septembre. Nous y reviendrons plus loin quand nous connaîtrons mieux le *célèbre problème des partis*, qu'ils étudient en commun, et qui, contrairement à ce qu'affirmait Pascal, a tout une histoire. Disons seulement que ces grandes lettres sont fascinantes. Mais il s'impose de les lire simultanément, et non pas, comme cela se pratique trop en France, en se contentant de lire Pascal, dont il est si facile de se procurer les œuvres complètes, tout en occultant les textes de Fermat, que nombre de bibliothèques ne possèdent pas[2]. Si, dans ces échanges, Pascal se montre souvent confus, inutilement

---

1. Si on excepte la brève période de 1658, au cours de laquelle il reviendra temporairement aux mathématiques pour s'occuper du problème de la roulette, c'est-à-dire de la cycloïde, qui, n'ayant rien à voir avec la roulette de Monaco, ne concerne pas les probabilités.
2. C'est pour cette raison que, en annexe au chapitre II, nous fournirons au lecteur une lettre de Fermat dans sa quasi-intégralité.

bavard, aimant les effets de manches, par contre Fermat est toujours impressionnant par sa clarté, sa précision, sa maîtrise du sujet. Il ne commet jamais d'erreurs, et plusieurs fois il corrigera Pascal avec gentillesse. Il est vrai que, avec son style souvent si elliptique, Fermat courait beaucoup moins qu'un autre le risque de se contredire. La lettre finale du 27 octobre est surprenante et a été trop peu prise en compte par les études pascaliennes, car elle éclaire d'un jour nouveau la personnalité de Pascal. Tout à coup, celui-ci semble avoir perdu toute superbe, et même redouter de nouvelles confrontations avec Fermat. En particulier, il se refusera à le suivre dans ses recherches en théorie des nombres, domaine dans lequel, comme chacun le sait, Fermat a été sans rivaux. Ce sera la fin de leur collaboration.

Ils auront cependant encore un échange, mais très indirect, par le canal de Carcavi. Dans une lettre que celui-ci adressera à Huygens, le 28 septembre 1656, il évoquera une proposition de Pascal faite à Fermat. « *La question parut si difficile à M. Pascal* », écrit-il, « *qu'il douta si M. de Fermat en viendrait à bout, mais il m'envoya incontinent cette solution… par où M. Pascal ayant connu que M. Fermat avait fort bien résolu ce qui lui avait été proposé…* ». L'ultime essai fait par Pascal pour tenter de l'emporter sur Fermat échoua donc.

Regard sur les années antérieures

Nous poursuivrons au chapitre II l'étude précise des travaux conjoints de Fermat et Pascal, mais il nous faut d'abord connaître ceux de leurs précurseurs immédiats de la Renaissance italienne. Une enquête historique superficielle montre aisément que le problème de jeu qui a retenu l'attention de Pascal, loin d'être nouveau, avait été débattu en Italie à de nombreuses occasions depuis au moins deux siècles. Peut-être même ce problème avait-il été résolu, à plusieurs reprises, sans que sa solution ait été divulguée. Nombre d'autres problèmes de jeux de hasard avaient connu le même succès. Cependant, à force d'être dans l'air du temps, tout thème de recherche finit par passer de mode, ou au contraire, par aboutir et prendre forme. Pour le calcul des probabilités, c'est cette seconde éventualité qui est advenue durant l'été 1654. Avant, il n'existait pas vraiment, il était en gestation depuis une longue période ; après, son existence ne peut plus être mise en doute, un corps de doctrine est constitué. Voilà ce qu'on ne saurait contester. Il n'est d'ailleurs pas le seul sur lequel on puisse porter ce jugement. Cet étonnant milieu du XVIIe siècle voit, en très peu d'années, des disciplines apparentées et elles aussi concernées par le hasard et la contingence, telles l'assurance, la statistique inférentielle, la logique de l'incertain, se mettre également à émerger du brouillard. Il y a donc bien un effet d'époque, de maturation générale, qui ne peut être le fruit du hasard. Des forces profondes et convergentes sont manifestement à l'œuvre dans ces éclosions simultanées.

Mais que dire de la situation avant la Renaissance italienne ? Se limiter à cet horizon serait sans doute être étrangement myope. Ne pourrait-on trouver, ailleurs ou avant, quelque chose de similaire, un véritable calcul des chances, mais développé dans un contexte si différent que nous aurions peine à l'identifier sous des vêtements pour nous étrangers ? Ou bien un précalcul des chances en train de s'élaborer, et dont, avec un peu de perspicacité, nous pourrions apercevoir les prémices ? On sait bien que nombreux sont les exemples de résultats tombés en sommeil et plusieurs fois réinventés, et, à chaque résurrection, présentés comme nouveaux !

Nous en avons justement un exemple frappant avec *ce fameux triangle arithmétique* constitué des coefficients binomiaux — lequel est attribué par les Français à Pascal, et par les Italiens à Tartaglia — et qui peut servir pour des évaluations combinatoires. L'usage qu'en a fait Pascal dans un contexte probabiliste l'a, dans notre imaginaire occidental, connecté de façon très forte avec le calcul des probabilités. Si donc il peut être retrouvé dans une autre civilisation, nous sommes immédiatement tentés d'y voir l'amorce d'une marche vers un calcul des chances, et même de croire qu'une partie importante du chemin conduisant à ce nouveau calcul a déjà été parcourue. Or, précisément, on sait que, sous des présentations diverses mais très reconnaissables, ce triangle arithmétique a existé dans l'Inde ancienne, en Chine, et chez les mathématiciens arabes. Faut-il en conclure que, dans ces divers contextes, il annonçait bien un calcul des chances, comme nous le pensons spontanément, ou n'y a-t-il là qu'une illusion ? La question mérite d'être débattue.

D'ailleurs le cas du triangle arithmétique n'est pas le seul que l'on doive prendre en compte. Tous les aspects de la combinatoire sont également concernés. Si l'on veut, dans la recherche des sources du calcul des probabilités, éviter les fausses pistes, il est indispensable de commencer par clarifier les liens entre ces deux sciences. Ce sera notre premier objectif.

Chapitre 1

Une archéologie du calcul des probabilités

Combinatoire et probabilités

Une source de confusion

Les mathématiques occidentales ont connu entre ces deux disciplines des connexions assez étroites pour que, aujourd'hui, nombre de personnes cultivées les confondent. De fait, aux XVIIe et XVIIIe siècles, on a vu, en Europe, les deux domaines se développer de concert, le calcul des probabilités, dans sa progression, réclamant continuellement de nouveaux résultats de nature combinatoire. Il ne rejettera cette tutelle que plus tard, lorsque, s'étant tourné vers le calcul infinitésimal, il aura reconnu dans la notion de mesure son concept central. Actuellement, la combinatoire n'intervient guère plus en calcul des probabilités que dans d'autres branches des mathématiques. Une comparaison avec l'algèbre peut s'avérer éclairante. Commençant avec les systèmes de numération et l'arithmétique commerciale, elle a finalement totalement débordé ces compagnes de son enfance, et le visage qu'elle a depuis adopté ne les rappelle en aucune façon. Ainsi en a-t-il été également pour le calcul des probabilités à l'égard de l'analyse combinatoire, mais certains stéréotypes ont la vie dure.

L'enquête historique révèle ici des résultats (pour nous) surprenants : *la combinatoire existe un peu partout* dans le monde, mais *habituellement elle ne préfigure aucunement un calcul des chances*. Corrélativement, un peu de réflexion nous convaincra que celui-ci aurait parfaitement pu voir le jour en se passant de combinatoire. La naissance de ce calcul à partir d'observations sur les jeux de hasard est de fait purement anecdotique ; c'était une voie rapide, l'Histoire a bien fait de l'emprunter, mais elle aurait parfaitement pu décider de suivre un autre chemin.

Combinatoire sans probabilités

D'abord, l'évaluation du nombre des arrangements ou des combinaisons qu'on peut réaliser à partir d'un ensemble fini d'objets, est une opération purement arithmétique, qui ne requiert que la connaissance des nombres entiers. On peut y avoir recours dès qu'on éprouve le besoin de classer ou d'ordonner, mais sans jamais que soit postulé quoi que ce soit sur le déroulement des phénomènes dans le monde physique, et sans que l'idée de hasard ait à intervenir. Rien qu'à ce niveau la combinatoire est donc très éloignée des probabilités, lesquelles imposent la considération du monde extérieur. Il n'est donc aucunement surprenant qu'elle puisse être retrouvée dans presque toutes les mathématiques anciennes, dès que l'arithmétique s'y est suffisamment développée, et sans pour cela être annonciatrice de ce qui deviendra le calcul des chances.

Pour commencer par l'Occident, notons que Raymond Lulle (vers 1234-vers 1315) y est tenu pour le fondateur de la théorie des combinaisons. À la fois logicien et mystique, il espérait parvenir à un art de l'invention, par la combinaison variée à l'infini des différents concepts. On n'a rien gardé de sa technique, mais son projet de classification universelle influencera nombre d'esprits, en particulier Gottfried Leibniz (1646-1716), l'auteur de la première monographie sur le sujet *De Arte combinatoria* (1666).

Comme on l'a mentionné, l'Inde ancienne, 200 ans avant notre ère, connaissait le triangle arithmétique, et aussi la formule[1] :

$$\sum_{k=0}^{n} \binom{n}{k} = 2^n,$$

sans qu'aucun calcul des chances y soit envisagé.

En Chine, le *Miroir de jade des quatre inconnues*, écrit vers 1303 par Zhu Shijie, débute par un tableau donnant les coefficients du développement du binôme $(a + b)^n$, tableau qui est exactement le triangle arithmétique. Dans cet ouvrage, il servait à la résolution des équations de degré élevé.

En ce qui concerne les mathématiques arabes, mères des mathématiques européennes de la Renaissance, on est maintenant assez bien informé sur les conditions d'émergence de l'analyse combinatoire. Si elle a pu apparaître ici

---

1. Pour exprimer le nombre des manières de choisir, sans répétition, i objets parmi n objets distincts, l'ordre des choix n'étant pas pris en compte, on dispose des deux symboles équivalents $\binom{n}{i}$ et C_n^i, mais le second est en voie d'extinction dans la littérature scientifique internationale.

ou là ponctuellement, pour devenir corps de doctrine elle a emprunté deux voies originales : d'une part *celle des linguistes*, en phonologie, lexicographie et cryptographie ; d'autre part *celle des algébristes*. La liaison entre les deux courants ne se réalisera qu'ultérieurement. Suivons les analyses de Roshdi Rashed[1].

Le nom d'al-Khalīl Ibn Aḥmad (718-786) marque l'histoire des trois premières disciplines. Dans son livre, *Kitāb al-'ayn*, entreprenant de rationaliser la pratique empirique des lexicographes, il veut parvenir à énumérer de façon exhaustive les mots d'une langue, en établissant une correspondance biunivoque entre les cases du lexique et l'ensemble des mots. Considérant que la langue est une partie phonétiquement réalisée de la langue possible, il a recours au calcul des arrangements r à r des 28 lettres de l'alphabet arabe pour former des mots de 2, 3, 4 ou 5 lettres, d'où l'ensemble des racines et par conséquent des mots de la langue possibles, dont seule une partie, limitée par les règles d'incompatibilité des phonèmes, formera la langue réelle. Après une étude phonologique préalable, al-Khalīl va donc commencer par évaluer $\binom{28}{r}$ combinaisons, puis $r!$, pour en déduire les $A_r = r! \binom{28}{r}$ arrangements. Sa théorie et ses calculs se retrouveront dans les écrits de la plupart des lexicographes ultérieurs. Ensuite, à partir du IXe siècle, des cryptographes comme al-Kindī utiliseront à leur tour ses travaux. Comme lui, dans la pratique de leur discipline, ils auront recours à l'analyse phonologique, au calcul de la fréquence des lettres dans la langue, ainsi qu'au calcul des permutations et combinaisons.

Simultanément, les algébristes de la fin du Xe siècle avaient, eux aussi, énoncé et démontré la règle de formation du triangle arithmétique pour le calcul des coefficients binomiaux. Al-Karajī (mort en 1023) connaissait la formule : $\binom{n}{r} = \binom{n-1}{r-1} + \binom{n-1}{r}$, et il savait écrire le développement du binôme que les Européens ne retrouveront que bien plus tard. Autre exemple chez les algébristes. Al-Samaw'al (m. 1174) se donne dix inconnues et cherche un système d'équations linéaires à six inconnues. Il combine les dix chiffres décimaux, symboles des dix inconnues, six à six, pour obtenir un système de $\binom{10}{6} = 210$ équations. De même, c'est au moyen des combinaisons qu'il trouve les 504 conditions de compatibilité de ce système.

---

1. *Histoire des sciences arabes*, Tome II, pp. 55-91.

L'intégration des deux courants est sans doute réalisée bien avant le XIIIe siècle. L'analyse d'un texte de Naṣīr al-Dīn al-Ṭūsī (1201-1273) montre, par sa terminologie, que cet auteur connaissait les interprétations combinatoires de certaines pratiques algébriques, et cette terminologie se retrouvera chez ses successeurs. Dans cet écrit, al-Ṭūsī veut répondre à une question métaphysique : « Comment une infinité de choses émanent-elles du premier et unique principe ? ».

Pour résoudre mathématiquement ce problème philosophique, il est amené à calculer des $\binom{n}{k}$, $1 \leq k \leq n$, en particulier, pour $n = 12$, il évalue $\sum_{k=1}^{n} \binom{n}{k}$ en s'appuyant sur $\binom{n}{k} = \binom{n}{n-k}$ et, par la suite, utilisant le triangle arithmétique et sa loi de formation, il évalue même, pour $n = 12$ et $m = 4$, une expression équivalente à $\sum_{k=0}^{m} \binom{m}{k}\binom{n}{p-k}$ pour $0 \leq p \leq 16$. Au moins, à partir d'al-Ṭūsī, on ne cessera de rencontrer l'utilisation du triangle arithmétique et de toutes les règles élémentaires de l'analyse combinatoire.[1]

L'ensemble de tous ces travaux est tout à fait impressionnant, mais il est clair qu'*on y chercherait en vain l'annonce d'un calcul des chances*. Tous se situent dans des registres complètement différents.

Probabilités sans combinatoire

Imaginons une autre histoire possible. Comme on le verra plus loin, le XVIIIe siècle va s'intéresser à des problèmes dits de « *probabilités géométriques* »[2], le problème type étant « *l'évaluation des chances que l'on a de toucher une cible visée avec un projectile* ». Ici, plus aucune combinatoire n'est envisageable, cette évaluation se réalisant en comparant l'étendue de la cible à celle du domaine environnant, dans lequel le projectile est susceptible de tomber lorsqu'il rate son but. L'outil requis est donc simplement la mesure des aires.

---

1. Par exemple, en théorie des nombres, l'iranien Kamāl al-Dīn al Fārisī (m. 1319) parviendra à la formule :

$$F_p^q = \sum_{k=1}^{p} F_k^{q-1} \quad \text{pour} \quad F_p^q = \binom{p+q-1}{q},$$

tandis que, au Maroc, Ibn al-Bannā' (m. 1321) reviendra à l'analyse combinatoire. Tous deux utiliseront la majeure partie du lexique déjà adopté par al-Ṭūsī, ce qui montre bien l'existence d'une tradition.
2. Voir par exemple « *l'aiguille de Buffon* » au chapitre 3.

L'origine de telles évaluations aurait pu résider dans les jeux de balle[1], où le hasard se combine à l'adresse — ce en quoi ils ne diffèrent guère des jeux de hasard classiques, tant les joueurs sont persuadés que leur habileté personnelle à circonvenir le hasard y joue un rôle déterminant — mais plus sûrement dans le tir à l'arc ou à l'arbalète. Certes, ce qui intéressait les archers, c'étaient des cibles mouvantes, sans doute peu propices à une quantification. Mais après eux, il y eut des artilleurs, et ceux-ci, ayant installé leurs batteries pour le siège des forteresses, eurent la possibilité d'observer les résultats de leurs tirs répétés sur une cible fixe. Ils purent donc compter les coups parvenant au but et les comparer au nombre des coups tirés. Plus tard, ayant noté que les lois de la mécanique ne rendaient qu'imparfaitement compte des résultats observés, les spécialistes de la balistique entreprirent d'expliquer ces irrégularités en s'appuyant sur ce calcul des probabilités, qu'ils trouvèrent à leur disposition déjà bien développé, et que, même s'il n'avait pas été édifié à leur intention, ils ne se firent pas faute d'utiliser. On peut bien sûr conjecturer que, si ce calcul n'avait pas préexisté, un jour ou l'autre ils en auraient inventé un à leur convenance et pour leur usage propre. Cela n'aurait guère entraîné qu'un retard de quelques siècles ! Et dans ce calcul-là, la combinatoire ne serait nulle part apparue, car elle n'aurait pas présenté la moindre utilité ![2]

Que les probabilités combinatoires aient précédé les probabilités géométriques dans le temps, n'est vraiment qu'un *accident historique*. Quand on entreprend de rechercher les formes très anciennes du concept de probabilité, il est prudent de ne jamais l'oublier.

À la recherche de pistes pour une reconstitution des origines

La position d'Antoine-Augustin Cournot

Reprenons notre quête. Il ne fait aucun doute que le calcul des probabilités, tel que nous le connaissons, est bien né à propos de calculs des chances dans des jeux de hasard, sinon de façon subite, en France, durant l'été 1654, du moins entre les XVe et XVIIe siècles, en Occident, et en Occident seul. Si on avait pour unique but d'en faire l'histoire, il suffirait donc de consulter les

---

1. On verra justement que le problème des partis a été fréquemment présenté dans un contexte de jeux d'adresse.
2. Les premiers à s'occuper de balistique sont Tartaglia et Torricelli, un élève de Galilée. Le nom de cette science est dû à Mersenne, lequel étudia l'action de la rotation de la terre sur le mouvement des projectiles.

documents écrits, de nature mathématique, concernant cette période et cette région du globe, et c'est bien ce que nous ferons. Une telle étude laisse cependant le chercheur très insatisfait, car l'éclairage de l'histoire n'exclut pas celui des autres sciences humaines et, de plus, toute histoire est à prolonger dans une préhistoire.

Si on compare le calcul des probabilités à la géométrie, l'arithmétique ou l'analyse, on est forcé de constater à quel point il s'agit d'une science apparue tardivement. Il n'a que quelques siècles d'existence, quand les deux premières se perdent dans la nuit des temps, et la troisième a déjà deux mille ans derrière elle. On ne peut donc manquer de poser à son sujet nombre de questions. Pourquoi ce calcul naît-il si tard ; qu'est-ce qui a bloqué pendant si longtemps son développement ; pourquoi et comment les obstacles se sont-ils finalement effacés ? Et qu'y avait-il avant lui ; sous quels déguisements *paléomathématiques* se cachaient donc ses prémices ?

Pour tenter d'apporter des éléments de réponse à de telles questions, on peut envisager deux voies d'approche complémentaires. Celle qui, partant d'éléments mathématiques, essaye de les retrouver en amont sous des formes ambiguës dont ils auraient pu dériver, bien que ces dernières ne soient pas encore identifiables comme mathématiques ; ce qui revient à prolonger l'histoire dans l'*archéologie*. Et celle qui consiste à rechercher autour de ces éléments mathématiques, ce qui leur ressemble, qui est né en même temps qu'eux, qui témoigne du même climat intellectuel ; la démarche est alors plutôt *ethno-sociologique*.[1]

Au milieu du XIXe siècle, Cournot (1801-1877)[2], auquel nous aurons de nombreuses occasions de nous référer dans la suite, s'était naturellement interrogé sur l'apparition tardive de ce calcul. Si nous le citons ici, pour immédiatement contredire la réponse, déconcertante à bien des égards, qu'il apportait avec une assurance tranquille, c'est pour montrer combien, d'un siècle à l'autre, notre appréhension du passé peut varier. En effet, avec les certitudes naïves de son époque, laquelle, ignorant encore tout du monde non occidental et des sociétés sans écriture, ne savait se positionner qu'en référence aux sociétés grecques et romaines, il croyait pouvoir affirmer[3] :

---

1. Voir l'étude de l'auteur dans *L'Année Sociologique*, 1972.
2. Mathématicien de formation, avec une connaissance profonde du calcul des probabilités, il est surtout célèbre comme économiste mathématicien, précurseur de Walras et de Pareto. Il fut également un philosophe de langue française profondément original.
3. *Considérations sur la marche des idées et des événements dans les temps modernes*, p. 235.

> « *Et remarquons bien que les solutions qui ont piqué la curiosité de Pascal et Fermat n'étaient pas de celles qui ne peuvent (comme l'invention du calcul infinitésimal et de la mécanique rationnelle) venir qu'à la suite d'une longue élaboration scientifique. L'esprit subtil des grecs était capable de les trouver comme il en a trouvé de plus difficiles ; et si les géomètres grecs fussent entrés dans cette voie, il aurait bien fallu que les philosophes grecs les y suivissent de plus ou moins loin, même après le divorce de la géométrie et de la philosophie.* »,

ajoutant quelques années plus tard[1] :

> « *Ce retard même est un pur effet du hasard, puisque rien ne s'opposait à ce qu'un grec de Cos ou d'Alexandrie eut pour les spéculations sur les chances le même goût que pour les spéculations sur les sections du cône.* »

Il est aujourd'hui difficile de le suivre dans de telles affirmations, mais leur analyse va nous permettre d'approfondir notre compréhension des conditions d'émergence de ce nouveau calcul.

Objections intrinsèques

Les obstacles numériques

À l'époque de Cournot, on aurait déjà pu répondre que, pour créer un calcul des probabilités, tel qu'il est apparu en Occident, il fallait d'abord, préliminaire indispensable, disposer d'une maîtrise des techniques de calcul numérique suffisante pour que dénombrements et évaluations combinatoires puissent être réalisés aisément. Cela peut sembler peu de chose, mais les anciens grecs étaient loin de posséder une telle maîtrise, et jusqu'à la tardive popularisation du calcul indien, il en fut de même, et pendant longtemps, pour l'ensemble des Européens. L'anecdote suivante, rapportée par Tallement des Réaux à la fin du XVIIe siècle et citée par Lucien Febvre[2], le souligne avec force :

> « *Je me souviens toujours de la belle histoire du secrétaire d'un Président de la Chambre des Comptes, sommé brutalement par une bande d'avoir à ouvrir sa porte : « Si tu n'ouvres pas, nous sommes ici 50 qui te donnerons chacun 100 coups de bâton ». L'interpellé répond aussitôt, avec effroi : « Comment ! 5000 coups de bâton ! ». Et Tallemant, qui raconte l'histoire, de s'émerveiller : « J'admire la présence d'esprit de cet homme, et il me semble qu'il fallait être le secrétaire d'un Président des Comptes pour faire le calcul si prestement !* »

---

1. *Matérialisme, vitalisme, rationalisme*, p. 229.
2. *Le problème de l'incroyance au XVIe siècle*, p. 363.

Ce calcul, alors affaire de spécialistes, est maintenant mené à bien par les enfants en bas âge. Comment comprendre que, ce qui est pour nous si aisé, ait pu paraître dans le passé d'une complexité redoutable ?

D'ailleurs, les Européens n'ont pas été les seuls à ne s'adapter qu'avec difficultés au calcul indien. Même dans les pays d'Islam, qui pourtant ont transmis à l'Europe les notations positionnelles indiennes, on a vu divers systèmes de numération coexister pendant longtemps. Par exemple, Ahmed Djebbar cite[1] un système non positionnel à 27 symboles dits rūmī (c'est-à-dire byzantins) ou chiffres de Fès, qui a subsisté, au moins jusqu'au XVIIe siècle, dans les administrations judicières et comptables de certaines villes du Maghreb extrême.

Calcul infinitésimal et calcul des probabilités

Ensuite, l'affirmation de Cournot sur le calcul infinitésimal est difficilement recevable. Le concept de limite est déjà présent dans la définition d'une tangente à une courbe, et Archimède avait résolu de nombreux problèmes de calcul intégral ; il était capable d'en résoudre beaucoup d'autres. Pour inventer réellement ce nouveau calcul, dont il se trouvait finalement peu éloigné, il ne lui manquait guère que la notion générale de fonction et un symbolisme convenable. Cette déficience est bien illustrée par les nombreux travaux de ses continuateurs arabes, lesquels, malgré des réussites ponctuelles brillantes, et faute du support d'un tel symbolisme, ne parvinrent jamais à amorcer un processus de développement cumulatif. Si on se tourne vers le calcul des probabilités, la situation est complètement différente. Dans ce domaine, nous ne disposons d'aucun indice signalant, aussi bien pour Archimède que pour ses contemporains et successeurs, qu'ils aient pu commencer à s'approcher si peu que ce soit de l'invention d'un tel calcul !

Il n'est d'ailleurs guère possible de placer ces deux calculs sur le même plan, alors qu'ils se situent dans des environnements tellement différents. Le calcul infinitésimal peut s'édifier dans le cadre sécurisant de la géométrie, discipline ancienne et noble ne dépendant de la terre que par son nom, et qui est plus exactement une spatiométrie ou une topométrie, et sur laquelle s'appuie déjà l'astronomie pour l'étude du monde des sphères célestes. Alors que le calcul des probabilités ne peut avoir de sens que dans le monde sublunaire, où se déroulent les phénomènes, et où peut agir le hasard. En termes modernes, on dira qu'il y a entre eux toute la distance séparant les mathématiques pures

---

1. *Une histoire de la science arabe*, pp. 219-221.

de leurs applications. Comment espérer des géomètres grecs qu'ils puissent seulement concevoir la possibilité d'un quelconque passage entre deux univers si différents ? Ce qui serait concevable en Chine, où le statut des mathématiques n'a jamais été que celui de modestes auxiliaires du pouvoir administratif, ne pouvait guère l'être en Grèce, où elles sont tenues pour le paradigme de toute connaissance véritable. On peut objecter que la science alexandrine n'est plus celle de l'époque de Platon, et qu'Archimède a construit des machines et inventé la statique. Mais la statique est une science de l'équilibre, les machines sont faites pour fonctionner de façon prévisible et ordonnée ; tout ceci reste bien moins éloigné des contextes astronomiques, que les situations tirées des jeux de hasard ne le seront jamais.

Le calcul des probabilités pouvait-il naître par hasard ?

On sait très bien comment naissent les avancées scientifiques. À un certain moment, le climat intellectuel, les possibilités techniques, certaines sollicitations qui peuvent être de toutes sortes (économiques, politiques, militaires, progrès dans d'autres sciences…) font que l'une de ces avancées entre dans le domaine de l'envisageable, qu'on la sent dans l'air, qu'on entrevoit la possibilité qu'elle prenne corps un jour prochain. Diverses personnes vont alors se lancer à sa poursuite et s'efforcer de la concrétiser. Quelques-unes seront plus rapides, plus chanceuses ou plus efficaces[1], et tout à coup le miracle de la naissance va survenir, peut-être même de façon répétitive. Mais dans ce miracle, la contribution du hasard n'aura été finalement que celle d'une chiquenaude ; en aucun cas, il n'aurait pu faire apparaître de nouvelles découvertes en dehors de tout l'environnement requis pour leur naissance.

Pour le calcul des probabilités, on a dit que, dès le XVIe siècle, il était bien près de naître, alors que ce n'avait jamais été le cas auparavant. C'est donc que, les évolutions souterraines à l'œuvre durant les siècles précédents, par leur maturation, permettaient enfin la possible émergence du nouveau calcul, éventuellement sous la sollicitation apparente d'un heureux hasard.

Ce sont ces évolutions souterraines, qui naturellement ne concernaient pas uniquement les mathématiques, qu'il convient maintenant de mettre au jour.

---

1. Un bon exemple de ce processus est donné par les travaux simultanés d'Adams et de Le Verrier, à la poursuite de la planète Neptune. Dans cette compétition, le second l'emporta sur le premier, non parce qu'il était meilleur scientifique, mais parce que, en France, l'organisation de la recherche était alors mieux structurée qu'en Grande-Bretagne.

L'apport de l'ethnologie

Il suffit de lire les anthropologues et leurs réflexions sur ce qu'ils appellent la pensée primitive, mythique ou sauvage, pour réaliser que, s'agissant d'une notion aussi complexe et énigmatique que celle de hasard, et tellement chargée d'éléments irrationnels, ce n'est pas la période hellénistique d'Euclide ou d'Archimède qui peut nous informer. Il faut remonter bien plus haut dans le passé et surtout, il faut enquêter partout ailleurs qu'en Grèce.

Or les nécessités immédiates de l'existence sont telles que, partout on trouve les prémices d'un calcul arithmétique, puisque partout on s'essaye à compter (les prises à la chasse et leur répartition entre les divers membres du groupe, les ennemis abattus, les jours de marche, ou ceux écoulés depuis la nouvelle lune, la croissance des troupeaux, le nombre des fils et filles du chef…), et les rudiments d'une géométrie (pour reproduire une sagaie ou une flèche similaires à des modèles retenus comme efficaces, retrouver la courbure d'un arc, celle du toit d'une case ou le profil d'une pirogue, construire un igloo ou une yourte, ajuster des peaux pour réaliser un vêtement, tresser une corde et la nouer, délimiter un espace sacré ou son orientation, réaliser un enclos pour du bétail, évaluer la hauteur d'un arbre, la largeur d'un torrent, la portée d'une flèche…[1]), mais elles n'imposent nullement la constitution d'une future science des probabilités.

Donner des « lois au hasard », pour reprendre les mots qu'emploie Pascal, suppose qu'on puisse satisfaire aux exigences suivantes :

- D'abord, savoir distinguer l'ordre du désordre, le nécessaire du contingent. Et leurs limitations. Car d'une part, un ordre parfait, avec précision infinie, n'est guère concevable (comment pourrait-on se baigner deux fois de suite dans la *même* rivière ?) ; et d'autre part, le désordre peut n'être qu'apparent.
- Avant tout, il faut admettre que le contingent n'est pas l'expression des caprices d'un esprit caché, qu'on peut circonvenir par des offrandes, des pratiques magiques ou des prières ; autrement dit, il faut parvenir à élaborer une notion de *hasard impersonnel, sans volonté, mémoire, amour ou haine.*
- Ensuite, *au sein du fortuit,* il faut savoir observer *la régularité statistique lorsqu'elle existe.* On entend par là cette sorte de permanence, de résistance aux fluctuations, d'anti-hasard, que les grands effectifs ou la répé-

---

1. À l'époque néolithique, il faudrait adjoindre la poterie et la décoration qui seront d'importantes sources de géométrie.

tition semblent générer en éliminant l'accessoire pour ne garder que l'essentiel. Et reconnaître en elle une forme d'ordre partiel au sein d'un désordre apparent.
- Il faut encore *concevoir* que, entre les domaines dans lesquels la connaissance peut être quasi-parfaite et ceux dans lesquelles l'ignorance est nécessairement totale, peuvent exister des situations intermédiaires dans lesquelles la connaissance, quoique partielle, peut *dépasser le niveau qualitatif* pour atteindre à une sorte de *quantification*, obtenue par une *approche rationnelle et méthodique*.
- Finalement, il faut *imaginer des techniques* pour mettre tout ceci en œuvre.

Or, aussi bien au plan conceptuel que du point de vue pratique, ce sont là des exigences formidables, et sans commune mesure avec ce que requièrent la naissance de l'arithmétique ou celle de la géométrie.

Reconnaissons que nous résumons ici les choses *a posteriori*, et de façon emphatique. En face d'un tel programme, on ne peut que se sentir saisi de découragement. Heureusement l'humanité a l'habitude des petits pas, avec des processus cumulatifs, et des difficultés profondes ne se révélant que peu à peu et sans ordre logique. La science en cours d'édification a peu à voir avec les reconstructions ou les exposés systématiques que l'on en donne par la suite.

La régularité statistique

Dans notre recherche de prémices, on ne peut donc s'attendre à ce que tous les points que nous venons d'énumérer aient été simultanément reconnus et clairement analysés. Le processus de prise de conscience et de mise au jour a dû s'étendre sur de longues durées, et les avancées ont pu ne pas se produire en respectant l'ordre logique indiqué.

D'abord, on peut penser que la « régularité statistique » mentionnée en troisième point, certainement sans avoir jamais été véritablement conçue comme telle, a dû être observée et utilisée dès les temps paléolithiques, car c'est une condition quasi obligatoire de survie pour notre espèce. D'autres que la nôtre ont dû faire la même expérience. Certes, il y a du désordre dans la nature, mais *au sein de ce désordre, de l'ordre peut apparaître, et les hommes eux-mêmes s'efforcent d'en créer*. C'est en effet ce qui se passe dans toutes les activités humaines récurrentes, dans tous les gestes techniques dont l'efficacité a été expérimentalement établie et qui, pour cette raison, ont été sélectionnés, reproduits, enseignés aux plus jeunes. On attend d'eux un résultat défini auquel ils sont censés conduire.

L'exemple le plus poétique, mais aussi parfaitement expressif, est, dans les civilisations agraires usant de la charrue, celui des semailles, avec le geste auguste du semeur marchant lentement le long d'un sillon, et qui lance à la volée des poignées de grain pour ensemencer un champ. Certes, dans chaque poignée le nombre de graines n'est pas le même, et l'ampleur du geste qui les lance ou le rythme des pas peuvent varier, l'ensemencement n'est donc pas parfaitement uniforme. Cependant au sein de ces fluctuations de densité, la permanence reste suffisante pour que le semeur s'en contente, et estime avoir ensemencé le champ avec régularité.

Ce n'est là qu'un exemple. Bien avant ce stade, les agriculteurs primitifs, même muni d'un simple bâton, avaient leurs techniques pour l'enfouissement des graines, et nous savons que les grands singes ont les leurs pour casser les noix ou extraire les insectes d'une termitière. Mais la plus ancienne technique nous ayant laissé des vestiges, est bien la taille des pierres. On a retrouvé les traces d'ateliers, avec de nombreux éclats et aussi des pierres fendues abandonnées, pour lesquelles la taille avait échoué. Cela indique que celle-ci se réalisait de façon systématique, sur un matériel lithique sélectionné, avec répétition de gestes similaires, en vue d'obtenir un résultat défini et comparable à un modèle. Ce résultat ne pouvait être toujours atteint, mais il devait l'être suffisamment souvent pour que les tailleurs de pierre aient persévéré. Autrement dit, ici aussi, malgré bien des fluctuations, *de l'ordre naissait*. Et pas seulement ici, mais également dans toutes les activités, par exemple celle des chasseurs. Eux aussi avaient leurs techniques et ils devaient avoir une certaine idée expérimentale du rendement à espérer ; savoir distinguer une chasse exceptionnelle d'une chasse normale. De même façon, chaque groupe humain devait parvenir à une évaluation moyenne des phénomènes climatiques lui permettant de décider, en cas de conditions défavorables, s'il convenait de rester sur place dans l'attente de jours meilleurs, ou au contraire d'émigrer.

Cette analyse rappelle à quel point la survie de l'espèce a pu dépendre de l'observation de l'ordre existant dans la nature, qu'il soit absolu (révolution des astres, succession du jour et de la nuit, mouvement des saisons…) ou seulement approché (crues des rivières, passage des troupeaux migrateurs, fécondité des femmes, rendement des cultures…). Mais entre l'observation si essentielle de telles régularités et la naissance d'une géométrie du hasard, le chemin restant à parcourir semble si considérable que, à ce stade, on ne peut que partager l'émotion de Pascal dans son adresse à l'Académie Parisienne.

Un hasard impersonnel

Ainsi que nous l'avons indiqué en deuxième point de notre liste de prérequis, il est difficilement pensable de pouvoir raisonner sur le hasard, sans en avoir au préalable élaboré une vision excluant magie, animisme ou théologie. Or justement rien n'est plus difficile ! Tous les témoignages ethnographiques ou historiques le montrent.

Partout, dans tout événement fortuit, les hommes spontanément voient l'action bénévolante ou maléfique d'une déité, esprit des eaux, des bois, des montagnes ou de la mer, lutin, fée, djinn, nymphe ou enchanteur, ange ou démon, punition céleste ou providence divine, quand ce ne sont pas les pratiques magiques d'un voisin jaloux ou d'un envouteur stipendié. Voici, à titre d'exemple, un témoignage pris entre mille[1] :

> *« Chez les Araucans du Chili, toutes les morts, excepté sur le champ de bataille, étaient considérées comme produites par des causes surnaturelles ou par la sorcellerie. Si une personne mourait des suites d'un accident violent, on supposait que les « huecuvus » ou esprits malins l'avaient occasionné, avaient effrayé le cheval pour désarçonner son cavalier, avaient détaché une pierre pour la faire tomber et écraser le passant sans défiance, avaient aveuglé momentanément une personne pour la faire tomber dans un précipice, etc. En cas de mort par maladie, on croyait à un ensorcellement et que la victime était empoisonnée. »*

Il faudra beaucoup d'efforts pour passer d'une telle vision animiste à celle d'une neutralité de la nature, et encore de nos jours, de nombreuses personnes n'y sont toujours pas parvenues. Cependant, on le verra plus loin, dès l'époque de la Grèce classique, les meilleurs des penseurs avaient pourtant réussi à franchir ce pas de façon décisive.

Notons au passage que des travaux de psychologie génétique récents, cherchant à mettre en évidence les diverses étapes par lesquelles naît le concept de hasard chez l'enfant, ont montré que ce dernier parvient sans trop de peine à maîtriser cette notion. Mais en aucun cas ces expériences, si intéressantes soient-elles sur le plan pédagogique, ne sauraient simuler une reconstitution des étapes historiques réellement franchies par l'humanité. Elles

---

1. W.B. Grubb, cité par L. Lévy-Bruhl, in *La Mentalité primitive*, p. 25. Il faut noter que l'utilisation de témoignages ethnographiques récents, en parallèle avec des documents historiques, soulève une difficulté méthodologique qui ne peut être ignorée. Les sociétés archaïques modernes ne sont pas des sociétés primitives ; elles ont, comme la nôtre, une longue histoire derrière elles. Utiliser des documents ethnographiques contemporains pour en induire des renseignements sur la pensée préhistorique n'est envisageable qu'en raison de la très grande convergence des nombreux documents recueillis sur le point qui nous intéresse.

établissent simplement que, dans le contexte éducatif *actuel*, qui proscrit tout animisme, et quand les expériences sont conçues et menées scientifiquement par des expérimentateurs qui, eux-mêmes, ont rejeté l'animisme, les enfants parviennent assez facilement au concept de hasard, tel que les expérimentateurs l'ont intériorisé, c'est-à-dire tel qu'il est établi *dans notre société*.

Pour ne pas être ici trop longs, renonçons à nous étendre plus encore sur le hasard, et concentrons-nous sur les voies ayant pu directement conduire jusqu'à ce calcul des probabilités à la poursuite duquel nous nous sommes lancés.

Les trois pistes à suivre

En plus de la piste principale que tout le monde connaît, et qui est celle des *jeux de hasard*, il y a celle non négligeable tracée par l'*empirisme économique* avec l'assurance commerciale ou la couverture des risques liés à la fragilité de la vie humaine, et aussi celle issue de la réflexion menée par les *philosophes antiques*. Commençons par ces deux dernières. Chacune aurait vraisemblablement pu conduire jusqu'à l'élaboration d'un calcul, sans doute fort différent de celui que nous connaissons, mais cela aurait pris un temps plus ou moins long, surtout pour la troisième voie, par nature nettement moins avancée que la seconde en direction d'une quantification. Or c'est précisément le temps qui leur fera défaut. Avant qu'une lente évolution naturelle ait pu, dans l'une de ces deux voies, conduire à une réelle quantification, un robuste calcul des probabilités sera déjà né par la voie plus rapide des jeux de hasard, et la situation générale s'en trouvera modifiée de façon drastique. Plus aucun retour en arrière ne sera ensuite envisageable. Une voie qui, initialement, pouvait être considérée comme susceptible de conduire un jour jusqu'à une quantification du hasard, n'avait dès lors plus aucune chance d'y aboutir, les conditions favorables à une lente évolution dans cette direction s'évanouissant devant l'irruption du nouveau calcul. Certes l'assurance et la réflexion philosophique ne disparaîtront pas, mais elles auront à s'adapter pour tenir compte de cette nouvelle situation. On verra donc des éléments de probabilités figurer à la fin de la *Logique* dite de *Port-Royal*, et quant à l'assurance, qui aurait pu être la matrice d'un véritable calcul des chances, elle s'empressera d'utiliser celui qui lui sera ainsi offert déjà constitué, et elle deviendra de ce fait son premier champ d'utilisation.

Pour finir nous suivrons la piste principale, et elle nous ramènera directement aux textes mathématiques. Mais en l'empruntant, il faudra avoir toujours présent à l'esprit ce que nous aurons appris de nos excursions le long des deux autres voies. À savoir que les fondateurs du calcul des probabilités ne travaillaient sûrement pas dans une bulle isolée, où le hasard et la probabilité n'auraient existé que dans leurs dés. Tout au contraire, ces notions nouvelles, implicitement présentes sous une forme ou une autre dans l'ensemble de la société, ne pouvaient dorénavant manquer d'influencer très largement leur réflexion, même à leur insu.

Nous commencerons par étudier la deuxième voie, qui a été très près de conduire jusqu'à la constitution d'une science du hasard.

L'approche empirique

L'assurance commerciale

Historique

Toutes les sociétés ont mis en place des procédures d'assistance, ne serait-ce que par la solidarité familiale ou villageoise informelle. Cette assistance est souvent codifiée (telle la part définie réservée aux veuves et qu'elles peuvent collectivement prélever sur le gibier rapporté par les chasseurs ; ou bien, chez les agriculteurs, ces épis tombés au sol qui sont déjà la propriété des glaneuses et que le moissonneur doit leur abandonner), mais dans la plupart des cas elle n'entraîne aucune évaluation numérique dans l'incertain. Il ne s'agit que de compensation *a posteriori*.

Il en va de même dans le cas célèbre cité par l'historien Suétone[1] rapportant que l'empereur Claude, après une période de disette source d'émeutes à Rome, imagina un système pour assurer le ravitaillement de la Ville, même à la mauvaise saison. Pour ce faire, dit Suétone : « *il offrit aux négociants des bénéfices fixes, prenant toutes les pertes à sa charge si, en raison des tempêtes, il arrivait quelque accident, et il accorda de grands avantages aux constructeurs de navires de commerce* ». Il y a bien là assurance collective, mais c'est seulement en fin de période que le coût de cette assurance sera connu.

Les choses changent lorsque des entrepreneurs privés se lancent dans des opérations commerciales, forcément incertaines. Depuis une très haute antiquité, on a vu s'organiser des institutions financières et des modalités de prêt permettant de réunir les capitaux nécessaires au lancement des grandes opérations maritimes et d'assurer la couverture des risques qu'elles entraînent. Considérons plus spécialement « *le prêt à la grosse* » (entendons par là : prêt à la grosse entreprise) ou « prêt à retour de voyage », qui a précédé l'assurance

---

1. *Vie des 12 Césars*, p. 299.

maritime et en a tenu lieu quand elle n'existait pas encore. Il est très bien documenté au Moyen Âge, les romains le connaissant[1] sous le nom de *nauticum foenus*, tandis qu'on le retrouve en droit athénien de l'époque classique ainsi que dans l'Inde ancienne. Il consiste en ce qui suit.

Un certain apporteur de capitaux participe au financement d'une grande expédition, sans en être lui-même le promoteur ; il n'est donc juridiquement que créancier à l'égard de ce dernier. Ce que cette institution a de remarquable, c'est que l'apporteur de capitaux ne dispose pas d'une créance personnelle sur la personne du promoteur, mais bien d'une créance réelle ; en ce sens que le navire ou son chargement, ou bien l'un et l'autre, sont affectés à la garantie de sa créance. Ceci entraîne l'une des deux conséquences suivantes :

- Soit l'expédition est fructueuse ; le créancier est alors remboursé et il perçoit également un taux d'intérêt, en général fort élevé, variable avec les risques de l'expédition. En cas de difficultés à rentrer dans ses fonds, il pourra faire saisir le navire ou la cargaison qui ont été affectés à la garantie de sa créance.
- Soit le navire fait naufrage, ou est capturé par des pirates ; dans ce cas, la garantie réelle ayant disparu, la créance devient irrécouvrable.

L'apporteur de capitaux est bien ainsi un créancier, puisqu'il ne participe pas aux bénéfices de l'entreprise, et n'est rémunéré que par un taux d'intérêt perçu en cas de réussite ; mais d'autre part, il apparaît comme associé, puisqu'il participe aux risques.

À côté du taux fort élevé du prêt à la grosse, on rencontre le taux ordinaire de l'intérêt : par exemple, dans la Grèce classique, lorsque ce taux était de 12 %, il pouvait s'abaisser à 8 % dans l'agriculture, mais s'élever à 16 % dans l'industrie, et 30 % dans l'assurance de mer, le taux du prêt à la grosse étant alors encore plus élevé. L'existence de ces divers taux montre que la pratique empirique avait conduit à une certaine évaluation quantitative de divers risques, en particulier du risque de mer. Il serait cependant imprudent d'en conclure à l'existence d'un mode rationnel de couverture pour les risques maritimes, fondé sur l'étude statistique des naufrages. Le prêt à la grosse reste sans doute fort spéculatif, une espèce de jeu de hasard ; néanmoins, il renferme déjà une première technique d'assurance.

À la fin du XIIIe siècle, l'assurance maritime va se pratiquer sous une autre forme. Dans les contrats de vente, deux types de clauses vont apparaître :

---

1. *Digeste*, 22, 2.

- La clause « *sauf à terre* » dans laquelle l'acheteur ne supporte aucun des risques du voyage, lesquels sont en totalité à la charge du transporteur.
- La clause « *au risque et à la fortune de Dieu, de la mer et des gens* » dans laquelle c'est à l'acheteur de supporter les risques.

Notons bien que les contrats en question sont des contrats de vente. Le risque y est clairement formulé, puisque, suivant la clause, c'est tantôt l'une des parties, tantôt l'autre, qui va l'assumer ; mais il ne fait pas encore, en tant que tel, l'objet d'un contrat. On pourrait s'étonner de ne pas voir apparaître le contrat d'assurance individualisé, dès lors que l'évaluation pécuniaire du risque de mer semble avoir atteint une relative précision. Ce serait oublier que l'histoire de l'assurance est extraordinairement compliquée.

D'abord la théorie de la couverture des risques s'est heurtée, au Moyen Âge, à la prohibition canonique du prêt à intérêt. L'intérêt « prix du risque » se vit confondu avec l'intérêt « prix du temps » prohibé par Thomas d'Aquin, et en particulier, à la fin du premier tiers du XIIIe siècle, la décrétale *Naviganti* du pape Grégoire IX tenta d'interdire le prêt à la grosse, dans lequel ces deux taux d'intérêt étaient indistinctement liés.

Ensuite, l'assurance eut grand peine à se dégager des divers vêtements juridiques sous lesquels elle s'était successivement camouflée. Au XVIIIe siècle encore, le célèbre juriste Pothier définira le contrat d'assurance comme « une espèce de contrat de vente ».

Cependant, à partir du XIVe siècle, de véritables contrats d'assurance apparaîtront, et même en dehors du domaine maritime, puisqu'on commencera à assurer les biens terrestres et la vie humaine. Une assurance particulièrement originale sera même organisée en Angleterre pour financer le rachat des matelots tombés aux mains des Turcs ou des Maures. Cependant, les assurances sur la vie humaine seront en général prohibées un peu partout par les pouvoirs politiques, qui y verront un pari inacceptable sur la vie d'autrui.

Vers un nouveau climat intellectuel

Ce qui est certain, c'est qu'à la Renaissance, s'appuyant sur d'innombrables observations et des mathématiques comptables de plus en plus efficaces, la couverture de certains risques pouvait s'organiser de façon de plus en plus précise. À très long terme, une forme de calcul des probabilités aurait pu en résulter. Le temps manquera pour cela puisque les jeux de hasard, en fournissant à la réflexion des observations infiniment plus nombreuses et surtout bien plus homogènes, précises, et faciles à codifier que tout ce que la pratique commerciale aurait jamais pu apporter, conduiront au calcul des chances tel que nous le connaissons. Une théorie scientifique de l'assurance ne manquera pas d'en résulter, mais avant de devenir ainsi tributaire du calcul des probabilités, l'assurance empirique, par sa seule existence, aura au préalable joué puissamment son rôle d'éveilleur des mentalités, et ainsi contribué largement à l'émergence de ce dernier calcul.

On verra au chapitre suivant que l'arithmétique de la Renaissance avait essentiellement des visées commerciales, et on sait que les mathématiques du XVIIe siècle ne s'étaient pas encore éloignées des autres formes de culture, comme elles le feront par la suite ; la distinction entre théorie et applications n'avait donc aucun sens. De plus, aucun des fondateurs du calcul des probabilités ne vivait dans une tour d'ivoire : Fermat était magistrat, Pascal et Huygens fils de magistrats, tous de très haut niveau, Bernoulli d'une famille de marchands. Chacun d'eux évoluait donc dans un milieu particulièrement bien informé sur les transformations du monde extérieur. Pour prendre l'exemple précis d'Étienne Pascal, il est connu qu'il était très bon connaisseur des problèmes financiers et que, à ce titre, en 1640, Richelieu le nomma « commissaire pour l'impôt et levée de tailles en Haute Normandie » avec résidence à Rouen. De cette place stratégique[1], il put sans nul doute observer les pratiques du grand commerce maritime. Comment alors imaginer que son fils Blaise, qui justement à ce moment inventa sa machine arithmétique pour soulager son père dans ses calculs, n'ait pas lui aussi bénéficié des informations recueillies par ce dernier sur le financement des entreprises maritimes, l'assurance empirique, ses pratiques et ses résultats. Huygens et Bernoulli furent sans doute, l'un et l'autre, tout aussi bien informés par leur milieu familial.

Or, dès que les armateurs eurent reconnu que les risques engendrés par les hasardeuses entreprises lointaines pouvaient être numériquement évalués, le fait de chercher à donner des lois au hasard cessa d'être un projet insensé. Bien au contraire, les succès de la pratique commerciale indiquaient que de telles lois avaient toutes les chances d'exister, et que vraisemblablement on pourrait bientôt réussir à les formuler, comme on était en train de le faire pour les lois de la nature, à la suite de Galilée. Et peut-être est-ce simplement cette confiance dans l'existence de telles lois, jointe à l'ardent désir de les découvrir, qui seuls peuvent expliquer l'intérêt surprenant que le moraliste Pascal, l'austère Fermat et des esprits formés à la théologie comme Bernoulli et Montmort, ont pu manifester pour de simples et futiles jeux de hasard ! Ces

---

1. Rappelons que c'est précisément à Rouen, au XVIe siècle, que fut composé le recueil d'usages appelé *Le Guidon de la Mer*, dans lequel, pour la première fois en France, se trouvaient données des règles assez détaillées sur l'assurance maritime.

derniers ne présentaient peut-être en eux-mêmes aucun intérêt véritable, mais au moins offraient-ils, pour cette recherche des lois du hasard, un cadre éminemment favorable.

Si on accepte cette analyse, alors tout s'éclaire et on comprend pourquoi les armateurs d'Athènes, malgré leurs pratiques déjà évoluées en matière d'assurance, n'ont pas, et ne pouvaient pas, inventer le calcul des probabilités. Si la notion de fonction a manqué à Archimède pour inventer le calcul intégral, à eux, c'est *la notion de loi naturelle* qui *leur a fait défaut*. Mais la notion de fonction est en mathématique l'équivalent de celle de loi naturelle en physique. Dans les deux cas, le handicap a donc été le même et il a été de nature conceptuelle. Lorsque ce handicap commun tombera, les deux calculs pourront naître, et ils le feront simultanément.

Le calcul des probabilités n'est vraiment pas né par hasard !

Les rentes viagères

Tous les pouvoirs politiques ont essayé par le moyen de recensements de connaître les effectifs des populations sous leur dépendance et les richesses que ces dernières possédaient. L'Ancien Testament fait mention de telles pratiques et, pour l'empire romain, les Évangiles nous apprennent que Jésus-Christ naquit lors d'un tel recensement. Il semble que peu de siècles plus tard, les romains disposaient même d'informations suffisamment précises sur la durée de la vie humaine, pour pouvoir pratiquement constituer de véritables tables de mortalité.

Voici les prescriptions d'Ulpien (mort en 228 apr. J.-C.) pour les versements d'aliments, telles qu'énoncées dans le *Digeste*, en 533, sous l'intitulé « *de la loi Falcidia* ». Cette loi, datant de 40 ans av. J.-C., autorisait les citoyens romains à léguer par testament à d'autres citoyens romains les sommes qu'ils désiraient, à condition qu'il restât aux héritiers au moins 1/4 de la succession. Dans le cas où le testament instituait une pension alimentaire viagère, que les héritiers naturels auraient à verser en faveur d'un bénéficiaire, il fallait donc, à la date du décès, pouvoir évaluer la valeur de cette pension future, quitte à réduire son montant journalier, pour respecter la loi Falcidia. Il s'agit donc de *prise de décision relative à des événements futurs incertains*. On ignore comment, avant Ulpien, on pouvait y parvenir.

> « *Ulpien prescrit la méthode suivante pour calculer les aliments faits à quelqu'un. Les aliments laissés à quelqu'un depuis le bas âge jusqu'à 20 ans sont réputés devoir durer 30 ans, et on retient sur ces aliments la Falcidie en conséquence de ce calcul. De 20 à 25 ans, les aliments sont réputés devoir durer 28 ans ; de 25 à 30,*

ils sont réputés devoir durer 25 ans ; de 30 à 35, réputés devoir durer 22 ans ; de 35 à 40, 20 ans ; de 40 ans à 50, réputés devoir durer autant d'années moins une, qu'il en reste à celui à qui les aliments sont laissés pour avoir 60 ans ; de 50 à 55, réputés devoir durer 9 ans ; de 55 à 60, 7 ans ; de 60 et au delà indéfiniment, réputés devoir durer 5 ans. Ulpien ajoute que cette méthode est aussi d'usage pour calculer un legs d'usufruit. Cependant on a coutume, depuis le 1er âge jusqu'à 30 ans, de fixer les aliments comme devant être dus pendant 30 ans ; depuis l'âge de 30 ans, les aliments sont censés devoir durer autant d'années qu'il en manque au légataire pour avoir 60 ans ; en sorte que jamais les aliments ne soient censés devoir être dus pendant plus de 30 ans. Ainsi, si on lègue à une république un usufruit, ou simplement, ou à la charge d'entretenir des jeux, cet usufruit sera réputé devoir durer 30 ans. »

Il n'y a pas eu unanimité parmi les commentateurs sur la manière d'interpréter ce texte, mais ce qui seul ici nous intéresse, c'est qu'il ait pu exister à une époque aussi ancienne.

Au cours du Moyen Âge, on rencontre de nombreux cas de donations à des hôpitaux ou des monastères, en contrepartie de charges viagères ou de prières perpétuelles, mais l'élément religieux rend alors obscur le lien entre la valeur de la donation et l'importance des rentes qu'elle doit supporter. Les choses changent quand des rentes viagères sont réellement vendues, comme ce va être le cas fréquemment dans les cités du Nord-Ouest de l'Europe dès le début du XIIIe siècle. Aux archives de Tournai, on a le témoignage de six contrats de rentes viagères en 1228, et un en 1229, puis d'autres en 1304, 1323 et 1325. Les rapports entre montant de la rente et prix d'achat dans ces trois derniers contrats sont respectivement 2/13, 2/14 et 2/17. D'autres témoignages viennent de Gand, Bruges, Lübeck, Brême, Regensburg…, où ces rapports avoisinent en général 1/10, mais en variant de 1/7 à 2/25 ; on rencontre aussi les rapports 1/5 à Augsburg et 1/18 à Hildesheim. Ces rentes peuvent également être sur plusieurs têtes, avec ou sans modification du montant de la rente après le premier décès. Ainsi, à Mayence, le rapport est de 1/10 sur une tête, mais de 1/12 sur deux têtes. Ce qui est surprenant pour nous, c'est que, la plupart du temps, l'âge des rentiers ne soit pas pris en compte. En tout cas le nombre des documents attestant l'existence de telles rentes viagères est remarquable[1]. Il s'agit donc d'une pratique étendue, de

---

1. Exemple anecdotique, Chateaubriand, dans son *Itinéraire de Paris à Jérusalem*, p. 111, conclut sa visite des ruines d'Argos par ces mots : « *Enfin, Argos, la patrie du roi des rois, devenue dans le moyen âge l'héritage d'une veuve vénitienne, fut vendue par cette veuve à la république de Venise, pour deux cents ducats de rente viagère, et cinq cents une fois payés. Coronelli rapporte le contrat : "Omnia vanitas !"*. »

nombreuses cités commerçantes trouvant dans la vente de rentes viagères le moyen de mobiliser instantanément les capitaux nécessaires à un investissement, ou à l'équipement de troupes en cas de guerre, en échange de remboursements viagers devant s'étaler sur de longues périodes.

On n'a aucune idée sur la manière dont les évaluations initiales avaient été faites, mais on a d'assez nombreux exemples indiquant qu'une cité renonce à tel type de rente pour en proposer un autre, ce qui est assez clair sur les mécomptes financiers qu'elle a dû rencontrer. La première étude scientifique dont on disposera sur les rentes viagères sera celle de Johan de Witt, grand pensionnaire de Hollande, avec une contribution de Johannes Hudde, bourgmestre d'Amsterdam ; mais elle est de 1671, donc postérieure à la naissance du calcul des probabilités, et elle aura bénéficié des avis de Huygens.

Cependant, comme nous l'avons déjà dit à propos de la balistique, si ce calcul n'avait pas existé, il aurait bien fallu un jour ou l'autre que les gestionnaires des systèmes de rentes, poussés par la nécessité de disposer de bases techniques rationnelles, en inventassent un à leur usage propre. Vraisemblablement cela n'aurait guère tardé, car après la Renaissance, très rapidement, les informations statistiques sur la durée de la vie humaine commencèrent à se faire plus nombreuses et plus précises.

Pour la France, on connaît l'ordonnance du roi François 1er, signée en 1539 à Villers-Cotterêts, qui commande en particulier aux curés des paroisses de tenir, en langue française, un registre des baptêmes. Dès l'année précédente une décision similaire avait été prise par le roi Henry VIII d'Angleterre. Par la suite, les Anglais vont aller très vite beaucoup plus loin. Lors de chaque attaque de la peste, dans le but de suivre l'évolution de l'épidémie, l'Église d'Angleterre sera astreinte à collecter et publier chaque semaine un relevé des décès observés dans chaque paroisse de Londres, avec indication de la cause du décès. La qualité de ces relevés pourra laisser à désirer (incompétence des témoins chargés d'identifier les causes de décès, non prise en compte des personnes n'appartenant pas à l'Église d'Angleterre…) mais le mouvement sera lancé. Il conduira en 1662 au livre de John Graunt *Natural and Political Observations made on the Bills of Mortality*, qui sera le premier ouvrage de statistique inférentielle.

Ici également, ce sera après la naissance du nouveau calcul des chances, mais il est clair que ce n'est pas cette dernière, ni le livre de Huygens, qui auront motivé Graunt. C'est tout simplement que l'ouvrage de Graunt, comme celui de Huygens ou l'opuscule de J. de Witt, sont les témoins presque simultanés d'un nouveau climat intellectuel en train de naître. Il laisse présager que, dans assez peu de temps, en s'appuyant sur des observations empiriques portant sur la mortalité humaine, on devrait pouvoir s'acheminer vers une fondation rationnelle de la théorie des rentes viagères. Il est clair que, à plus long terme, si le calcul des chances tiré des jeux avait été moins précoce, le développement des recherches suivant cette voie empirique aurait immanquablement conduit jusqu'à la création d'une certaine science du hasard.

Mais qui pourrait croire que dans les années cruciales qui virent naître ce nouveau climat, lorsque les premiers italiens se mirent à raisonner sur les jeux de hasard et que Pascal et Fermat les imitèrent, ils n'aient pas tous eu connaissance de l'existence des rentes viagères, des mécanismes financiers si particuliers sur lesquels elles reposaient, des difficultés récurrentes rencontrées à leur sujet, et de la nécessité urgente qu'il y avait à les munir enfin d'une base rationnelle ? Et comment imaginer qu'ils n'aient pas ressenti cela comme un défi. Certes le désir de parvenir à une formulation des lois du hasard devait commencer, à cette époque, à être vif et fort répandu !

Mais repartons dans le passé pour suivre la troisième voie.

Du côté des philosophes antiques

Les atomistes et le *De Natura Rerum*

On doit à Leucippe, fondateur à Abdère d'une école philosophique, ainsi qu'à Démocrite, qui lui succéda à la tête de cette école vers 420 av. J.-C., la plus ancienne *cosmologie non théologique* connue. Ils imaginèrent un univers présentant un vide infini dans lequel, de toute éternité, tourbillonneraient une infinité d'atomes éternels, indivisibles, impénétrables, et présentant une infinité de formes. Par accrétion à l'occasion des multiples chocs et rebonds qu'ils ne pourraient manquer de subir, se constituerait une infinité de mondes susceptibles de se faire et de se défaire, et à l'intérieur de chacun d'eux, se différencieraient ensuite les choses et les êtres. Ainsi, localement, à l'intérieur de ce désordre généralisé apparent, des îlots d'ordre pourraient surgir. Les deux auteurs insistent sur le fait que rien ne sort de rien, rien n'a lieu sans raison, tout a lieu selon la nécessité.

À l'échelle globale, cette cosmologie est donc parfaitement *déterministe*. Cependant nous n'hésiterons pas non plus à dire que, dans cette Grande Totalité, la formation de notre monde ne soit due entièrement au hasard. Les chaînes causales qui sont à l'origine de la rencontre de deux atomes sont en effet si longues et complexes, que nous ne saurions les suivre. Nous pouvons donc leur appliquer la définition que Cournot a donnée du hasard comme rencontre de (au moins) deux séries de causes (pratiquement) indépendantes[1]. Nous avons là un exemple dans lequel, même s'il n'y a rien d'aléatoire dans les choses, la connaissance trop rudimentaire que nous avons de l'ensemble des mouvements des atomes, nous amène à considérer que seul le hasard est à l'œuvre et qu'un traitement probabiliste est ce que nous pouvons proposer de plus efficace. En somme, ici, *le hasard traduit notre ignorance*.

Un peu plus tard ce modèle va être repris par Épicure (341-270 av. J.-C.) et popularisé par le *De Natura Rerum*, le célèbre poème latin de Lucrèce. Les atomes seraient maintenant pesants et tomberaient parallèlement dans le vide et avec la même vitesse. Ils ne pourraient donc se rencontrer, et Lucrèce leur superposera ce qu'il appellera un « *clinamen* », sorte de spontanéité possédée par chacun d'eux et faisant incliner très légèrement sa trajectoire, à des instants imprévus, de façon à rendre possibles les chocs et les rebonds. La Grande Totalité cesse alors d'être complètement déterminée, puisque cette spontanéité est tout à fait inexpliquée et sans cause. Maintenant, il y a donc *hasard objectif, non dû à notre ignorance* ; l'aléatoire est dans les choses, comme les physiciens modernes le situent lorsqu'ils nous parlent de la désintégration spontanée de noyaux radioactifs. Notons que le même traitement probabiliste que ci-dessus restera naturellement envisageable. Il est aussi juste de signaler que, dans son long poème, Lucrèce décrit parfois avec finesse et habileté comment, au milieu de tout ce désordre ambiant, de l'ordre a pu naître, et la façon dont la Nature, essayant toutes les combinaisons possibles, parvient à retenir certaines d'entre elles.

Le hasard selon Platon

Platon (427-347 av. J.-C.) et après lui Aristote (384-322 av. J.-C.) vont tous deux tirer à boulets rouges sur le modèle des atomistes. En effet ceux-ci dépeignent un monde sans finalité, dans lequel on ne retrouve aucune raison clairvoyante mettant chaque chose à sa place, en vertu d'un dessein arrêté ; ils ne peuvent accepter un tel monde, qui se présente comme un simple chaos et aucunement comme un cosmos ordonné. Leur refus du hasard à l'échelle de l'univers est donc complet, mais localement leurs réponses peuvent être un peu différentes.

Voici comment, dans *La République*, Platon se positionne face au hasard. Au sein de la société idéale qu'il prétend construire, il prévoit à plusieurs reprises qu'on tirera au sort. Dans certains cas, on peut croire que c'est pour lui une occasion de demander à une puissance supérieure de manifester sa

---

1. Voir à l'appendice 3, divers textes illustrant cette définition.

volonté, mais il est au moins un cas pour lequel cette interprétation ne vaut pas : c'est celui des unions à réaliser entre gardiens et gardiennes en vue d'engendrer des enfants. Dans un souci d'eugénisme, Platon désire écarter de la reproduction les sujets qu'il juge médiocres. Pour ce faire, il parle d'instituer d'ingénieux tirages au sort[1] permettant d'éliminer ces individus de façon discrète, puisque, accusant alors la fortune de leur insuccès, ils ne songeront pas à en rendre responsables les magistrats. En termes clairs, Platon propose donc de *tirer au sort en trichant !* Passons sur l'étrange immoralité et le mépris aristocratique qui se cachent sous de telles manœuvres, pour noter à quel point Platon est donc décomplexé en face de tirages au sort, qu'il est prêt à manipuler sans vergogne. Il ne semble nullement redouter la vengeance des dieux et la fureur d'une déesse de la fortune ainsi défiée. Serait-il en train d'inventer le calcul des probabilités ? C'est peu vraisemblable, car il doit plutôt penser à un mécanisme caché, se substituant au hasard pour faire sortir systématiquement un mauvais numéro, chaque fois que cela sera souhaité par les magistrats.

En ce qui nous concerne, il nous suffira de retenir que Platon, par une démarche certes différente de celle des atomistes, est comme eux parvenu à une conception tout à fait neutre du hasard, et rejetant tout animisme. Un grand pas a donc été franchi en direction d'une notion de hasard scientifiquement utilisable.

Le hasard selon Aristote

Aristote a étudié le hasard assez longuement dans sa physique[2], et cette lecture nous le montre à la fois proche et éloigné de nous. Ce qui nous en éloigne c'est que, en matière de causalité, nous ne reconnaissons plus que la cause efficiente, alors qu'il est, lui, empêtré dans sa théorie des quatre causes, et que celle qui l'intéresse avant tout, c'est la cause finale. De plus, il se croit obligé de distinguer les situations dans lesquelles il y a intervention humaine, de celles où seule la Nature agit, distinction dont nous ne voyons pas la pertinence. Considérons l'exemple qu'il donne d'un homme se rendant sur la place publique pour une certaine affaire et qui, à cette occasion, va rencontrer son débiteur et obtenir le remboursement de son argent. Nous sommes d'accord pour dire que cette rencontre s'est faite par hasard, parce que la suite de causalités qui a amené l'homme sur la place est indépendante de celle qui y a amené son débiteur. Pour Aristote, le hasard réside dans le fait que l'homme va

---

1. *La République*, Livre V, 460, *a*.
2. *Physique*, II, 4-6.

recouvrer son argent, alors qu'il est venu sur la place avec un but qui n'était pas le recouvrement de cette somme.

Cette distinction dans nos points de vue peut sembler tout à fait formelle, mais si on revient au modèle de Démocrite, en supposant qu'il ne contienne qu'un nombre fini quoiqu'invraisemblablement grand d'atomes, et qu'utilisant quelques milliards d'ordinateurs nous soyons capables de suivre et calculer les trajectoires de tous ces atomes, le modèle deviendrait pour nous complètement déterministe, alors qu'Aristote continuerait à le dire régi par le hasard, car toujours dépourvu de finalité.

Le point de vue d'Aristote semble avoir perduré longtemps, puisque Cournot cite dans ses *Considérations...* ce texte de Boèce (v. 480-524) :

> « *Si en creusant un champ, on trouve un trésor, la découverte est vraiment fortuite ; il a fallu que l'un ait enfoui le trésor, que l'autre ait creusé la terre, chacun dans une intension différente.* »

Si on ignore les mots « intension différente », ce texte nous paraît rentrer parfaitement dans la définition du hasard chez Cournot, et semble étrangement moderne. Mais si on lit mieux Boèce, qui définit le hasard comme l'événement inopiné provenant de causes qui ont *originairement un autre objet*, on reconnaît la référence à la cause finale. Ainsi, plus de 800 ans après Aristote, l'élaboration d'un concept de hasard scientifiquement utilisable n'a guère progressé !

Le probabilisme et la probabilité subjective (ou philosophique)

Nous présentons en quelques lignes l'essentiel de ce qu'on retrouvera plus amplement développé à la fin du chapitre, en annexe.

On sait que, au IIe siècle avant J.-C., la Nouvelle Académie vit naître avec Carnéade une doctrine intermédiaire entre le dogmatisme et le scepticisme. Émile Bréhier[1] présente cette doctrine comme suit :

> « *Voilà un langage tout nouveau ; il ne s'agit plus d'opposer en bloc la certitude absolue à l'incertitude, mais de se tenir dans l'entre-deux et de déterminer toutes les nuances que comportent les intermédiaires : c'est le probabilisme de Carnéade... Comme Sextus le répète deux fois, « le critère de Carnéade a une largeur », c'est-à-dire qu'il contient des degrés en plus et en moins.* »

Il n'est pas abusif d'aller ainsi rechercher l'origine de la notion de probabilité auprès de cette école philosophique, car Cournot se référait souvent

---

1. *Histoire de la Philosophie*, tome I, fasc. 2, p. 392.

explicitement à ces anciens travaux, tout en appréciant justement leurs limites. Par exemple, dans son *Essai sur les fondements…* il écrit[1] :

> « *Après la division si nettement établie par Platon, quoi de plus naturel que de rejeter dans l'opinion ce qu'on n'avait pu réussir à faire entrer dans la science… Non en ce sens qu'on puisse soutenir indifféremment le pour et le contre…, mais, en ce sens qu'il faut se contenter d'inductions probables et d'arguments convaincants… Un Grec, dont l'étude de la géométrie alors si florissante aurait fortifié le jugement, comme elle avait fortifié celui de Platon et qui se nommait Arcésilas ou Carnéade, était en mesure, à ce qu'il semble, de donner à la théorie de l'opinion et de la probabilité philosophique une forme plus arrêtée que celle que nous lui trouvons dans les écrits de Cicéron et des autres anciens.* »

> « *Il faut se contenter de hautes probabilités… des probabilités d'inégale force ; c'était l'opinion professée dans l'école grecque connue sous le nom de troisième Académie… Mais la notion de la probabilité n'a jamais été pour les anciens que vague et confuse…* »

Nous avons tronqué à l'extrême ces textes un peu trop longs, et qu'il faut lire en pensant à ceux que nous avons cités de lui un peu plus haut, mais voici ce que Cournot veut dire. Ce qu'il constate, c'est que, à l'encontre du dogmatisme grec qui prétendait tout réduire à des lois en accord avec les exigences de la logique, Carnéade pressent et ébauche une conception plus souple de la connaissance, basée sur la probabilité, conception nouvelle qui ne recevra que bien plus tard la précision qui lui manque. Il affirme à nouveau que ce retard fut uniquement dû au désintérêt manifesté par les géomètres grecs, qui n'aidèrent aucunement au développement de la probabilité philosophique. De fait, faute de trouver à son époque l'assistance scientifique nécessaire, ce courant philosophique ne progressera pas et finalement tournera en un vague scepticisme, alors qu'il aurait pu devenir une véritable école de philosophie critique.

On est bien moins loin des mathématiques que l'on pourrait le croire. La plupart de nos décisions sont prises, non sur des certitudes, mais sur des vraisemblances apparentes ou des évaluations personnelles, mûrement pesées ou non, et qui nous convainquent que, dans des circonstances données, tel événement nous semblant plus probable que tel autre, une certaine décision sera meilleure ou moins risquée que les autres. En chaque occasion, chacun d'entre nous a ainsi son propre système de **probabilités subjectives**. Ces probabilités subjectives, sont individuelles et fugaces, les évaluations variant d'un individu à l'autre et selon les circonstances, mais si nous sommes consé-

---

1. Pages 561 et 124.

quents en les construisant, elles doivent pouvoir être introduites dans un raisonnement logique ou dans un calcul. Malgré certains essais faits en ce sens, les procédures proposées pour tenter de les évaluer ne sont pas complètement convaincantes ; il n'est donc pas aisé de les déterminer expérimentalement. Et elles sont difficiles à identifier avec les **probabilités objectives**, impersonnelles et permanentes, associées aux jets de dés ou à une roulette.

Aussi longtemps que le calcul des probabilités n'a été que la compilation des exemples particuliers auxquels on l'avait appliqué, ces deux notions de probabilité sont restées facilement confondues dans l'esprit des mathématiciens. C'est lorsque la théorie mathématique s'est édifiée solidement, qu'il a bien fallu prendre conscience de cette dichotomie. Cela n'a nullement handicapé le développement de cette théorie, parce que le débat s'est alors automatiquement transporté aux frontières de la dite théorie, là où on tentait de l'appliquer. Simplement, les mathématiciens probabilistes, tout en étant d'accord sur la conduite des calculs, se sont divisés sur les deux manières possibles d'interpréter la probabilité mathématique. Leurs débats ne sont toujours pas terminés et périodiquement ils refont surface ; il n'y a d'ailleurs aucune raison pour que ces débats cessent un jour, puisqu'ils n'empêchent nullement le calcul des probabilités de continuer à progresser sur le plan technique.

Avant de quitter la nouvelle Académie, il faut noter que le probabilisme a eu aussi une autre postérité, qui, elle, nous éloigne des mathématiques. Par saint Augustin et divers théologiens, notre Moyen Âge connaîtra ce courant, auquel s'attaquera Pascal dans sa 5e *Lettre à un Provincial*. Il s'agit de *la théorie des cas probables*, doctrine morale soutenant que, dans les cas ambigus où le bien et le mal sont difficiles à départager, pour n'être point fautif, il suffit d'agir conformément à une opinion plausible (c'est-à-dire qui, n'étant, ni absurde, ni contraire à l'autorité, peut être approuvée quoique non prouvée) et ayant des partisans respectables. Ces partisans peuvent représenter un courant minoritaire, le mot « probable » n'a donc pas exactement le sens que nous retenons actuellement[1].

En suivant la piste des jeux de hasard

Pour ne pas nous attarder, nous passerons sur la longue période où astragales, osselets, et dés, de bois, d'os, ou de métal, réguliers ou irréguliers, ont servi à des pratiques divinatoires autant qu'à des jeux d'argent. Les témoi-

---

1. Voir l'appendice 4.

gnages historiques et ethnographiques à ce sujet sont innombrables. Ignorons le profond *De divinatione* de Cicéron et tous les efforts infructueux des moralistes et des pouvoirs politiques ou religieux en vue d'éradiquer la pratique des jeux, pour en venir aux *premières évaluations numériques* portant sur les résultats de jets de dés. C'est *vers l'an mil* qu'elles semblent apparaître.

Une première question concerne la pertinence des documents dont nous disposons, qui n'est pas toujours facile à évaluer. Ainsi, dans le monde des jeux, peut-on clairement distinguer jeux de hasard et jeux de stratégie ? Avons-nous bien compris les règles des jeux dont nous parlent les documents ? Ces règles ont pu varier suivant les lieux et les époques. Si l'évaluation que présente un auteur nous semble erronée, n'est-ce pas dû, de notre part, à une mauvaise connaissance de ces règles ?

Quoi qu'il en soit, voici l'essentiel de ce dont on dispose.

D'après une chronique de Baldericus au XIe siècle, l'évêque Wibold de Cambrai, vers 960, aurait inventé un jeu de hasard à l'usage des moines pour les inviter à pratiquer 56 vertus. En jetant trois dés, le moine devait déterminer la vertu qu'il devrait spécialement pratiquer pendant 24 heures. Peut-être l'évêque n'avait-il aucune idée du hasard et croyait-il que la providence interviendrait dans le résultat du jet. Peut-être pensait-il que, en christianisant le jeu de dé, il lutterait plus efficacement contre les tripots que ne réussissaient à le faire les multiples interdictions, jamais suivies d'effet, prononcées par les papes, rois ou empereurs. Ce qui nous intéresse c'est que, avec 3 dés indiscernables, le nombre de configurations distinctes auxquelles on peut parvenir, est :

$$6 + 6 \times 5 + \frac{6 \times 5 \times 4}{3!} = 56,$$

puisqu'on peut obtenir une même valeur sur les trois dés, ou bien une même valeur sur deux dés et une autre valeur distincte sur le troisième, enfin des valeurs distinctes sur les trois dés. Il est dommage que nous ne sachions pas si les vertus correspondant aux éventualités les plus probables étaient ou non des vertus cardinales.

En 1423, Bernard de Sienne, dans son sermon *Contra alearum ludos*, oppose l'Église du Christ, dont l'Évangile est écrit avec 21 lettres, à celle de Satan, symbolisée par la maison de jeux, qui écrit avec des dés à 21 configurations. Avec 2 dés, il y a effectivement $6 + \frac{6 \times 5}{2} = 21$ configurations distinctes lorsque les dés sont indiscernables.

Le texte le plus intéressant de tous est un poème latin intitulé *De Vetula*[1], qu'on pense pouvoir dater du XIIIe siècle, et qui a été attribué à Richard de Fournival (1200-1250), chancelier de la cathédrale d'Amiens ; il contient un passage remarquable sur les jeux de dés. S'il est correctement daté, il donnerait la plus ancienne approche connue du dénombrement des $6^3 = 216$ configurations qui peuvent être obtenues avec 3 dés jetés simultanément et reconnaissables. Ce poème est difficile à lire, mais des figures données dans la marge sont très explicites, et celle que nous reproduisons et qui résume les calculs est, à quelques erreurs de graphisme près, tout à fait correcte.

Par exemple, on y lit que 3 et 18 ne sont amenés que par une seule configuration et ce d'une seule façon, alors que 7 et 14 peuvent l'être par 4 configurations et donc avec 15 possibilités.

Effectivement, pour amener, soit la somme 7, soit la somme 14, il faut amener respectivement :

5 + 1 + 1	6 + 4 + 4	**3 possibilités de réalisation**
4 + 2 + 1	6 + 5 + 3	**6 possibilités de réalisation**
3 + 3 + 1	6 + 6 + 2	**3 possibilités de réalisation**
3 + 2 + 2	5 + 5 + 4	**3 possibilités de réalisation**

Donc, 7 aussi bien que 14 sont l'un et l'autre amenés par 15 configurations lorsque les dés sont reconnaissables, et par seulement 4 lorsqu'ils ne le sont pas. Au total, on retrouve bien les 56 configurations lorsque les dés sont indiscernables et les $216 = 6^3$ manières de les obtenir lorsque les dés sont reconnaissables.

3	18	𝔓unctatura	1	ℭadentia	1
4	17	”	1	”	3
5	16	”	2	”	6
6	15	”	3	”	10
7	14	”	4	”	15
8	13	”	5	”	21
9	12	”	6	”	25
10	11	”	6	”	27
		Total	$28 = \frac{56}{2}$	Total	$108 = \frac{216}{2}$

---

1. Le manuscrit dont on dispose (Harleian MS 5263) semble être du XIVe siècle.

On peut se demander si ce n'est pas trop beau pour être vrai. Mais il est possible que ce texte soit simplement trop en avance sur son époque pour avoir eu une influence. De fait, on dispose d'une traduction de ce poème en français médiéval, où le traducteur a été incapable de comprendre toutes ces évaluations et s'est contenté de noter que, avec 3 dés, en sommant les points, on peut obtenir 16 nombres différents (entre 3 et 18), mais que certains résultats arrivent plus fréquemment que d'autres.

Citons également un commentaire de 1477 sur le purgatoire de *La Divine Comédie* de Dante (où il est également question de jeux, mais sans évaluations numériques) et qui indique que, avec 3 dés, 3 ne peut sortir que d'une façon, tandis que les nombres entre 4 et 17, eux, le peuvent de plusieurs façons. Manifestement, à la fin du XVe siècle on a bien conscience de ces différences de fréquences, mais leur évaluation précise est hors de portée de la plupart des gens. Si des joueurs savaient le faire, ils gardaient sûrement cette connaissance pour eux.

Annexe – La nouvelle académie et le probabilisme

À l'époque hellénistique où le bouillonnement intellectuel est intense, en plus de l'école d'Épicure, fleurit aussi l'école stoïcienne issue de Zénon de Cittium[1] (335-264 av. J.-C.) et qui influencera Sénèque et l'empereur Marc Aurèle. Ces deux écoles sont dogmatiques, elles enseignent ce qu'elles pensent être la Vérité, mais elles affirment plus qu'elles ne prouvent. En face d'elles se dressent naturellement des sceptiques dont les plus connus en France sont les Pyrrhoniens[2], que Montaigne puis Pascal citeront fréquemment. Pyrrhon veut que l'on suspende son jugement, parce que, ne pouvant définir une chose qu'à partir d'autre chose, nous sommes lancés dans une régression infinie, ce qui fait que rien ne peut être compréhensible. Il y a bien des évidences sensibles premières, mais les sensations ont la fragilité de l'apparence ; certes elles « sont », mais sans qu'aucun jugement ne puisse leur être adjoint. Une telle position, qui interdit toute action dans la vie pratique, est difficile à maintenir, et des sceptiques moins excessifs vont donc naturellement se manifester.

---

1. À ne pas confondre avec Zénon d'Elée (489-460 av. J.-C.), le disciple de Parménide, que tous les étudiants débutant en analyse mathématique connaissent bien pour ses apories : « Achille au pied léger qui ne peut rattraper la tortue » et « la flèche en vol qui ne peut atteindre son but ».
2. Ils se réclament de Pyrrhon d'Elis (365-275 av. J.-C.).

De façon inattendue, ce seront des responsables de l'Académie, donc des hommes qui se disent successeurs de Platon, en l'occurence Arcésilas de Pitane (316-env. 241 av. J.-C.) puis Carnéade de Cyrène (215-129 av. J.-C.) qui se rangeront dans le camp des sceptiques modérés. Ils sont souvent présentés comme formant la deuxième et la troisième Académie. On les connaît un peu par ce qui nous reste de divers textes de Cicéron (106-43 av. J.-C.), lequel adhérera à leur doctrine et s'en fera l'écho, et par un ouvrage de Sextus Empiricus (fin IIe siècle-début IIIe siècle).

Arcésilas s'opposa à Zénon sur le problème du critère de la vérité, affirmant que, s'il n'existe pas de critère absolu du vrai, il doit exister au moins une règle des actes volontaires, suffisante pour l'action. Par exemple, la tradition ou la coutume constituent bien une telle règle, mais il en existe une de portée plus vaste qu'Arcésilas dénomme ευλογον « le raisonnable », auquel il faut rapporter nos actes et nos choix, et qui permet de justifier l'action droite par des raisons plausibles, ce que Cicéron traduira par *ratio probabilis*.

Au siècle suivant, Carnéade va réellement fonder le probabilisme. De lui on sait qu'il avait fait partie de l'ambassade de trois philosophes (un académicien, un stoïcien, un péripatéticien) que, en 156 avant J.-C., le peuple athénien envoya auprès du Sénat romain pour plaider sa cause. Celui-ci avait en effet condamné leur ville à payer une indemnité de 500 talents pour avoir dévasté la ville d'Orope. Les trois hommes firent sensation par leurs débats publics, et Carnéade remplit d'enthousiasme la jeunesse romaine. Son originalité réside dans une meilleure élaboration d'un critère positif devant nous guider non plus seulement dans la pratique de la vie, mais aussi dans la recherche de la vérité. Ce critère qu'il appelle το πιτανον « ce qui est capable de persuader, qui entraîne la croyance » n'est plus seulement pratique mais aussi théorique. Ainsi que Sextus l'explique, ce qu'il y a de fécond dans ce critère c'est qu'*il ne réside pas dans le rapport de la représentation à l'objet*, mais dans le *rapport de celle-ci au sujet*.

Si on se place dans le 1er rapport, ce que font les dogmatiques, la représentation est vraie ou fausse, mais nous sommes dans l'impossibilité de le savoir.

Sous le 2e rapport, certaines représentations nous paraissent vraies, d'autres fausses. Concernant les premières, nous pourrons chercher en quoi réside leur force persuasive et nous constaterons que cette force varie suivant les circonstances, qu'elle présente des degrés ; ce que Sextus exprime en disant, et par deux fois, que le critère de Carnéade « *a une largeur* ».

Une expérience prolongée montre que les représentations qui nous paraissent vraies avec une grande force peuvent néanmoins être fausses, mais *en général elles sont vraies*[1]. Or c'est sur la généralité que nos jugements et nos actions sont réglés. On passera *d'une opinion moins probable à une opinion plus probable*, en se représentant de façon plus précise et détaillée ce qu'au début on se représentait d'une manière confuse. Par exemple, dans une demi-obscurité une corde enroulée nous semblera être un serpent, mais un meilleur examen de sa couleur et de son immobilité nous amènera à reconnaître une corde. D'ailleurs, les représentations ne sont jamais solitaires, elles sont comme les chaînons d'une chaîne. Non seulement on parcourra une représentation dans tous ses détails, mais encore on s'assurera qu'aucune autre représentation ne vient se mettre en travers d'elle, et qu'elle s'accorde bien avec les représentations qui lui sont habituellement liées.

---

1. On reconnaît ici la démarche annonciatrice du jugement statistique et qu'on citera à nouveau en parlant de Buffon.

Chapitre 2

Le problème des partis

Les jeux dans les textes mathématiques

On sait que le *Liber Abaci* (vers 1202, puis 1228) de *Léonard le Pisan* (vers 1170-après 1250), dit *Fibonacii*, est tenu, pour le monde latin, comme le plus ancien traité moderne de mathématiques. Il avait été précédé, vers 1140, par le *Liber Mahameleth* attribué à Jean de Séville, un des plus illustres traducteurs de Tolède, ouvrage qu'il rejeta dans l'ombre. Le *Liber Abaci*, qui est une arithmétique commerciale, va diffuser en Europe la science arabe et le calcul indien ; il sera utilisé par les marchands pendant près de deux siècles.

Son contenu sera repris presque intégralement dans *Summa de arithmetica, geometria, proportioni e proportionalità*, œuvre de *Luca Paccioli* (ou Fra Luca di Borgo) (vers 1445-vers 1514) et qui sera l'un des tout premiers textes mathématiques imprimés (Venise, 1494). Nous y trouvons mention du problème des partis, lequel n'est pas présenté comme nouveau, puisque Paccioli déclare que plusieurs solutions différentes reposant sur des arguments insuffisants en ont déjà été données. Il ajoute, imprudemment, qu'il va indiquer comment le résoudre correctement. Après lui, nombre d'auteurs s'y attaqueront également, en proposant des solutions souvent fausses ou incertaines. Une solution reconnue comme incontestable en sera finalement donnée par Pascal, en 1654.

Voici ce problème :

« *A et B jouent à un jeu honnête et conviennent de continuer à jouer jusqu'à ce que l'un d'eux ait gagné n parties. Or le jeu s'arrête alors qu'il manque a parties à A pour avoir gagné, et b parties à B. Comment faut-il partager l'enjeu ?* »

Chez Fra Luca, le jeu n'est pas un jeu de dé, mais de balla (?), et seul un unique cas particulier est considéré, le cas $n = 6$, $a = 1$, $b = 3$. A a donc gagné 5 parties, B seulement 3, et ce n'est que pour la clarté que nous avons directement donné un énoncé général. Fra Luca propose de partager l'enjeu dans le rapport 5 à 3, ce qui est complètement inconsistant. Il est clair qu'il n'a aucunement entrevu le caractère probabiliste du problème.

Pour nous, dans ce cas particulier, la solution est extrêmement simple : B est certain de perdre s'il ne gagne pas les 3 prochaines parties, ce qu'il ne peut réaliser qu'avec la probabilité $(1/2)^3 = 1/8$. A a donc la probabilité $1 - 1/8 = 7/8$ de gagner, et il faut partager l'enjeu dans le rapport 7 à 1.

L'erreur de Fra Luca sera stigmatisée par *Niccolò Tartaglia* ou Tartalea (1500-1557), dans son *Generale Trattato di numeri e misure* (1551, puis 1556), ouvrage qui est encore autant un traité de comptabilité ou de pratique commerciale, que d'arithmétique, mais où on trouve divers problèmes de combinatoire ou de probabilités. Comme le livre précédent, c'est une compilation des auteurs antérieurs, et Tartaglia éprouve un réel plaisir à dénoncer les erreurs de son prédécesseur immédiat, en intitulant sa Section 20 : « *errore di Fra Luca* ».

Pour le problème des partis, il remarque que, si on suivait Paccioli et que A ait gagné 1 partie et B aucune, il faudrait donner au premier la totalité des enjeux, ce qui est inacceptable. Il propose donc de donner à A son propre enjeu, augmenté de 1/6 de celui de B, puisqu'il a une partie d'avance sur B, et donc de partager l'enjeu total dans les proportions $\frac{1}{2} + \frac{1}{2}\frac{1-0}{6} = \frac{7}{12}$ et $\frac{5}{12}$, c'est-à-dire dans le rapport 7 à 5. Ensuite, pour le cas traité par Paccioli, notant que la différence entre les 5 parties gagnées par A et les 3 parties gagnées par B est de 2, il décide d'attribuer à A les $\frac{1}{2} + \frac{1}{2}\frac{5-3}{6} = \frac{1}{2} + \frac{1}{2}\frac{1}{3} = \frac{2}{3}$ de l'enjeu total, ce qui laisserait pour B un tiers de cet enjeu. D'où un partage dans le rapport 2 à 1. Tartaglia est cependant plus prudent que Fra Luca en reconnaissant que, pour ce problème, la solution étant plus judicière que mathématique, toute solution proposée pourra être contestée.

Ces deux solutions, bien que fausses, sont tout à fait intéressantes. Elles montrent que, à cette époque, les sommités mathématiques n'avaient pas la moindre idée de la nature réelle du problème. Pour Fra Luca, c'est un simple problème de proportions ; il répartit l'enjeu en proportion des parties gagnées, sans se préoccuper de la valeur de n. Au contraire, Tartaglia voit bien que le résultat va varier en fonction de n, et il se concentre donc sur cette valeur. En fait, le problème, même dans le cas général, on le verra plus loin, ne dépend réellement que des 2 paramètres a et b. C'est uniquement pour la clarté que, *de façon anachronique*, nous l'avons formulé directement en utilisant ces symboles.

Citons ensuite l'excentrique et énigmatique *Gerolamo Cardano* (1501-1576), sur lequel on a pu raconter tout et son contraire. Il a lui aussi donné « sa solution » du problème des partis ; dans *Practica arithmetica generalis*

(1539), il propose de partager l'enjeu total dans le rapport de $1 + 2 + \ldots + a$ à $1 + 2 + \ldots + b$.

Une tentative ultérieure sera, en 1558, celle de *G.F. Peverone* dans *Due Brevi e Facili Trattati, il primo d'Arithmetica, l'Altro di Geometria*. Ici, l'auteur ne se réfère plus à des prédécesseurs et prend $n = 10$, A ayant gagné 7 parties, tandis que B en a gagné 9. Malgré l'apparente modification des données, on a $a = 3$, $b = 1$ et donc la solution doit encore être formellement celle que nous avons indiquée, à condition d'échanger A et B. L'argumentation semble s'être améliorée. Peverone soutient que A devrait prendre 2 écus et B 12 (autrement dit, un partage de l'enjeu dans le rapport 1 à 6), car si A comme B avait un jeu à gagner, chacun miserait 2 écus ; et si A avait 2 jeux à gagner, il devrait miser 6 écus contre 2 seulement en ce qui concerne B, parce que, en gagnant 2 jeux, il gagnerait 4 écus avec le risque de perdre le 2e après avoir gagné le 1er. Cela semble meilleur parce que, si on avait $a = 2$, $b = 1$, Peverone serait amené à partager l'enjeu dans le rapport 2 à 2 + 4, ce qui serait correct. Cependant, il poursuit en disant que « *avec 3 jeux la difficulté et le risque sont doubles ; A devrait donc miser 12 écus...* ». La solution est toujours incorrecte, mais on a l'impression que l'argumentation s'affine. Il y aura bien d'autres tentatives, par exemple celles de *Gosselin* (1578), *Pagani* (1591), *Forestani* (1603)[1].

Nous n'avons considéré que des textes imprimés, mais l'intérêt jamais démenti porté au problème des partis, laisse conjecturer que les personnes citées sont loin d'avoir été les seules à s'en occuper, et que nombre d'autres s'y sont également attaquées. Très vraisemblablement doivent dormir dans les bibliothèques des documents des XVe et XVIe siècles, non encore correctement dépouillés par les chercheurs, et susceptibles de nous en apprendre beaucoup plus sur l'état d'avancement de ce problème pendant cette longue période. Récemment ont été publiés par des historiennes italiennes[2] deux manuscrits anonymes antérieurs à l'époque de Paccioli, et montrant que leurs auteurs avaient pu employer avec succès des approches très similaires à celle qu'adoptera Pascal. Dans ces divers textes, ce qui nous paraît surprenant, c'est que le problème puisse être présenté dans les contextes les plus variés. Par exemple celui d'un jeu de paume, qu'il faut interrompre car la balle éclate ; une compétition à l'arbalète, qu'on ne peut poursuivre car l'arbalète casse ; ou encore

---

1. Voir E. Coumet (1965) « Le problème des partis avant Pascal ».
2. Voir l'étude de Norbert Meusnier dans le recueil coordonné par E. Barbin et J.-P. Lamarche.

une course à pied, voire même le jeu d'échec[1], circonstances dans lesquelles les joueurs ne sont pas interchangeables et l'intervention du hasard peut être faible ou nulle. Un autre point à noter est, dans l'un de ces manuscrits, le secret que l'auteur réclame de ses lecteurs, mais on sait combien il s'agissait à cette époque d'une pratique répandue, l'histoire de la résolution de l'équation du 3e degré en étant un témoignage bien connu.[2]

Revenons à Cardano. Ce que nous avons à retenir de plus important le concernant, c'est son *Liber de Ludo Aleae*, trouvé en manuscrit après sa mort, et qui sera imprimé à Lyon, joint à d'autres écrits, seulement en 1663. Aux dires de Cardano, la rédaction serait de 1526, mais aurait été revue vers 1563 ou 1564, donc un siècle avant les travaux de Pascal et Fermat. C'est un manuel à l'usage des joueurs et qui traite d'un grand nombre de jeux, et de toutes sortes de questions les concernant, comme la fraude, la manière de lancer le dé, le tempérament des joueurs, etc. Il n'est d'ailleurs pas le premier de cette sorte, Cardano ayant utilisé un ouvrage plus ancien, dans lequel ne figurait aucune spéculation mathématique.

On retrouve dans les chapitres 11 à 14, des évaluations correctes sur le nombre des cas pouvant être obtenus avec 2 dés et avec 3 dés, comme dans *De Vetula*, mais aussi nettement plus. Par exemple, Cardano montre que, avec 2 dés, s'il y a 11 possibilités pour obtenir « au moins un as », et non pas 12, et de même 11 possibilités pour obtenir « au moins un 2 », il y aura seulement 20 possibilités d'obtenir « au moins un as ou un 2 », et non pas 22 ; et 27 possibilités d'obtenir « au moins un as ou un 2 ou un 3 », et non pas 29 ou 31 ; et 32 possibilités d'obtenir « au moins un as ou un 2 ou un 3 ou un 4 » ; etc. Toutes ces évaluations sont correctes, ainsi que le sont les évaluations similaires pour le cas de 3 dés. Cardano semble donc maîtriser deux choses : d'abord, le fait que, pour pouvoir procéder à l'addition des chances, il faut avoir affaire à des événements incompatibles ; d'autre part, la règle de multiplication des événements indépendants, ce qui représente un pas très important.

Dans ces mêmes chapitres, il indique quels enjeux les joueurs pourraient engager compte tenu des chances de succès dont ils disposent, et ses propositions correspondent bien au concept de jeu équitable, tel qu'il sera mis en œuvre par Huygens et ses successeurs.

---

1. La considération du problème des partis dans le cadre du jeu d'échec, semble indiquer que ce problème pourrait bien avoir une origine arabo-persane, voire indienne. Son ancienneté serait alors plus grande encore que ce que nous pensons actuellement.
2. Voir à ce propos à l'appendice 1 les noms de Tartaglia, dal Ferro, Cardano et Ferrari.

Tout cela serait très bien si, à la fin de l'ouvrage, Cardano ne passait au jeu avec des osselets, forcément irréguliers, en les traitant comme s'ils étaient des dés réguliers à faces équiprobables, ce qui paraît bien surprenant de la part d'un homme qui avait manifestement acquis une grande expérience pratique dans le domaine du jeu.

L'expérience et le raisonnement s'allient enfin

Sans qu'on en ait de preuve formelle, on a l'impression que, dès la fin du XVIe siècle, le climat intellectuel est mûr pour la naissance du nouveau calcul, ou même que celui-ci existe déjà, sans avoir été explicitement individualisé. C'est du moins ce qui ressort de la lecture de l'opuscule *Sopra le Scoperte dei Dadi* rédigé par *Galileo-Galilei* (1564-1642), entre 1613 et 1623.

Il est alors à Florence, et déclare écrire par ordre, et donc peut-être pour répondre à une exigence du grand-duc de Toscane. Manifestement, le sujet ne l'intéresse pas beaucoup, et il semble faire cela comme un travail de routine, sans aucunement donner l'impression qu'il soit en train d'inventer quelque chose de nouveau. Peut-être, depuis l'époque de Cardano, certains calculs sont-ils devenus courants. Le texte de Galilée, s'il est prolixe, ne reprend aucun des calculs des combinaisons ; le lecteur est donc censé savoir faire lui-même tous ces dénombrements. Mais cet exposé est si clair que nous pourrions encore aujourd'hui l'utiliser, si nous voulions présenter la même question sans faire usage du mot « probabilité ».

Le problème posé est le suivant : quoiqu'il y ait 6 manières d'amener le total 9 avec 3 dés, à savoir :

$6 + 2 + 1 \quad 5 + 3 + 1 \quad 5 + 2 + 2 \quad 4 + 4 + 1 \quad 4 + 3 + 2 \quad 3 + 3 + 3$;

et également 6 manières d'amener le total 10, à savoir :

$6 + 3 + 1 \quad 6 + 2 + 2 \quad 5 + 4 + 1 \quad 5 + 3 + 2 \quad 4 + 4 + 2 \quad 4 + 3 + 3$;

comment se fait-il que, en pratique, le total 9 sorte moins souvent que le total 10 ?

Pour la 1re fois appel est donc fait ouvertement à l'expérience, et on demande une théorie pour justifier les observations. Notons qu'il s'agit d'une observation assez fine, car la différence des probabilités des deux événements est faible, puisqu'il s'agit seulement de $\dfrac{27}{216} - \dfrac{25}{216} = \dfrac{1}{108}$.

Galilée montre très bien que certaines sommes, comme 3 et 18, ne peuvent être obtenues que d'une façon, tandis que d'autres admettent plusieurs décompositions, et que celles, comme 9 et 10, qui admettent 6 décompositions, peuvent ne pas avoir mêmes possibilités physiques de réalisation. Ainsi, sur les $6^3 = 216$ configurations possibles avec 3 dés, 27 donneront 10, et 25 seulement donneront 9. Il fournit d'ailleurs une table complète pour répartir ces 216 configurations entre les sommes de 3 à 18. Le concept de dé à faces également probables, et celui de construction de configurations, en associant de toutes les façons possibles chaque face d'un dé avec chaque face d'un autre dé, sont parfaitement compris et maîtrisés.

Avant l'année 1654, il est encore juste de signaler que, dans *De Stella Nova Pede Serpentarii*, texte dans lequel *Johannes Képler* (1571-1630) s'interroge sur la causalité à propos de l'apparition en 1604 d'une nouvelle étoile, il prend l'exemple des jets de dés, pour montrer que le résultat n'est jamais sans cause, mais dépend du comportement du joueur, de la manière dont il jette les dés, et que ces différences infimes entraînent la diversité des résultats. Il est remarquable qu'un auteur, volontiers perdu dans des spéculations métaphysiques, puisse parler du hasard en éliminant ainsi tout élément surnaturel. Il est bien clair que, en ce début du XVIIe siècle, le climat intellectuel est maintenant tout autre. La géométrie du hasard de Pascal s'en trouve ramenée à un niveau bien plus modeste, que celui auquel l'auteur du manifeste de 1654 prétendait la situer.

Solution générale du problème des partis

Une approche dans la lignée de Fermat

On remarque que, nécessairement, *la décision sera obtenue en au plus $a + b - 1$ parties*. Par exemple, cas extrême, parmi les $a + b - 2$ prochaines parties à venir, $a - 1$ pourraient être gagnées par A, et $b - 1$ par B, la décision se faisant finalement à la partie de rang $a + b - 1$. Pour que les situations soient comparables, nous considérerons dans tous les cas $a + b - 1$ parties potentielles, même si, souvent, toutes ces parties ne seront pas physiquement réalisées, la décision ayant été obtenue plus tôt. Comme chaque partie admet 2 éventualités possibles, le nombre des cas à envisager est 2^{a+b-1}.

Pour donner une analogie plus facile à saisir, lorsque, à pile ou face, on essaye d'amener F en deux jets, il ne faut pas se contenter de considérer les éventualités F, PF et PP, car elles ne seraient pas équiprobables ; il faut envisager FF, FP, PF et PP, donc $2^2 = 4$ cas possibles, même si, dans les deux premiers cas, seul le premier tirage sera réalisé physiquement, le deuxième devenant inutile.

Sur les 2^{a+b-1} cas à envisager, pour évaluer le nombre de ceux qui sont favorables à A, il suffit de noter qu'ils correspondent à un nombre de succès de B au plus égal à $b-1$, les autres parties étant gagnées par A. Cela donne 1 si A ne perd aucune partie, $\binom{a+b-1}{1}$ s'il perd une partie, $\binom{a+b-1}{2}$ s'il en perd deux, etc., d'où, par totalisation de toutes ces éventualités,

$$\alpha = 1 + \binom{a+b-1}{1} + \binom{a+b-1}{2} + \ldots + \binom{a+b-1}{b-1}.$$

Le nombre des cas favorables à B est obtenu en échangeant les lettres a et b, soit :

$$\beta = 1 + \binom{b+a-1}{1} + \binom{b+a-1}{2} + \ldots + \binom{b+a-1}{a-1},$$

ou encore :

$$\beta = \binom{a+b-1}{a+b-1} + \binom{a+b-1}{a+b-2} + \ldots + \binom{a+b-1}{b}.$$

(Rappel : $\binom{n}{p} = \binom{n}{n-p}$). On vérifie bien que :

$$\alpha + \beta = \binom{a+b-1}{0} + \binom{a+b-1}{1} + \ldots + \binom{a+b-1}{a+b-1}$$

$$= (1+1)^{a+b-1} = 2^{a+b-1}.$$

Les probabilités de succès pour A et B étant respectivement $\dfrac{\alpha}{\alpha+\beta}$ et $\dfrac{\beta}{\alpha+\beta}$, le partage de l'enjeu se fera dans le rapport α à β.

Par exemple, pour le cas de Peverone :

$a = 3$, $b = 1$; d'où : $\alpha = 1$ et $\beta = 1 + \binom{3}{1} + \binom{3}{2} = 7$, comme attendu.

La présente approche est très similaire à celle suivie par Fermat. Elle va le conduire à introduire le concept de « *fraction des hasards* » (c'est-à-dire de probabilité), comme rapport du nombre des cas favorables à celui des cas possibles, et elle a rendu parfaitement claire l'analyse logique sous-jacente. Le calcul des probabilités dans sa forme classique en dérive.

Une approche plus dans la lignée de Pascal

Par comparaison, l'approche de Pascal sera récursive et à ce titre promise à un bel avenir, en même temps qu'elle préfigurera la notion d'espérance mathématique que Huygens et Jakob Bernoulli utiliseront ensuite avec maîtrise. À la différence de Fermat, Pascal ne parle pas de probabilité, mais de « *fraction de l'enjeu global* » que prendra A si on arrête le jeu à un moment où les nombres de parties manquantes sont a et b respectivement. Notons cette fraction $A(a, b)$. Si on procède encore à une partie, le couple (a, b) sera remplacé, soit par $(a-1, b)$, soit par $(a, b-1)$, nous écrirons donc la relation générale :

$$A(a,b) = \frac{1}{2}\{A(a-1,b) + A(a,b-1)\}, \tag{1}$$

à laquelle il faudra adjoindre les conditions aux limites :

$$A(0,b) = 1 \text{ si } b > 0, \quad A(a,0) = 0 \text{ si } a > 0. \tag{2}$$

La résolution d'une telle équation aux différences finies partielles dépasserait évidemment les possibilités du XVIIe siècle ! En fait, comme on connaît déjà la solution à trouver, à savoir :

$$A(a,b) = \frac{1}{2^{a+b-1}} \sum_{j=0}^{b-1} \binom{a+b-1}{j}, \tag{3}$$

on peut se contenter ici d'une vérification. Il est immédiat que, de (3), on tire :

$$A(0,b) = \frac{1}{2^{b-1}} \sum_{j=0}^{b-1} \binom{b-1}{j} = \frac{1}{2^{b-1}}(1+1)^{b-1} = 1$$

et aussi, trivialement, $A(a, 0) = 0$. Par ailleurs, en substituant (3) dans le deuxième membre de (1), on obtient :

$$\frac{1}{2} \frac{1}{2^{a+b-2}} \left\{ \sum_{i=0}^{b-1} \binom{a+b-2}{i} + \sum_{j=0}^{b-2} \binom{a+b-2}{j} \right\}$$

$$= \frac{1}{2^{a+b-1}} \left\{ 1 + \sum_{i=1}^{b-1} \binom{a+b-2}{i} + \sum_{i=1}^{b-1} \binom{a+b-2}{i-1} \right\}$$

$$= \frac{1}{2^{a+b-1}} \left\{ 1 + \sum_{i=1}^{b-1} \binom{a+b-1}{i} \right\} = A(a,b),$$

comme on l'espérait. Il est clair que Pascal n'avait pas nos notations, ni une expression explicite des $A(a, b)$. Il devra donc se contenter de faire, sur des cas particuliers, une démonstration par récurrence en s'appuyant sur son triangle arithmétique, puis de tenter de montrer que son raisonnement est en fait général.

Munis de ces approches préliminaires, revenons maintenant à l'année 1654.

Les échanges de 1654 entre Pascal et Fermat

Une première lettre de Pascal à Fermat a été perdue, mais nous avons la réponse de Fermat. Ensuite, vient la grande lettre de Pascal à Fermat du 29 juillet 1654, dans laquelle il donne une solution correcte du problème des partis et traite d'un autre problème venant du chevalier de Méré. La réponse de Fermat est perdue. L'autre grande lettre de Pascal, celle du 24 août, inaugure un nouvel échange ; Fermat répond le 25 septembre et Pascal clôt cette collaboration le 27 octobre.

La grande lettre de Pascal à Fermat du 29 juillet 1654

Exposons d'abord rapidement ce qui concerne le problème de Méré, lequel est similaire à celui résolu par Galilée. Pascal rapporte :

> *« Il me disait donc qu'il avait trouvé fausseté dans les nombres par cette raison :*
> *– Si on entreprend de faire un six avec un dé, il y a avantage de l'entreprendre en 4, comme de 671 à 625.*
> *– Si on entreprend de faire Sonnez (double six) avec deux dés, il y a désavantage de l'entreprendre en 24.*
> *Et néanmoins 24 est à 36 (qui est le nombre des faces des deux dés) comme 4 à 6 (qui est le nombre des faces d'un dé).*
> *Voilà quel était son grand scandale... »*

Solution. La probabilité d'obtenir au moins un six en jetant un dé r fois de suite est :

$$p = 1 - \left(\frac{5}{6}\right)^r,$$

et, avec deux dés, la probabilité d'obtenir au moins une fois un double-six est :

$$p' = 1 - \left(\frac{35}{36}\right)^r.$$

Pour $r = 4$, $p = \dfrac{671}{1296} = 0{,}5177\ldots$; donc $1 - p = \dfrac{625}{1296}$, ce qui, dans le langage de l'époque, se traduit par « avantage comme 671 à 625 ».

Dans le cas de deux dés :
- si $r = 24$ alors $p' = 0,4914\ldots$;
- si $r = 25$ alors $p' = 0,5055\ldots$;
- si $r = 26$ alors $p' = 0,5172\ldots$.

On voit que, pour avoir dans le 2e cas à peu près la même probabilité de succès que dans le 1er, il faut choisir $r = 26$ et non pas $r = 24$.

On ne connaît pas la solution que Pascal avait donnée de ce problème et la lettre où Fermat exposait la sienne a été perdue.

La suite de la lettre comporte la reprise du problème des partis. Pascal prend comme somme des enjeux $m = 64$ *pistoles*, et considère trois cas particuliers :

α) $a = 1$, $b = 2$.

Nous savons que notre solution impose de partager l'enjeu dans le rapport 3 à 1, d'où $48p$ pour A, et $16p$ pour B.

L'argument de Pascal est le suivant : si on jouait la partie, ou bien A gagnerait et aurait les $64p$, ou il perdrait, et les joueurs étant à égalité, il aurait droit à $32p$. Donnons-lui donc ces $32p$ qu'il est sûr de recevoir, et, pour les 32 autres, il est juste de lui en donner la moitié, soit :

$$32 + \frac{1}{2}(64 - 32) = 48.$$

Nous dirions maintenant plutôt que son espérance (conditionnelle) sera : $\frac{1}{2}64 + \frac{1}{2}\frac{64}{2} = 48$.

β) $a = 1$, $b = 3$.

Notre solution impose un partage dans le rapport 7 à 1, d'où $56p$ pour A, et $8p$ pour B.

Argument de Pascal : si on jouait la partie, ou bien A gagnerait et aurait les $64p$, ou bien il perdrait et on se retrouverait dans le cas précédent α). Donnons donc à A les $48p$ qu'il aura sûrement et la moitié de ce qui reste, soit :

$$48 + \frac{1}{2}(64 - 48) = 56.$$

Nous dirions maintenant (en utilisant des espérances conditionnelles) que son espérance mathématique sera : $\frac{1}{2}64 + \frac{1}{2}48 = 56$.

γ) $a = 2$, $b = 3$.

Notre solution donne :

$$\alpha = 1 + \binom{4}{1} + \binom{4}{2} = 11, \quad \beta = 1 + \binom{4}{1} = 5,$$

et donc un partage dans le rapport 11 à 5, ce qui donne $44p$ pour A, et $20p$ pour B.

Argument de Pascal : ou bien A gagne et on sera dans le cas précédent β) ou il perd et les joueurs sont à égalité. De toute façon, A aura droit à $32p$ et à la moitié de ce qui reste sur les $56p$ du cas précédent. Donc il aura :

$$32 + \frac{1}{2}(56 - 32) = 44.$$

Nous écririons plutôt : $\frac{1}{2}56 + \frac{1}{2}\frac{64}{2} = 44$.

δ) Pascal entreprend ensuite de généraliser.

Il se livre d'abord à des préliminaires arithmétiques qui reviennent à établir que[1] :

$$128 = \frac{1}{2}2^8 = \frac{1}{2}(1+1)^8 = \frac{1}{2}\sum_{i=0}^{8}\binom{8}{i} = \frac{1}{2}\binom{8}{4} + \sum_{i=5}^{8}\binom{8}{i}.$$

Ensuite, il reprend le problème des partis, dans le cas d'un jeu où, pour gagner, il faut être le premier à amener 5 succès, avec $a = 4$, $b = 5$. Il note que, en 8 parties au plus, le jeu sera décidé. Sans beaucoup d'explications, il déclare que : « *la valeur de la partie de 5 sur l'argent de l'autre sera 35/128* », rapport que l'on peut écrire :

$$\frac{35}{128} = \frac{\binom{8}{4}}{2^8}.$$

Or ceci est exact à nouveau. Notre solution générale donne en effet :

$$\alpha = 1 + \binom{8}{1} + \binom{8}{2} + \binom{8}{3} + \binom{8}{4}, \quad \beta = \binom{8}{5} + \binom{8}{6} + \binom{8}{7} + \binom{8}{8} ;$$

---

1. Notations modernisées, Pascal ne disposant ni des $\binom{n}{p}$ ni de la formule du binôme.

d'où :
$$2\alpha - \binom{8}{4} = \alpha + \beta = 2^8,$$

et, sur la somme des enjeux, la part de A sera :

$$m\frac{\alpha}{\alpha + \beta} = \frac{2\alpha}{2^8}\frac{m}{2} = \frac{m}{2}\left(1 + \frac{\binom{8}{4}}{2^8}\right) = \frac{m}{2} + \frac{m}{2}\frac{\binom{8}{4}}{2^8},$$

qui montre que, en plus de sa propre mise $m/2$, A prendra, sur la somme $m/2$ misée par B, une fraction qui est bien celle énoncée par Pascal.

Après sans doute plusieurs siècles d'existence, le problème des partis est cette fois, à coup sûr, officiellement résolu. On voit bien que Pascal est capable de le traiter avec beaucoup de sûreté, certes dans des cas particuliers, mais qu'il pourrait aussi y parvenir dans le cas général, s'il disposait d'un symbolisme lui permettant de transcrire ses idées.

La lettre de Pascal à Fermat du 24 août 1654

Retour au problème des partis

Pascal soutient que la méthode de Fermat, bonne pour 2 joueurs, ne pourrait convenir pour 3. Sur l'exemple de 2 joueurs, avec $a = 2$ et $b = 3$, il montre que, en 4 parties, la décision sera nécessairement atteinte, ce qui fait $2^4 = 16$ cas possibles, dont 11 favorables à A, 5 à B. Sur ce, il explique que Roberval ne comprend pas ces 16 cas de 4 parties, puisque, chacun des cas AAAA, AABA, AAAB, AABB correspondant au succès de A au bout de deux parties, le jeu s'arrêtera après cette seconde partie, les quatre cas sont donc à regrouper sous la simple forme AA. Il n'y aurait donc que 10 cas à considérer. Roberval ne fait que commettre une erreur que, 100 ans plus tard, commettra encore d'Alembert, lequel disait que, pour amener P à pile ou face, il n'y avait que trois cas à considérer P, FP, FF. C'est bien ce qui se passera physiquement, puisque les parties inutiles ne seront pas jouées, mais pour avoir des cas également probables, il faut éclater P en les deux cas PP et PF ; ainsi A doit être éclaté en 8 cas, BA en 4 cas, BB en 4 cas.

Représentons graphiquement ces diverses possibilités.

```
             ┌──────────────────────┬──────────────────────┐
                      A                        B
         ┌─────────┬──────────┐         ┌──────────┬──────────┐
             𝔸          B                   A            B
       ┌───┬───┐   ┌──┬──┐ ┌──┬──┐    ┌──┬──┐  ┌──┬──┐  ┌──┬──┐
         α     β    𝔸   B   𝔸   B     A   𝔹    𝔸   B    A   𝔹
       ┌─┐ ┌─┐ ┌─┐ ┌─┐      ┌─┐      ┌─┐       ┌─┐ ┌─┐ ┌─┐
       α β α β α β 𝔸 𝔹     α β       𝔸 𝔹      𝔸 𝔹  α β
```

L'arbre est à lire de haut en bas en suivant l'un des 16 chemins possibles. Sur chaque chemin, on rencontre les résultats possibles pour quatre parties successives, réelles ou potentielles (Fermat les appelle des parties *feintes*). Les résultats conduisant à la victoire de l'un des joueurs sont notés 𝔸 ou 𝔹 ; les résultats des parties qui leur font suite, qu'on pourrait théoriquement jouer, mais qui sont sans utilité et donc que pratiquement on ne réalisera pas, sont notés α ou β ; les résultats n'entraînant pas décision sont simplement notés A ou B. Quand on repère les 𝔸 de gauche à droite en ignorant les lignes, on voit que le premier d'entre eux compte pour 4, le deuxième et le quatrième comptent chacun pour 2, les trois autres ne comptant chacun que pour un. Ce qui fait bien $4 + 2 + 2 + 3 = 11$ cas favorables pour A. De même, on trouve un 𝔹 comptant double et trois de valeur simple, soit 5 cas favorables pour B.

Dans le cas de deux joueurs, Pascal montre qu'il a bien compris la notion de cas également probables, mais, à notre grand étonnement, quand il passe au cas de trois joueurs avec $a = 1$, $b = 2$ et $c = 2$, il semble ne pas parvenir à maintenir la rigueur de son analyse. Il note bien qu'il y aura décision en 3 parties, donc qu'il y a $3^3 = 27$ combinaisons à considérer. Parmi celles-ci, 17 sont favorables à A, 5 à B, 5 à C, mais, de façon incompréhensible, il va considérer que ABB est favorable à A et à B, CAC et CCA sont favorables à A et à C, alors que, dans les deux premiers cas, seul A gagne, et dans le dernier seul C gagne. Ceci l'amène à d'étranges partitions, car il partage les 27 cas en $16, 5\frac{1}{2}, 5\frac{1}{2}$ cas favorables à A, B, C respectivement. Au total, cette longue lettre semble assez confuse.

La réponse de Fermat à Pascal du vendredi 25 septembre 1654

Au début de sa lettre, Fermat corrige gentiment les erreurs de Pascal. Il montre que pour trois joueurs il suffit de *feindre* trois parties, mais qu'on pourrait tout aussi bien en feindre 4, obtenant $3^4 = 81$ cas possibles, dont 51 seraient favorables à A, 15 à B, 15 à C, ce qui donnerait trois nombres dans les mêmes rapports que 17, 5 et 5 ; ou bien qu'on pourrait feindre 5 parties ou plus. Puis, avec une assurance qui montre combien il est en avance sur tout le monde, Fermat propose une deuxième solution, dans laquelle il ne se contente plus d'évaluer de façon combinatoire le nombre des cas favorables, mais applique déjà des règles de calcul des probabilités.

Il écrit que A a 1/3 des hasards de gagner au 1er coup, $\frac{2}{3} \times \frac{1}{3}$ de gagner au 2e coup, $\frac{1}{3} \times \frac{1}{3} \times \frac{1}{3} + \frac{1}{3} \times \frac{1}{3} \times \frac{1}{3} = \frac{2}{27}$ de gagner au 3e et que la somme des chances qui font gagner ce joueur est donc : $\frac{1}{3} + \frac{2}{9} + \frac{2}{27} = \frac{17}{27}$.

Fermat a parfaitement conscience de la généralité de ce qu'il énonce. Il est clair qu'il dispose du concept de probabilité et maîtrise parfaitement les règles qui régissent le nouveau calcul :

- multiplication des probabilités pour la conjonction d'événements (supposés indépendants) ;
- addition des probabilités pour la réunion d'événements (incompatibles).

À partir de ce jour, *il ne peut plus faire de doute pour personne que le calcul des probabilités a été fondé*. Il ne restera plus qu'à le développer et plus tard à affirmer ses bases logiques.

La lettre finale de Pascal à Fermat du 27 octobre 1654

Elle ne comporte que quelques mots, à la différence des autres dans lesquelles Pascal se montrait habituellement si disert et sûr de lui. Ici, il se contente d'écrire :

> « *Monsieur,*
>
> *Votre dernière lettre m'a parfaitement satisfait. J'admire votre méthode pour les partis, d'autant mieux que je l'entends fort bien ; elle est entièrement vôtre, et n'a rien de commun avec la mienne, et arrive au même but facilement. Voilà notre intelligence rétablie.*
>
> *Mais, Monsieur, si j'ai concouru avec vous en cela, cherchez ailleurs qui vous suive dans vos inventions numériques, dont vous m'avez fait la grâce de m'envoyer les énonciations. Pour moi, je vous confesse que cela me passe de bien loin ; je ne suis capable que de les admirer, et vous supplie très humblement d'occuper votre premier loisir à les achever. Tous nos messieurs les virent samedi dernier et les estimèrent de tout leur cœur : on ne peut pas aisément supporter l'attente de choses si belles et si souhaitables. Pensez-y donc, s'il vous plaît, et assurez-vous que je suis, etc.* »

Annexe – Lettre de Fermat à Pascal datée du vendredi 25 septembre 1654

Monsieur,

1. N'appréhendez pas que notre convenance se démente, vous l'avez confirmée vous-même en pensant la détruire, et il me semble qu'en répondant à M. de Roberval pour vous, vous avez aussi répondu pour moi.

Je prends l'exemple des trois joueurs, au premier desquels il manque une partie, et à chacun des deux autres deux, qui est le cas que vous m'opposez.

Je n'y trouve que 17 combinaisons pour le premier et 5 pour chacun des deux autres : car, quand vous dites que la combinaison acc est bonne pour le premier et pour le troisième, il me semble que vous ne vous souveniez plus que tout ce qui se fait après que l'un des joueurs a gagné, ne sert plus de rien. Or, cette combinaison ayant fait gagner le premier dès la première partie, qu'importe que le troisième en gagne deux ensuite, puisque, quand il en gagnerait trente, tout cela seroit superflu ?

Ce qui vient de ce que, comme vous l'avez très bien remarqué, cette fiction d'étendre le jeu à un certain nombre de parties ne sert qu'à faciliter la règle et (suivant mon sentiment) à rendre tous les hasards égaux, ou bien, plus intelligiblement, à réduire toutes les fractions à une même dénomination.

Et afin que vous n'en doutiez plus, si au lieu de trois parties, vous étendez, au cas proposé, la feinte jusqu'à quatre, il y aura non seulement 27 combinaisons, mais 81, et il faudra voir combien de combinaisons feront gagner au premier une partie plus tôt que deux à chacun des deux autres, et combien feront gagner à chacun des deux autres deux parties plus tôt qu'une au premier. Vous trouverez que les combinaisons pour le gain du premier seront 51 et celles de chacun des autres deux 15, ce qui revient à la même raison.

Que si vous prenez cinq parties ou tel autre nombre qu'il vous plaira, vous trouverez toujours trois nombres en proportion de 17, 5, 5.

Et ainsi j'ai le droit de dire que la combinaison acc n'est que pour le premier et non pour le troisième, et que cca n'est que pour le troisième et non pour le premier, et que partant ma règle des combinaisons est la même en trois joueurs qu'en deux, et généralement en tous nombres.

2. Vous aviez déjà pu voir par ma précédente[1] que je n'hésitois point à la solution véritable de la question des trois joueurs dont je vous avois envoyé les trois nombres

---

1. Il s'agit de la lettre du samedi 29 août dont voici la partie évoquée.
Cependant je répondrai à votre question des trois joueurs qui jouent en deux parties. Lorsque le premier en a une, et que les deux autres n'en ont pas une, votre première solution est la vraie, et la division de l'argent doit se faire en 17, 5 et 5 : de quoi la raison est manifeste et se prend toujours du même principe, les combinaisons faisant voir d'abord que le premier a pour lui 17 hasards égaux, lorsque chacun des deux autres n'en a que 5.

décisifs, 17, 5, 5. Mais parce que M. Roberval sera peut-être bien aise de voir une solution sans feindre, et qu'elle peut quelquefois produire des abrégés en beaucoup de cas, la voici en l'exemple proposé :

Le premier peut gagner, ou en une seule partie, ou en deux, ou en trois.

S'il gagne en une seule partie, il faut qu'avec un dé qui a trois faces, il rencontre la favorable du premier coup. Un seul dé produit trois hasards : ce joueur a donc pour lui 1/3 des hasards, lorsqu'on ne joue qu'une partie.

Si on en joue deux, il peut gagner de deux façons, ou lorsque le second joueur gagne la première et lui la seconde, ou lorsque le troisième gagne la première et lui la seconde. Or, deux dés produisent 9 hasards : ce joueur a donc pour lui 2/9 des hasards, lorsqu'on joue deux parties.

Si on en joue trois, il ne peut gagner que de deux façons, ou lorsque le second gagne la première, le troisième la seconde et lui la troisième, ou lorsque le troisième gagne la première, le second la seconde et lui la troisième ; car, si le second ou le troisième joueur gagnoit les deux premières, il gagneroit le jeu, et non pas le premier joueur. Or, trois dés ont 27 hasards ; donc ce premier joueur a 2/27 des hasards lorsqu'on joue trois parties.

La somme des hasards qui font gagner ce premier joueur est par conséquent 1/3, 2/9 et 2/27, ce qui fait en tout 17/27.

Et la règle est bonne et générale en tous les cas, de sorte que, sans recourir à la feinte, les combinaisons véritables en chaque nombre des parties portent leur solution et font voir ce que j'ai dit au commencement, que l'extension à un certain nombre de parties n'est autre chose que la réduction de diverses fractions à une même dénomination. Voilà en peu de mots tout le mystère, qui nous remettra sans doute en bonne intelligence, puisque nous ne cherchons l'un et l'autre que la raison et la vérité...

(suit un texte sur la théorie des nombres)

Je suis de tout cœur, Monsieur, votre, etc.

Ce 25 septembre

Fermat

CHAPITRE 3

Huygens et l'espérance mathématique

L'ouvrage de Huygens

Présentation

Huygens est à Paris en 1655 ; il a alors connaissance des travaux de Pascal et Fermat, que lui rapportent Mylon et Roberval, sans avoir nécessairement accès à leurs méthodes et résultats. Au printemps 1656, rentré aux Pays-Bas, il rédige un opuscule intitulé *Van rekeningh in spelen van geluck*, que son ancien professeur de mathématiques, le cartésien Francis van Schooten, va traduire en latin sous le titre *De Ratiociniis in Ludo Aleae*, pour le publier, l'année suivante, joint à ses propres *Exercitationes mathematicae* (1657). On sait que trouver les équivalents latins requis ne fut pas une tâche facile, et que Huygens ne fut guère satisfait par cette traduction[1]. Par ailleurs, une version de l'ouvrage en néerlandais paraîtra en 1660. L'opuscule de Huygens, considéré comme le plus ancien traité de calcul des probabilités jamais publié, comporte 14 propositions avec justifications (toutes correctes) et 5 problèmes sans solutions (les Problèmes I et III venant de Fermat et le Problème V, historiquement le plus important de tous, de Pascal). Les solutions en seront publiées en 1665, sous forme de calculs sans explications. Le travail de Huygens, qui ne traite que de cas particuliers et n'utilise pas de combinaisons, va être favorablement accueilli. Il sera, pendant 50 ans, le seul ouvrage imprimé sur le sujet, et sera étudié par une multitude de personnalités, telles que Hudde, Leibniz, Spinoza, Jakob Bernoulli, etc. Quand ce dernier préparera son propre traité, il reprendra en totalité le travail de Huygens et, en le complétant, en fera la première partie de son *Ars Conjectandi*.

Dans l'ensemble de l'ouvrage, pour chaque jeu considéré, le but est d'obtenir une évaluation de l'attente d'un joueur donné, ce qu'il peut espérer

---

1. Voir à l'appendice 4.

gagner, et donc du montant qu'il devrait au préalable payer pour être autorisé à jouer, si on veut que le jeu se déroule dans des conditions équitables pour les diverses parties en présence. Huygens, qui se base donc comme Pascal sur l'*équité*, reste ainsi beaucoup plus proche de ce dernier que de Fermat. Bien que, dit-il, il ait dû tout reconstruire par lui-même, il n'est pas impossible que, lors de son voyage en France, où il fréquenta surtout les milieux parisiens, il ait plus facilement recueilli des informations sur la démarche suivie par Pascal, que sur les méthodes employées par le conseiller toulousain.

Comme on s'y attend, les Propositions I et II de Huygens donnent $(a + b)/2$ (respectivement $(a + b + c)/3$) pour la valeur de l'*attente* dans le cas équiprobable, lorsque le gain possible est soit a, soit b (resp. soit a, soit b, soit c).

Pour la Proposition III, qui présente cette même notion dans le cas non équiprobable, le gain étant soit b, soit c, on dispose d'une version française, donnée par Huygens dans sa lettre à Carcavi du 6 juillet 1656 :

« *Si le nombre des hazards qu'on a pour avoir b soit p, et le nombre des hazards qu'on a pour avoir c soit q, cela vaut autant que si on avait* $\frac{bp + cq}{p + q}$. »

Il illustre cet énoncé en ces termes :

« *Si quelqu'un cache 3 pièces dans une main et 7 dans une autre et me laisse choisir entre les deux, c'est comme si j'avais 5 pièces sûrement.* »

On notera que, dans ce texte en français, Huygens parle de « hazards » au sens où Fermat l'entendait, mais qu'il n'avait pas de mot pour désigner l'espérance mathématique, se contentant de périphrases du genre « cela vaut autant que si on avait » ; c'est van Schooten qui, pour traduire cette attente, introduira un mot spécifique, le latin « *expectatio* » (de préférence à *spes* qui aurait également pu convenir), d'où le français tirera *attente* ou *espérance mathématique*. La raison pour laquelle Huygens n'éprouvait nul besoin d'avoir un terme pour représenter l'espérance mathématique est d'ailleurs claire : celle-ci n'est pour lui qu'une notion dérivée ; ce qui est primordial à ses yeux, c'est l'idée de *jeu équitable*. Il ne considère donc pas les Propositions I, II et III comme des définitions (ce qu'elles seraient pour nous), mais bien comme de véritables théorèmes, qu'il va falloir démontrer, en s'appuyant sur l'idée intuitive que l'on peut avoir de la notion de jeu équitable.

Voici comment Jakob Bernoulli, lorsqu'il reprend et commente Huygens, va justifier la dernière formule. Il considère $p + q$ joueurs auxquels on offre de gagner chacun un lot, alors qu'il y a p lots de valeur b et q lots de valeur c.

Collectivement, ces joueurs s'attendent donc à se partager le montant $pb + qc$ et donc, pour pouvoir jouer, il semble équitable que chacun d'eux paye $(pb + qc)/(p + q)$, ce qui est la valeur de son attente. Et Jakob Bernoulli ajoutait joliment à propos de la notion d'attente le commentaire suivant :

> « *C'est l'espérance que nous avons d'obtenir le meilleur, tempérée ou diminuée par la crainte du pire, de sorte que la valeur de notre attente est quelque chose d'intermédiaire entre le meilleur que nous espérons et le pire que nous craignons.* »

La Proposition X

À la différence des Propositions IV à IX, elle est la première à ne pas porter sur le lancinant problème des partis. *Elle demande quels paris on peut faire sur les chances d'amener 6 avec un dé en jouant plusieurs fois* (par exemple, 1 fois, 2 fois…). Notre solution serait la suivante. En r parties :

$$\mathbb{P}(\text{ne pas amener 6}) = \left(\frac{5}{6}\right)^r, \quad \mathbb{P}(\text{amener 6}) = 1 - \left(\frac{5}{6}\right)^r = \frac{6^r - 5^r}{6^r},$$

on peut donc parier $6^r - 5^r$ contre 5^r, par exemple, si $r = 3$ on parie 91 contre 125.

La solution de Huygens, basée sur l'attente, est remarquablement claire.

Soit a l'enjeu à gagner. Avec un jet, mon attente est $\frac{a}{6}$ celle de mon adversaire est donc $\frac{5}{6}a$, on peut parier 1 contre 5.

Avec 2 jets, mon attente est :

$$\frac{a}{6} + \frac{5}{6}\frac{a}{6} = \frac{11a}{36},$$

donc mon adversaire aura l'attente $\frac{25}{36}a$; on peut parier 11 contre 25.

Avec 3 jets, mon attente est :

$$\frac{a}{6} + \frac{5}{6}\frac{a}{6} + \left(\frac{5}{6}\right)^2\frac{a}{6} = \frac{36 + 30 + 25}{216}a = \frac{91}{216}a,$$

et celle de mon adversaire est $\frac{216 - 91}{216}a = \frac{125}{216}a$; on peut parier 91 contre 125.

La Proposition XIV et le Problème I

Dans cette proposition, l'argument est moins facile à saisir. Nous savons par la lettre de Huygens à Carcavi déjà citée, que Fermat avait résolu cette question en juin 1656 et qu'il l'avait immédiatement généralisée de plusieurs façons, fournissant ainsi à Huygens la matière de son Problème I. Bien sûr Fermat en avait la solution mais, à son habitude, il était peu explicite sur sa méthode. Voici ce problème tel qu'il est énoncé en français par Huygens (lettre à Carcavi) :

> « *A et B jouent à 2 dez. A gaignera en amenant 6 points. B gaignera en amenant 7 points. A poussera le dé la première fois, et puis B deux fois de suite et puis A deux fois de suite, et ainsi jusques'à ce que l'un ou l'autre ait gaigné* ».

Dans sa lettre à Carcavi, Huygens donne une solution qui conduit aux résultats communiqués par Fermat. Si elle n'est pas très facile à suivre, on voit bien qu'elle est construite à nouveau sur la notion d'espérance, et en suivant les mêmes lignes que la *démonstration qui sera donnée par Jakob Bernoulli* 30 ou 40 ans plus tard. Nous donnerons l'exposé de ce dernier, non en suivant son livre posthume *Ars Conjectandi*, mais d'après les notes trouvées dans ses carnets de méditations (lesquels ont été publiés seulement en 1975). La maîtrise de Jakob Bernoulli est remarquable. Il est clair qu'il utilise un peu plus que le simple concept d'espérance et que, sans qu'il le dise, ou même qu'il en ait conscience, le théorème de l'espérance conditionnelle est déjà sous-jacent à son argumentation. Cependant, contentons-nous de reproduire intégralement sa démonstration.

L'enjeu étant a, on s'intéresse uniquement à l'attente du seul joueur B à divers instants. Soit x sa valeur *avant que A ne joue, y quand B va jouer pour la 1re fois, z quand B va jouer pour la 2e fois, t quand A recommencera à jouer*.

Quand A va jouer, il a pour lui 5 cas favorables (à savoir 5 + 1, 4 + 2, 3 + 3, 2 + 4 et 1 + 5) sur $6 \times 6 = 36$ cas possibles et 31 cas défavorables. Cela fait à ce moment 5 cas défavorables à B, contre 31 qui lui sont favorables. En exprimant l'attente de B de deux façons différentes, on obtient :

$$x = \frac{5}{36} \times 0 + \frac{31}{36} \times y.$$

Ensuite, c'est au tour de B de jouer pour la 1re fois. Il a maintenant pour lui 6 cas favorables (à savoir 6 + 1, 5 + 2, 4 + 3, 3 + 4, 2 + 5, 1 + 6) sur 36, 30 défavorables, donc, en exprimant à nouveau son attente de deux façons distinctes :

$$y = \frac{6}{36}a + \frac{30}{36}z.$$

Puis B va jouer pour la 2e fois et alors :

$$z = \frac{6}{36}a + \frac{30}{36}t.$$

Finalement, c'est à A de jouer à nouveau, et cette fois l'attente de B sera :

$$t = \frac{5}{36} \times 0 + \frac{31}{36}x.$$

Il devrait ensuite jouer encore une fois, mais *à ce moment la situation étant similaire à la situation initiale*, il est inutile de poursuivre ; les équations que l'on écrirait seraient toujours les mêmes.

Disposant de 4 équations à 4 inconnues, Bernoulli n'a aucune difficulté à évaluer x, l'attente de B, puis $a - x$, l'attente de A. Il trouve :

$$x = \frac{12276}{22631}a \quad \text{et} \quad a - x = \frac{10355}{22631}a,$$

et donc, ainsi que l'avait annoncé Fermat, le parti du joueur A est à celui de B comme 10 355 à 12 276.

Remarque. Dans la Proposition XIV, les joueurs jouaient tour à tour 1 fois, en commençant par A ; l'avantage de A à B était alors comme 30 à 31. On voit en quoi le Problème I, se démarque de cette proposition. Il essaye de réduire l'avantage qu'apporte à A, le fait de jouer en 1er. Mais Fermat allait plus loin. Après le cas du Problème I, il proposait que A commence par jouer 2 fois, puis que B joue 3 fois, A 3 fois, etc. Le parti de A est alors à celui de B comme 72 360 à 87 451.

Le Problème II

Énoncé. *Trois joueurs A, B et C disposent de 12 boules, 4 blanches et 8 noires. Ils jouent à tour de rôle, dans l'ordre A, B, C, A, B... en tirant une boule les yeux fermés. Le vainqueur est le premier à choisir une boule blanche. Dans quels rapports sont leurs espérances ?*

J. Hudde avait signalé à Huygens dès 1665 que l'énoncé était ambigu, les tirages étant réalisables avec remplacements ou sans remplacements. Jakob Bernoulli fera ensuite observer que, dans le cas sans remplacements, les joueurs pourraient, soit faire leurs tirages au sort dans une urne commune, soit disposer de trois séries de boules, une série par personne, ce qui l'amènera à proposer du problème trois interprétations. Huygens lui-même n'avait envisagé que le cas avec remplacements, les trois joueurs utilisant tous la même urne.

Le cas avec remplacements traité par Huygens

Actuellement, nous dirions que A, B, C gagnent respectivement avec les probabilités :

$$\frac{4}{12} = \frac{1}{3}, \quad \frac{8}{12}\frac{4}{12} = \frac{2}{9}, \quad \left(\frac{8}{12}\right)^2 \frac{4}{12} = \frac{4}{27},$$

parce que B ne peut gagner que si A a perdu, C ne peut gagner que si A et B ont tous deux perdu. Avec probabilité $\left(\frac{8}{12}\right)^3 = \frac{8}{27}$ personne ne gagne et un deuxième tour est nécessaire. Au second tour, la situation sera similaire et donc un 3e tour peut encore s'avérer nécessaire avec probabilité $\left(\frac{8}{27}\right)^2$, puis un 4e avec probabilité $\left(\frac{8}{27}\right)^3$… La probabilité que A gagne sera donc, en sommant toutes les éventualités favorables à ce joueur :

$$\sum_{n=0}^{\infty} \frac{1}{3}\left(\frac{8}{27}\right)^n = \frac{1/3}{1 - 8/27} = \frac{9}{27 - 8} = \frac{9}{19};$$

et de même celles de B et C seront respectivement :

$$\sum_{n=0}^{\infty} \frac{2}{9}\left(\frac{8}{27}\right)^n = \frac{6}{19}, \quad \sum_{n=0}^{\infty} \frac{4}{27}\left(\frac{8}{27}\right)^n = \frac{4}{19}.$$

Si a est l'enjeu à gagner, les espérances de gain seront respectivement $9a/19$, $6a/19$ et $4a/19$, qui sont entre elles comme les nombres 9, 6 et 4.

La solution ci-dessus figure, pratiquement dans les mêmes termes, déjà dans *Ars Conjectandi* et même avec une formulation plus générale, puisque Bernoulli y introduit b boules blanches et c boules noires. Cette solution y est appelée *Methodo nostrâ* par opposition à *Methodo Auctoris*, qui reproduit la solution de Huygens, donnée, elle, seulement pour $b = 8$, $c = 4$. Naturellement la solution personnelle de Bernoulli n'était pas concevable dans les mains de Huygens, d'une part parce que ce dernier raisonnait toujours en termes d'espérance, et surtout parce que, à son époque, la théorie des séries était alors encore en gestation. Sa démonstration sera donc tout à fait similaire à celles que nous avons rapportées pour les propositions ou problèmes précédents.

Soient x, y et z les espérances de A, B et C respectivement, à un même instant, choisi juste avant le commencement du jeu. Lorsque A va jouer, nous pouvons écrire :

$$x = \frac{4}{12}a + \frac{8}{12}z,$$

car, ou bien A emporte l'enjeu dès son premier tirage ou bien il échoue et, dans ce cas, il peut espérer jouer à nouveau, mais après B et C, et donc en position de 3e joueur, son attente devenant alors celle qu'avait initialement C. Ensuite, considérant B (respectivement C) et toujours avant le commencement du jeu, on peut écrire :

$$\begin{cases} y = \dfrac{4}{12} \times 0 + \dfrac{8}{12}x, \\ z = \dfrac{4}{12} \times 0 + \dfrac{8}{12}y, \end{cases}$$

car si A gagne au premier tirage, B (resp. C) n'obtiendra rien, et dans le cas contraire B (resp. C) se retrouvera en position de 1er joueur (resp. 2e joueur). De ces trois relations on tire :

$$x = \frac{a}{3} + \left(\frac{2}{3}\right)^3 x$$

et donc, à nouveau, $x = 9a/19$, puis $y = 6a/19$ et $z = 4a/19$.

Le cas sans remplacements, avec une seule urne

Bernoulli n'a aucune peine à noter que le jeu ne peut durer que 3 tours au plus, car en 3 tours 9 boules sortent et donc au moins une blanche. Les probabilités de gagner seront respectivement pour les trois joueurs :

- au 1er tour, $\dfrac{4}{12}$, $\dfrac{8}{12}\dfrac{4}{11} = \dfrac{8}{33}$, $\dfrac{8}{12}\dfrac{7}{11}\dfrac{4}{10} = \dfrac{28}{165}$, puisque, à chaque tirage infructueux, le nombre total des boules et le nombre des boules noires diminuent simultanément d'une unité, alors que le nombre des boules blanches reste constant ;

- au 2e tour, il obtiendra :

$$\frac{8}{12}\frac{7}{11}\frac{6}{10}\frac{4}{9} = \frac{56}{495}, \quad \frac{8}{12}\frac{7}{11}\frac{6}{10}\frac{5}{9}\frac{4}{8} = \frac{35}{495}, \quad \frac{8}{12}\frac{7}{11}\frac{6}{10}\frac{5}{9}\frac{4}{8}\frac{4}{7} = \frac{20}{495} \,;$$

- au 3e tour, finalement : $\dfrac{10}{495}$, $\dfrac{4}{495}$, $\dfrac{1}{495}$.

Par regroupement, la probabilité en faveur de A sera donc :

$$\frac{1}{3} + \frac{56}{495} + \frac{10}{495} = \frac{77}{165},$$

et celles en faveur de B et C seront respectivement $\dfrac{53}{165}$ et $\dfrac{35}{165}$. Cette solution très simple, que nous adoptons encore aujourd'hui, figure dans *Ars Conjectandi*.

Par les carnets de notes de Bernoulli, on apprend également, qu'il avait aussi tenté d'adapter la démonstration de Huygens au cas sans remplacements. On va voir que ce ne fut pas très simple, car il y a alors beaucoup d'équations linéaires à résoudre, mais que, à cette occasion, Bernoulli a su faire preuve d'une bien grande habileté dans le choix de ses notations.

Les espérances des joueurs sont notées comme suit. Avant de commencer un tirage, et quand le nombre des boules noires qui restent dans l'urne est :

$$8, 7, 6, 5, 4, 3, 2, 1, \text{ou } 0,$$

les espérances d'un premier, second et troisième joueur sont, pour ce même instant, respectivement :

x, b, c, d, e, f, g, h, ou a,	1er joueur ;
y, i, k, l, m, n, p, q, ou 0,	2e joueur ;
$z, r, s, t, u, w, \text{ß}, 0$, ou 0,	3e joueur.

Avant la réalisation par A de son premier tirage, Bernoulli écrit donc, sous deux formes égales, les espérances respectives de A, B et C, soit :

$$x = \dfrac{4}{12}a + \dfrac{8}{12}r, \quad y = \dfrac{4}{12} \times 0 + \dfrac{8}{12}b, \quad z = \dfrac{4}{12} \times 0 + \dfrac{8}{12}i,$$

car :

- si A, qui est alors premier joueur, tire une blanche (avec probabilité 4/12), il gagne *a* et les deux autres 0 ;
- s'il tire une noire (avec probabilité 8/12), le jeu continuera mais, dans la suite, alors que le nombre de noires ne sera plus que de 7, A se trouvera en position de 3e joueur, B en position de 1er joueur, C en position de 2e joueur.

De même, avant le deuxième tirage, donc celui effectué par B, les espérances de A, B et C sont respectivement *r*, *b* et *i* et Bernoulli peut écrire :

$$r = \dfrac{4}{11} \times 0 + \dfrac{7}{11}k, \quad b = \dfrac{4}{11}a + \dfrac{7}{11}s, \quad i = \dfrac{4}{11} \times 0 + \dfrac{7}{11}c,$$

car :

- si B tire une boule blanche (avec probabilité 4/11), il gagne *a* et les deux autres 0 ;

- s'il échoue à amener une blanche (avec probabilité 7/11), le nombre des noires qui restent sera seulement de 6, tandis qu'il se retrouvera en position de 3e joueur, C en position de 1er joueur, A en position de 2e joueur.

Et, avant le troisième tirage, il écrira :

$$k = \frac{4}{10} \times 0 + \frac{6}{10}d, \quad s = \frac{4}{10} \times 0 + \frac{6}{10}l, \quad c = \frac{4}{10}a + \frac{6}{10}t,$$

et ainsi de suite. Bernoulli tirera naturellement de toutes ces équations les valeurs : $x = \frac{77}{165}a$, $y = \frac{53}{165}a$, $z = \frac{35}{165}a$.

Espérance mathématique et variables aléatoires

La Proposition III pourrait naturellement s'étendre comme suit : *Si le résultat du jeu peut être soit* a_1, *soit* a_2, *soit* a_3... (*les a_i étant des nombres réels quelconques*) *avec respectivement les probabilités* p_1, p_2, p_3... *l'attente du joueur sera* :

$$\sum_{i=1}^{\infty} a_i p_i \qquad (1)$$

au moins si $\sum_{i=1}^{\infty} |a_i| p_i < \infty$.

Actuellement, par un retour à Fermat, plutôt que de tenter de justifier cet énoncé à partir d'une idée intuitive de l'équité, nous préférons prendre (1) comme définition de l'espérance mathématique du joueur, en considérant comme primordial le concept de probabilité. L'espérance devient ainsi un simple indice numérique, ayant la structure d'un barycentre, et caractérisant (partiellement) le jeu. Ensuite, également par définition, nous dirons que le jeu sera équitable si cette espérance égale la mise à verser pour avoir le droit de participer au jeu. En fait, cette définition classique de l'équité, dont on se sert toujours, n'est pas assez précise[1]. Avec les notations modernes, il est d'ailleurs assez facile de comprendre pourquoi.

Soit X est une v.a.r. (variable aléatoire réelle) prenant, pour chaque indice i, la valeur a_i avec la probabilité p_i ; on dira que la somme (1), notée alors $\mathbb{E}(X)$,

---

1. Voir, au chapitre 4, le problème de Saint-Pétersbourg et l'annexe 2.

donne l'espérance mathématique de X. Comme, malgré son nom, une v.a.r. est en fait une **fonction**[1], il n'y a aucun espoir que X puisse être caractérisée de façon un tant soit peu précise par le nombre unique $\mathbb{E}(X)$; en fait, des v.a.r. de distributions très différentes peuvent très bien avoir même espérance mathématique. Il serait donc bien surprenant qu'une définition de l'équité basée seulement sur $\mathbb{E}(X)$ puisse avoir valeur universelle.

Poursuivons avec les notations modernes. L'opérateur $\mathbb{E}$, qui associe à une v.a.r. son espérance, satisfait l'identité :

$$\mathbb{E}(\lambda X + \mu Y) = \lambda \mathbb{E}(X) + \mu \mathbb{E}(Y), \qquad (2)$$

quels que soient les scalaires réels λ et μ et les v.a.r. X et Y. Cet *opérateur* est donc *linéaire*. L'intérêt manifeste de (2) est d'être valable *même si* les v.a.r. X et Y sont *dépendantes*, et nous donnerons plus loin plusieurs exemples de résultats remarquables pouvant être obtenus en se basant uniquement sur la linéarité de $\mathbb{E}$.

La fécondité de (2) a été perçue depuis longtemps, mais, par manque d'un symbolisme adéquat, son utilisation est restée pendant longtemps fort embarrassée. Ainsi, bien qu'on puisse faire remonter l'introduction des v.a.r. à l'époque de S.D. Poisson (1781-1840), c'est seulement quand on a réalisé clairement qu'il était possible de les identifier à des fonctions, ce qui permit de les visualiser aisément et autorisa à faire sur elles de l'algèbre et de l'analyse, qu'elles ont perdu le statut d'objets mystérieux. Vers 1900, elles n'avaient pas encore vraiment acquis droit de cité. Il suffit de consulter le traité de calcul des probabilités de Joseph Bertrand, un classique du XIXe siècle, pour s'en apercevoir. Même si Bertrand fait un usage implicite des v.a.r., il ne leur donne jamais aucun nom spécifique, et par exemple, dans une série d'expériences dont chacune aura un résultat dépendant du hasard, il n'aborde jamais franchement ce qui pourtant l'intéresse, à savoir le nombre moyen des succès. Au lieu de travailler ouvertement avec le nombre (aléatoire) des succès (pour nous une simple v.a.r.) pour en évaluer l'espérance, il entreprend d'imaginer que, pour chaque succès rencontré, on gagnera 1 franc, ce qui lui permettra de se replacer dans le contexte des jeux de hasard et de parler alors du gain espéré dans un tel jeu artificiel. C'est dire si l'héritage de Huygens aura perduré. On verra plus loin un exemple encore plus frappant de difficulté à intégrer le concept de v.a.r..

---

1. Si l'expérience aléatoire est modélisée par l'espace probabilisé $(\Omega, \mathcal{P}(\Omega), \mathbb{P})$, X est de la forme $\omega \mapsto X(\omega)$, fonction définie sur Ω et à valeurs réelles.

Cette omniprésence de l'espérance mathématique au XVIIe siècle renverra dans l'ombre le concept de probabilité, si présent pourtant chez Fermat sous le vocable de « *hazard* ». Ce concept ne réapparaîtra vraiment que vers 1710[1]. Et même lorsqu'il sera devenu la pierre angulaire du calcul des chances, l'espérance étant alors reléguée au rôle de simple élément dérivé, l'habitude de résoudre nombre de problèmes en utilisant cette dernière perdurera. L'introduction des fonctions génératrices, puis la moderne *théorie des martingales*, seront d'ailleurs pour l'espérance de nouvelles occasions de revenir au premier plan.

La linéarité de l'espérance mathématique

Un problème de J. Bertrand

Dans une urne, il y a des boules blanches et des boules noires dans les proportions p et q. On fait n tirages indépendants avec remplacements. On demande le nombre moyen de fois où on obtiendra une blanche suivie et précédée d'une noire (pour éviter des effets de bord, on rajoute des tirages fictifs numéros 0 et $n+1$).

Solution. Au i^e tirage, $i = 1, 2, \ldots, n$, on rencontre la configuration désirée avec la probabilité qpq. Le nombre moyen de succès lors de ce tirage sera donc :

$$pq^2 \times 1 + (1 - pq^2) \times 0 = pq^2,$$

et, pour n tirages, à cause de la linéarité de l'espérance, ce sera npq^2.

Remarque. On a signalé plus haut que le concept de v.a.r. n'avait pas été assimilé facilement. Un bon exemple de cette difficulté est la manière, très étrange pour nous, dont Bertrand utilise ici la linéarité de l'espérance sans la nommer. Supposant qu'un joueur recevra 1 Franc pour chaque succès, il évalue à pq^2 son gain moyen pour chaque tirage, et justifie le résultat global npq^2 en disant que :

> « ... bien que pour ce joueur les gains soient liés entre eux, s'il vendait son espérance de gains par morceaux à plusieurs acheteurs différents, chacun de ceux-ci pourrait procéder à ses propres évaluations en ignorant celles des autres. »

---

1. Voir l'appendice 4.

Le célèbre problème des rencontres (ou des coïncidences)

Une urne contient n *boules numérotées de 1 à* n. *On tire successivement les* n *boules sans remises. Il y a rencontre quand le numéro de sortie d'une boule coïncide avec celui écrit sur cette boule. Nombre moyen de rencontres ?* (C'est-à-dire : Espérance mathématique du nombre de rencontres.)

Solution. D'après la définition de l'espérance, le résultat serait donné par $\sum_{i=1}^{n} i q_i$, q_i désignant la probabilité d'avoir i rencontres. Mais il y a une approche bien plus rapide. Dans un tirage, le nombre de rencontres est 0 ou 1, et le nombre moyen de rencontres sera (par raison de symétrie et sans avoir à se préoccuper des autres tirages) :

$$\frac{1}{n} \times 1 + \left(1 - \frac{1}{n}\right) \times 0 = \frac{1}{n}.$$

Par linéarité, l'espérance pour les n tirages vaudra $n \times \frac{1}{n} = 1$.

Ce problème historique, qui remonte à Montmort, sera repris lorsqu'on s'intéressera aux tirages d'urnes ; il est souvent énoncé sous la forme suivante : « On procède aux tirages simultanés, et à la confrontation, des cartes de deux paquets identiques mais rangés dans des ordres arbitraires ».

Probabilités géométriques

Le XVIIIe siècle pensait que toute courbe avait des tangentes, toute région du plan une aire, et tout événement dépendant du hasard, une probabilité bien définie. On n'hésita donc pas à faire usage du calcul des probabilités dans des contextes géométriques, où les conditions du tirage au sort étaient nettement moins bien définies que dans les traditionnels jeux de dés, et de plus, offraient un ensemble d'issues non dénombrable. Une probabilité est alors définie comme rapport de longueurs, ou rapport d'aires, ou rapport de volumes.

Le jeu du franc carreau

On jette « au hasard » une pièce de diamètre d *sur un sol pavé avec des carrés, dont les côtés sont de longueur* a, a > d. *On demande la probabilité de voir la pièce tomber entièrement à l'intérieur d'un unique carré.*

Ce problème ne soulève pas de difficultés. A un carreau C de centre O, on associe un carré C′ dont les côtés sont de longueur $a - d$ et qui est déduit du carreau C par homothétie de centre O. On se convainc facilement qu'il suffit de considérer le centre de la pièce ; s'il tombe dans C' la pièce sera entièrement contenue dans C, ce qui nous ramène au choix au hasard d'un point dans un plan. En faisant le rapport des aires des carrés C' et C, on évalue à $(a-d)^2/a^2$ la probabilité demandée.

Pour un pavage avec des hexagones réguliers ou des triangles équilatéraux, la solution serait tout à fait similaire.

L'aiguille de Buffon[1]

On jette « au hasard » sur le sol, sur lequel sont tracées des droites parallèles, l'écart entre droites voisines étant a, une aiguille de longueur l, l < a. On demande la probabilité q de rencontre entre l'aiguille et l'une des droites parallèles.

Ignorant pour le moment la restriction $l < a$, concentrons-nous sur la longueur de l'aiguille. On notera $\mu(l)$ l'espérance du nombre de ses points de rencontre avec les diverses droites parallèles. Si on considère deux aiguilles de longueurs l et l' que l'on soude pour obtenir une aiguille rectiligne de longueur $l + l'$, à cause de la linéarité de l'espérance, on aura $\mu(l + l') = \mu(l) + \mu(l')$. Ainsi, μ est une fonction de l, linéaire, croissante, et donc de la forme :

$$\mu(l) = kl, \quad k \text{ étant une constante positive.}$$

Si une aiguille de longueur l est brisée en n parcelles identiques, que l'on va ensuite souder pour constituer une ligne polygonale, celle-ci aura pour nombre moyen de rencontres $n\mu(l/n) = \mu(l)$. On ne modifie donc pas la valeur de $\mu(l)$ en pliant l'aiguille un nombre quelconque de fois. À la limite, on peut même *courber l'aiguille pour lui donner une forme circulaire sans pour cela changer* $\mu(l)$.

Considérons alors une aiguille circulaire de diamètre a, donc $l = \pi a$. Cette aiguille rencontrera les droites parallèles tracées sur le sol de façon certaine en exactement 2 points, d'où :

$$2 = \mu(\pi a) = k\pi a,$$

ce qui donne la valeur de k. Quelle que soit la valeur de l, on sait donc évaluer $\mu(l)$. Reprenons la condition $l < a$; on sait qu'alors $q = \mu(l)$ (parce que le nombre des rencontres ne peut être que 0 ou 1) et donc (solution donnée par Barbier en 1860) :

$$q = \frac{2l}{\pi a}.$$

---

1. Communication à l'Académie des Sciences en 1733. Voir aussi l'*Arithmétique Morale* (1777).

Remarque. Le fait d'avoir un résultat dépendant de π a fasciné les contemporains de Buffon. En jetant un grand nombre de fois une aiguille sur un parquet, il était donc possible d'obtenir des valeurs approchées de π ! Première apparition de la méthode, dite de Monte-Carlo, qui, s'appuyant sur le théorème de Bernoulli (voir le chapitre 4) et des simulations aléatoires, vise à évaluer approximativement des expressions exprimables sous forme d'espérance mathématique.

Buffon fit l'expérience sur 2 048 jets. En 1850, des expériences portant sur 5 000 jets, seront réalisées à Zürich par Wolff, avec une aiguille de 18 mm et, sur le sol, des parallèles équidistantes de 22,5 mm. L'évaluation obtenue pour π sera 3,1596. En 1855, Ambrose Smith d'Aberdeen pratiquera 3 204 jets avec une aiguille pour laquelle le rapport de la longueur à l'écart des parallèles était 3/5 ; il obtiendra pour π l'évaluation 3,1553. Puis d'autres tentatives auront encore lieu.

D'autres contributions remarquables de Buffon sont indiquées en annexe 1 à la fin de ce chapitre et au chapitre 4.

Le paradoxe de Bertrand

Il a été popularisé par le cours de Bertrand, mais il viendrait en fait de Cournot.

Sur un cercle de centre O et rayon R, on choisit « *au hasard* » une sécante à ce cercle. *Avec quelle probabilité q cette sécante déterminera-t-elle sur le cercle une corde de longueur supérieure à celle du côté d'un triangle équilatéral inscrit ?*

1re solution (*Fig. gauche*). Par raison de symétrie circulaire, on peut fixer une des extrémités de la corde et déterminer l'autre « au hasard ». Traçons un triangle équilatéral inscrit dans le cercle et choisissons « au hasard » une droite passant par un sommet particulier de ce triangle. Les choix favorables pour la deuxième extrémité de la corde seront les points pris sur l'arc opposé à ce sommet, arc de longueur $2\pi R/3$. Cela conduit à évaluer q par le *rapport des longueurs de deux arcs* de cercle. On obtient : $q = \dfrac{2\pi R/3}{2\pi R} = 1/3$.

2e solution (*Fig. centrale*). Fixons arbitrairement la direction de la sécante, par exemple verticalement. Les cordes acceptables seront distantes du centre du cercle de moins de R, celles qui sont favorables de moins de $R/2$. Cela conduit à retenir pour q le *rapport de ces distances*, d'où : $q = \dfrac{R/2}{R} = 1/2$.

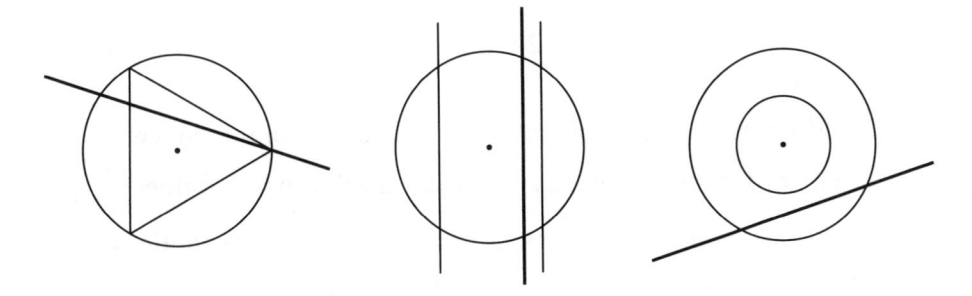

3e solution (*Fig. droite*). Repérons une corde par le pied de la perpendiculaire abaissée sur elle à partir du centre O du cercle. Une corde sera acceptable si ce point est intérieur au disque de centre O et de rayon R, noté $D(O, R)$, favorable s'il est intérieur au disque $D(O, R/2)$. Cela conduit à retenir pour q le *rapport des aires* de ces cercles, d'où : $q = \dfrac{\pi(R/2)^2}{\pi(R)^2} = 1/4$.

Il n'y a aucun paradoxe à obtenir ces trois résultats distincts. Nous avons en fait considéré trois problèmes différents, en interprétant de trois façons différentes l'expression extrêmement ambiguë « choix au hasard d'une droite dans un plan ».

Cette question sera approfondie en annexe 2 à la fin de ce chapitre.

Sur l'existence des étoiles doubles

Cette application historique est attribuée à John Michell (vers 1724-1793).

Dès le XVIIIe siècle, avec les progrès de l'optique, on pouvait observer sur la sphère céleste un certain nombre de couples d'étoiles, en apparence très rapprochées. Y avait-il là un effet de perspective, ou bien cela traduisait-il une réelle proximité physique ? Le calcul des probabilités permet d'éclairer la question. Il suffit de transposer sur une sphère le problème de l'aiguille de Buffon, les droites étant remplacées par des cercles.

Sur une sphère unité, on donne un cercle fixe de rayon $r \leq 1$ et on choisit « au hasard » un cercle de rayon $r' \leq 1$. En raisonnant comme pour l'aiguille de Buffon, on établit que le nombre moyen $\mu(r, r')$ de points de rencontre entre les deux cercles sera de la forme $\mu(r, r') = krr'$, k étant une constante.

Comme deux grands cercles ont toujours 2 points en commun, en prenant $r' = r = 1$, on obtiendra pour k la valeur 2. Limitons-nous ensuite à $r' = r = \sin\dfrac{\theta}{2}$, θ étant l'angle sous lequel un diamètre de l'un de ces cercles est vu à partir du centre de la sphère.

Dans ce cas, $\mu(r, r) = 2r^2 = 2\sin^2\frac{\theta}{2} \approx \frac{\theta^2}{2}$, si θ est petit (exprimé en radians).

Maintenant, sur la sphère céleste considérée comme sphère unité, soient N étoiles distribuées « au hasard » avec lesquelles on peut former $\binom{N}{2}$ couples. À chaque étoile on peut associer sur la sphère un cercle de rayon $\sin\frac{\alpha}{2}$, $0 < \alpha < \pi$, et admettant cette étoile pour son pôle[1] le plus proche ; deux étoiles auront une distance angulaire $\leq \alpha$ si leurs cercles associés se rencontrent. Le nombre moyen de points de rencontre entre tous ces cercles sera, en valeur approchée : $\binom{N}{2}\frac{\alpha^2}{2}$.

En divisant par 2, on aura le nombre moyen de couples d'étoiles de distance angulaire $\leq \alpha$. Or, au XVIIIe siècle, avec $N = 10^5$ étoiles connues, on observait déjà 80 couples d'angles $\leq 16''$ d'arc, alors que la distribution « au hasard » des étoiles ne donnerait en moyenne que :

$$\approx \frac{10^{10}}{8}\left(16\frac{\pi}{180 \times 60 \times 60}\right)^2 \approx 7{,}5 \text{ couples},$$

ce qui est beaucoup plus faible. Il était donc raisonnable de croire à l'existence physique des étoiles doubles.[2]

Un exemple de dérive métaphysique

Terminons cette excursion autour de l'espérance mathématique, en montrant comment cette notion, souvent si efficace, a pu aussi conduire à d'étranges spéculations. En fait, si les hommes de l'antiquité parlaient déjà de l'infini ou de l'indéfini, mais avec quelque prudence, ceux du XVIIIe siècle, éblouis par les succès du calcul infinitésimal, qui avaient fait tomber toutes les réticences, se sont mis à jouer avec ces notions sans la moindre précaution. Le piège du mélange des mathématiques avec la métaphysique a été difficile à éviter. Nous parlerons bientôt du paradoxe de Saint-Pétersbourg et plus tard du pari de Pascal, qui tous deux reposent sur un calcul d'espérance. Voici un autre exemple, tout à fait étrange, dans lequel Gottfried Leibniz et Johann Bernoulli se sont ensemble fourvoyés.

---

1. Pour un cercle tracé sur une sphère, les pôles sont les points communs à la sphère et à la droite perpendiculaire au plan du cercle et passant par le centre du cercle.
2. On trouvera en annexe 1, située à la fin de ce chapitre, des analyses similaires dues à Buffon.

On sait sommer les séries géométriques et donc, pour $|x| < 1$, écrire :

$$\frac{1}{1+x} = 1 - x + x^2 - x^3 + x^4 - \ldots \qquad (3)$$

Depuis Cauchy, nous comprenons pourquoi le membre de gauche a un sens pour tout $x \neq -1$, alors que le membre de droite ne peut être écrit que pour $|x| < 1$. Mais au XVIIIe siècle, voyant que cette formule gardait un sens pour $x = -1$ puisqu'elle devient $\frac{1}{0} = \infty$, on n'hésitait pas à l'écrire également pour $x = 1$, ce qui conduisait à :

$$\frac{1}{2} = 1 - 1 + 1 - 1 + 1 - \ldots . \qquad (4)$$

formule qu'il restait à interpréter. D'après les discussions entre Leibniz et Bernoulli, on voit qu'il était clair pour eux que le deuxième membre de (4) peut être lu :
- soit $(1-1) + (1-1) + (1-1) + \ldots = 0 + 0 + 0 + \ldots = 0$;
- soit $1 - (1-1) - (1-1) - (1-1) - \ldots = 1 - 0 - 0 - 0 - \ldots = 1$;

et, comme ces deux auteurs pensaient qu'il n'y avait aucune raison de choisir un groupement de préférence à l'autre, ils estimaient qu'il fallait *choisir au hasard entre ces deux expressions*, avec des probabilités toutes deux égales à $\frac{1}{2}$. Cela les conduisait à poser :

$$1 - 1 + 1 - 1 + 1 - 1 + \ldots = \frac{1}{2} \times 0 + \frac{1}{2} \times 1 = \frac{1}{2},$$

en accord avec la formule (3) écrite pour $x = 1$. *Laplace détruisit leur argument* en s'appuyant sur l'identité, facile à établir :

$$\frac{1+x}{1+x+x^2} = \sum_{n=0}^{\infty} a_n x^n \quad \text{où} \quad \begin{cases} a_{3r} = 1, \\ a_{3r+1} = 0, \\ a_{3r+2} = -1. \end{cases}$$

Pour $x = 1$, cette formule conduit en effet à :

$$\frac{2}{3} = \sum_{n=0}^{\infty} a_n = 1 + 0 - 1 + 1 + 0 - 1 + \ldots$$
$$= 1 - 1 + 1 - 1 + 1 - 1 + \ldots .$$

De même :

$$\frac{1 + x + x^2}{1 + x + x^2 + x^3} = 1 - x^3 + x^4 - x^7 + x^8 - x^{11} + x^{12} - \ldots$$

conduirait, pour $x = 1$, à :

$$\frac{3}{4} = 1 - 1 + 1 - 1 + 1 - 1 + 1 - 1 + \ldots$$

L'inconsistance de l'argument utilisé par Leibniz et Bernoulli est donc manifeste.

De telles démarches semblaient pourtant normales au début du XVIIIe siècle. Il est intéressant de noter qu'un jésuite italien, nommé Grandi, s'était également intéressé à la formule :

$$\frac{1}{2} = \sum (1 - 1) = \sum 0,$$

où il voyait la possibilité de justifier rationnellement la création. Le nombre $\frac{1}{2}$ naissait en effet d'une infinité de zéros et donc, en quelque sorte, *l'infini était capable de tirer* $\frac{1}{2}$ *du néant*. Dans le même ordre d'idées, Leibniz avait proposé d'essayer de convertir au christianisme l'extraordinaire empereur de Chine Kangxi, lequel portait aux mathématiques un intérêt qui ne fut jamais égalé dans le monde des souverains, mais restait sans doute réticent devant l'idée de création, en lui faisant remarquer que les mathématiques, dans leur totalité, procèdent du 0 et du 1. Or si 0 est le néant et si 1 est Dieu, la création de l'univers à partir du néant ne sera rien de plus que la naissance de l'arithmétique tirée du 0 par l'action du nombre 1.

Tout ceci paraîtra moins étrange si l'on se rappelle que, à la demande de Jakob Bernoulli, une spirale logarithmique sera gravée sur sa tombe, avec en épitaphe « *Eadem Mutata Resurgo* », pour la raison que, dans cette courbe merveilleuse qui, dans ses changements, reste toujours la même, il voyait comme le symbole du courage et de la constance dans l'adversité ; et même celui de la résurrection de la chair par-delà la mort !

Annexe 1 – Buffon : un précurseur dans l'utilisation du calcul des probabilités

Dès 1740, dans son volume sur *Les époques de la Nature*, Buffon se risque à utiliser des notions élémentaires de théorie des probabilités, pour justifier l'hypothèse qu'il a formulée sur l'origine commune des 6 planètes connues du système solaire. Il les suppose résulter d'une collision entre le soleil et une comète.

Sa première remarque concerne les sens de parcours des planètes sur leurs orbites respectives. Toutes circulent dans le même sens. Si ce fait n'avait pas une cause commune, dit-il, et que chaque planète ait été formée indépendamment des autres, entre les deux sens de parcours possibles, il n'y aurait eu aucune raison pour que l'un soit choisi de préférence à l'autre. Ce que nous observons avait donc la probabilité $\left(\frac{1}{2}\right)^6 = \frac{1}{64}$ d'être choisi.

Deuxièmement, il remarque que les plans des orbites font avec le plan de l'écliptique des angles qui n'excèdent jamais $7°30'$, soit $180°/24$. Si on choisissait au hasard et indépendamment ces angles entre 0 et 180 degrés, la probabilité d'obtenir les 5 angles tous de valeur au plus égale à $7°30'$ serait donc $\left(\frac{1}{24}\right)^5 = 1/7692624$, probabilité très faible. Buffon conclut qu'une cause commune a dû être à l'œuvre dans la formation des planètes (cause commune qui pourrait être autre que l'action d'une comète !).

Si on tente de formaliser l'argument utilisé par Buffon, on voit qu'il a la structure suivante :

« *Si dans un certain modèle probabiliste concernant une partie de la nature, un é.a. (événement aléatoire) se trouve affecté d'une probabilité très faible, et que néanmoins on observe la réalisation de cet événement, il est raisonnable de rejeter ce modèle.* »

Cet argument est utilisé quotidiennement en statistique ; en procédant ainsi, on prendra *de temps à autre* des décisions erronées, mais dans la plupart des cas elles s'avéreront bonnes.

Annexe 2 – * Le choix au hasard d'une droite dans un plan

Le paradoxe de Bertrand a exhibé trois manières différentes de faire un choix aléatoire parmi les cordes d'un cercle. Toutes ont été construites en croyant traduire correctement notre idée intuitive de choix « au hasard », laquelle suppose que, dans un plan ou dans l'espace, aucune direction ni aucun lieu, ne soient avantagés. *Parmi ces trois manières de faire, en est-il une répondant mieux que les autres à notre attente ?* Il est bon de reprendre cette question avec un peu plus de recul.

Approche analytique

Donnons-nous un repère orthonormé xOy et dans ce repère une droite quelconque d'équation :

$$ux + vy + 1 = 0 \qquad (1)$$

La probabilité de l'é.a. qui nous intéresse va s'exprimer sous forme d'un rapport $m(\mathcal{U})/m(\mathcal{D})$ où $\mathcal{D}$ est l'ensemble des (u, v) acceptables et $\mathcal{U}$ celui des (u, v) favorables. La difficulté est de savoir comment mesurer $\mathcal{U}$ et $\mathcal{D}$.

Dans le cas du *choix « au hasard » d'un point* (x, y), il est possible de retenir comme mesure :

$$m(\mathcal{U}) = \iint_{\mathcal{U}} dx\, dy, \qquad (2)$$

parce que cette évaluation est invariante par changement de coordonnées. Cela va de soi puisqu'il s'agit d'une mesure euclidienne, mais on peut aussi vérifier que, si on introduit les nouveaux axes $x'O'y'$ reliés aux anciens par les formules :

$$\begin{cases} x = x'\cos\alpha - y'\sin\alpha + a, \\ y = x'\sin\alpha + y'\cos\alpha + b, \end{cases} \qquad (3)$$

on obtiendra le Jacobien :

$$\frac{D(x,y)}{D(x',y')} = \begin{vmatrix} \dfrac{\partial x}{\partial x'} & \dfrac{\partial x}{\partial y'} \\ \dfrac{\partial y}{\partial x'} & \dfrac{\partial y}{\partial y'} \end{vmatrix} = \begin{vmatrix} \cos\alpha & -\sin\alpha \\ \sin\alpha & \cos\alpha \end{vmatrix} = \cos^2\alpha + \sin^2\alpha = 1.$$

Ainsi, $dx\,dy$ se change en $dx'\,dy'$, ce qui montre l'invariance de (2).

Dans le *cas de droites*, le changement de coordonnées (3) va transformer (1) en :
$$u(x'\cos\alpha - y'\sin\alpha + a) + v(x'\sin\alpha + y'\cos\alpha + b) + 1 = 0,$$
soit :
$$\frac{u\cos\alpha + v\sin\alpha}{au + bv + 1}x' + \frac{-u\sin\alpha + v\cos\alpha}{au + bv + 1}y' + 1 = 0,$$
et donc, à la place de (1), nous aurons :
$$u'x' + v'y' + 1 = 0, \qquad (4)$$
à condition de poser :
$$u' = \frac{u\cos\alpha + v\sin\alpha}{au + bv + 1} \quad \text{et} \quad v' = \frac{-u\sin\alpha + v\cos\alpha}{au + bv + 1}. \qquad (5)$$

Pour alléger les notations, posons momentanément $\rho = au + bv + 1$, on voit que :
$$\frac{\partial u'}{\partial u} = \frac{\cos\alpha - au'}{\rho}, \qquad \frac{\partial u'}{\partial v} = \frac{\sin\alpha - bu'}{\rho},$$
$$\frac{\partial v'}{\partial u} = \frac{-\sin\alpha - av'}{\rho}, \qquad \frac{\partial v'}{\partial v} = \frac{\cos\alpha - bv'}{\rho},$$
d'où le Jacobien :
$$\frac{D(u', v')}{D(u, v)} = \frac{\partial u'}{\partial u}\frac{\partial v'}{\partial v} - \frac{\partial u'}{\partial v}\frac{\partial v'}{\partial u}$$
$$= \frac{1}{\rho^2}\{(\cos\alpha - au')(\cos\alpha - bv') - (\sin\alpha - bu')(-\sin\alpha - av')\}$$
$$= \frac{1}{\rho^2}\{\cos^2\alpha + \sin^2\alpha - (a\cos\alpha + b\sin\alpha)u' - (b\cos\alpha - a\sin\alpha)v'\}$$
$$= \frac{1}{\rho^3}\{au + bv + 1 - (au + bv)(\cos^2\alpha + \sin^2\alpha) + 0 \times \cos\alpha\sin\alpha\} = \frac{1}{\rho^3}.$$

Comme également :
$$u'^2 + v'^2 = \frac{u^2 + v^2}{\rho^2},$$
il est clair que :
$$\left|\frac{D(u', v')}{D(u, v)}\right| = \frac{1}{|\rho|^3} = \left(\frac{u'^2 + v'^2}{u^2 + v^2}\right)^{3/2}$$

et donc :

$$du'dv' = \left(\frac{u'^2 + v'^2}{u^2 + v^2}\right)^{3/2} dudv.$$

Ce n'est donc pas $dudv$ *qui est invariant par le changement de coordonnées, mais* :

$$\frac{dudv}{(u^2 + v^2)^{3/2}}. \qquad (6)$$

Si on travaille avec les équations canoniques des droites, lesquelles sont de la forme :

$$x\cos\theta + y\sin\theta - p = 0, \qquad (7)$$

expression dans laquelle on peut décider de prendre $p \geq 0$, on doit choisir $u = -\dfrac{\cos\theta}{p}$ et $v = -\dfrac{\sin\theta}{p}$, d'où $u^2 + v^2 = 1/p^2$, tandis que le Jacobien des u, v relativement aux θ, p vaudra $1/p^3$, ce qui donnera pour (6) tout simplement l'expression $d\theta dp$. La représentation (7) est donc particulièrement adaptée, puisque *l'élément différentiel* $d\theta dp$ *sera invariant* par changement de coordonnées.

Retour au paradoxe de Bertrand

Dans la deuxième interprétation, on travaille avec *l'orientation de la corde* (que l'on peut repérer par $\theta + \pi/2$) *et sa distance à l'origine*, notée p, on est donc conduit à évaluer la probabilité q sous la forme :

$$q = \lambda \int_0^{2\pi} d\theta \int_0^{R/2} dp = \pi\lambda R,$$

λ étant une constante positive telle que :

$$1 = \lambda \int_0^{2\pi} d\theta \int_0^{R} dp = 2\pi\lambda R,$$

d'où $q = 1/2$. On voit que l'élément différentiel utilisé ici est $d\theta dp$, celui qui reste invariant par changement de coordonnées. La seconde interprétation proposée par Bertrand est donc celle qui correspond le plus fidèlement à notre idée intuitive de « choix au hasard » d'une droite dans un plan.

Par comparaison, considérons la première interprétation et la corde CM issue du sommet C du triangle. Notant $\gamma = (\overrightarrow{Ox}, \overrightarrow{OC})$ et $\mu = (\overrightarrow{Ox}, \overrightarrow{OM})$, on pourra repérer la droite portant cette corde par le couple (γ, μ). Il est clair que q sera obtenue en intégrant convenablement l'élément différentiel $\mathrm{d}\gamma\mathrm{d}\mu$. Pour avoir une traduction dans le langage de l'équation canonique (7), remarquons que :

$$\cos(\mu - \theta) = p = \cos(\theta - \gamma),$$

ce qui entraîne que γ et μ doivent être de la forme $\theta \pm \mathrm{Arccos}(p)$ et donc :

$$\mathrm{d}\gamma\mathrm{d}\mu = \left|\frac{D(\gamma, \mu)}{D(\theta, p)}\right|\mathrm{d}\theta\mathrm{d}p = \left|\begin{matrix} 1 & \dfrac{-1}{\sqrt{1-p^2}} \\ 1 & \dfrac{1}{\sqrt{1-p^2}} \end{matrix}\right|\mathrm{d}\theta\mathrm{d}p = \frac{2}{\sqrt{1-p^2}}\mathrm{d}\theta\mathrm{d}p.$$

Comme on ne retrouve aucunement le produit de $\mathrm{d}\theta\mathrm{d}p$ (éventuellement multiplié par une constante), $\mathrm{d}\gamma\mathrm{d}\mu$ ne saurait être invariant par changement de repère.

Quant à la 3e interprétation, elle est basée sur une évaluation d'aires en coordonnées polaires ; elle est donc construite sur l'élément différentiel $p\mathrm{d}p\mathrm{d}\theta$, qui peut être invariant par rotation, mais pas par translation.

Nouvelle approche de l'aiguille de Buffon

D'abord, *réalisons une mesure de l'ensemble des droites rencontrant un segment donné*.

Sur l'axe Ox, prenons le segment $(0, l)$; les coefficients θ et p de l'équation canonique (7) d'une droite, si elle rencontre ce segment, devront vérifier $-\pi/2 < \theta < \pi/2$ et $p \leq l\cos\theta$. La mesure de l'ensemble qui nous intéresse sera donc :

$$\int_{-\pi/2}^{\pi/2}\mathrm{d}\theta\int_0^{l\cos\theta}\mathrm{d}p = \int_{-\pi/2}^{\pi/2}l\cos\theta\mathrm{d}\theta = 2l.$$

Étendons ce résultat au cas d'un polygone convexe fermé, de périmètre L ; l'ensemble des droites qui rencontrent ce polygone sera mesuré par L (et non pas $2L$, car chaque droite qui rencontre un côté en rencontre un deuxième, et est comptée deux fois). Considérons deux tels polygones, ayant les périmètres L' et L respectivement, *le premier enveloppant le second*. La probabilité pour une droite rencontrant le polygone extérieur de rencontrer également le polygone intérieur sera L/L'.

Appliquons ce résultat en prenant $L' = \pi a$, $L = 2l$, $l < a$, le polygone extérieur étant régulier et à une infinité de côtés, donc *identifié à un cercle* de diamètre a, et le polygone intérieur étant pris sous forme d'un rectangle de largeur négligeable et donc *identifié à un segment de droite* de longueur l (une aiguille), mais compté deux fois. Nous aurons $q = 2l/\pi a$. Or c'est précisément la probabilité que nous avons rencontrée dans le problème de Buffon. Pourquoi cela ?

La raison en est qu'il est pour nous équivalent de :
- jeter sur le sol l'objet $\mathcal{O}$ constitué en solidarisant le cercle et l'aiguille ;
- ou de jeter le sol sur l'objet $\mathcal{O}$.

Dans le premier cas, une des droites tracées sur le sol, sera rencontrée par le cercle ; c'est celle-là qui nous intéresse et dont on va se demander si l'aiguille la rencontre également (problème de Buffon).

Dans le deuxième cas, on jette sur l'objet $\mathcal{O}$ le réseau des droites parallèles liées au sol, l'une d'elles va rencontrer le cercle et, comme on vient de le voir, elle rencontrera l'aiguille avec probabilité $q = 2l/\pi a$.

Chapitre 4

Les Bernoulli et l'âge de la maturité

Introduction

État des lieux à la fin du XVIIe siècle

L'année 1654, qui a vu les échanges de lettres entre Pascal et Fermat, voit également naître[1] à Bâle Jakob Bernoulli, qu'il ne faudra pas confondre avec ceux des membres de sa famille qui connaîtront également la célébrité[2]. Pour le nouveau calcul, il est l'auteur majeur, celui qui va initier tout son développement futur. Les travaux de ses prédécesseurs immédiats, Pascal, Fermat et Huygens, si importants qu'ils aient été, n'avaient finalement qu'une originalité limitée. En procédant à une mise en ordre de ce qui, déjà avant eux, était bien près d'exister, ils clôturaient plus la longue période préparatoire que nous avons su reconnaître en Italie, qu'ils n'auguraient de l'avenir. D'ailleurs, ces trois auteurs ne se sont intéressés à ce nouveau calcul que pendant un petit nombre de mois ou d'années, alors que Jakob Bernoulli s'y adonnera sa vie durant, et à la fin de celle-ci, y consacrera toute son énergie.

Reprenons le calcul des probabilités dans l'état où le jeune Bernoulli a pu le rencontrer.

D'abord, ce calcul ne parlait que de situations analysables en un nombre fini de cas élémentaires également probables. Non pas qu'il lui ait été impossible d'imaginer des situations plus générales, mais il se serait senti incapable d'évaluer des probabilités ou des espérances en dehors des cas simples où,

---

1. Il y a là une curiosité. Jakob Bernoulli étant né dans un canton suisse, qui n'a reconnu qu'en 1701 la réforme du calendrier impulsée en 1582 par le pape Grégoire XIII, est né de fait le 27 décembre 1654 selon le calendrier julien, mais le 6 janvier 1655 selon le calendrier grégorien ! Cela explique que, suivant les cas, on le fasse naître en 1654 ou en 1655.
2. Les Bernoulli sont nombreux et, en mathématiques, *Jakob*, *Johann* et *Daniel* sont également réputés. En calcul des probabilités, nous serons surtout concernés par *Jakob* et son neveu et élève *Niklaus*, diffuseur de ses idées et collaborateur de Montmort, et secondairement par *Daniel*. Quand nous parlons d'un Bernoulli, sans autre précision, c'est en principe de Jakob qu'il s'agit.

pour des raisons de symétrie, le principe de raison suffisante lui permettait de se tirer d'affaire.

Ensuite, il était aussi statique que peut l'être l'arithmétique ; s'il comptait des chances, il n'envisageait jamais de leur imposer la moindre variation infinitésimale, ni de traiter d'événements infiniment peu probables.

Surtout, s'il montrait comment on pouvait faire raisonnablement des paris sur l'avenir, en comparant les probabilités de réalisation d'événements futurs, il n'apportait aucune justification à la régularité statistique expérimentalement observée lorsqu'on répète des expériences. Celle-ci restait complètement inexpliquée, et il n'y avait aucun moyen de mesurer son établissement progressif.

Ces lacunes seront comblées par le célèbre *Théorème de Bernoulli*, qui en principe relève le défi posé par l'utilisation pratique des formules exprimant des probabilités à l'aide de symboles issus de l'analyse combinatoire, formules exactes mais presque toujours d'une formidable complexité. Ce théorème va permettre la détermination empirique des probabilités et la transcription de la régularité statistique sous une forme quantifiable. Il sera le précurseur d'une longue lignée de surprenants théorèmes asymptotiques, qui conjugueront élégance mathématique et utilité pratique. En introduisant la notion de limite, Bernoulli aura ainsi offert au calcul des probabilités un champ immense pour de futurs développements. On pourrait même dire qu'il a réellement refondé ce calcul tant, dans ce dernier, les théorèmes asymptotiques se sont révélé être la principale richesse.

C'est en hommage aux avancées majeures ainsi initiées par Jakob Bernoulli, que la société internationale regroupant les mathématiciens probabilistes a pris le nom de Société Bernoulli, et que la revue de cette société arbore fièrement les belles armoiries de cet auteur, avec la spirale logarithmique et la devise gravée sur sa tombe.

Mais avant de parler de ce grand théorème, décrivons l'environnement qui l'a vu naître.

La famille des Bernoulli

D'abord, replaçons Jakob Bernoulli dans cette célèbre tribu. On dit que 120 Bernoulli se sont fait connaître par leurs talents, avec au moins 8 mathématiciens distingués, et 5 ayant fourni une contribution au calcul des probabilités. Peut-être est-ce compter un peu large ? En tout cas, le bâtiment principal de l'Université de Bâle porte le nom de Bernoullium. Situons

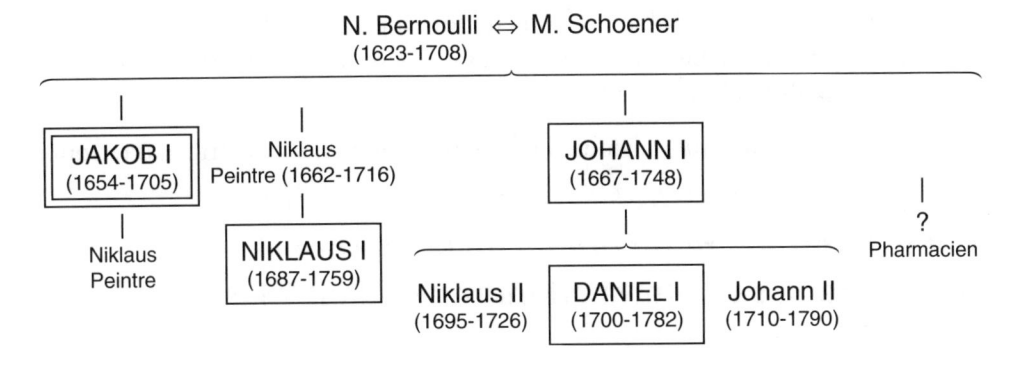

```
                    N. Bernoulli  ⇔  M. Schoener
                         (1623-1708)
    ┌──────────────┬──────────────┬──────────────┐
    │              │              │              │
 JAKOB I      Niklaus          JOHANN I          │
(1654-1705)  Peintre (1662-1716) (1667-1748)     ?
    │              │              │          Pharmacien
 Niklaus        NIKLAUS I    ┌────┼────┐
 Peintre       (1687-1759)   │    │    │
                          Niklaus II DANIEL I Johann II
                          (1695-1726)(1700-1782)(1710-1790)
```

seulement dans cette famille ceux dont nous aurons à parler, en indiquant leur parenté.

Jakob I. En calcul infinitésimal, dans les pas de Leibniz, il étudie la première équation différentielle, développe le calcul des séries, le calcul exponentiel et, avec son frère Johann, le calcul des variations. C'est lui qui donne son nom au calcul intégral. Il est l'inventeur de la spirale logarithmique, des nombres de Bernoulli, et surtout, pour nous, du *Théorème de Bernoulli* en calcul des probabilités. Il se brouille avec son frère Johann.

Johann I. Il donne la première exposition systématique du calcul leibnizien, ce qui lui vaudra d'être appelé *praeceptor mathematicus europae*. Il intègre les fractions rationnelles. Il sera le maître de Leonhard Euler et du marquis de l'Hospital, mais entrera en conflit avec ce dernier, de même qu'avec son frère Jakob et son fils Daniel.

Daniel I. Un des fondateurs de la physique mathématique à travers la théorie cinétique des gaz, les cordes vibrantes, l'hydrodynamique. Fondateur aussi de l'épidémiologie mathématique avec son étude sur la variolisation.

Niklaus I. Il se fait connaître, en 1709, par une thèse de droit dans laquelle il utilise les résultats de son oncle et professeur Jakob I, thèse que Leibniz tenait en haute estime. Il sera le continuateur de Jakob I, et on l'a longtemps considéré comme l'éditeur de ses œuvres, sans doute à tort. Lorsque nous parlons d'un Niklaus Bernoulli, c'est toujours de lui qu'il s'agit et non de son grand père, son père, ou l'un de ses cousins.

Notons que Jakob et Johann n'accédèrent aux mathématiques que contre la volonté paternelle, qui destinait le premier à être théologien et homme d'Église, le deuxième à être marchand, puis médecin lorsqu'il se révéla inapte au commerce. Jakob, plus lent et plus prudent que son frère, aura finalement une moindre influence que ce dernier sur le développement du calcul infinitésimal. Daniel lui aussi dut lutter contre son père, qui, à son tour, essaya en vain de faire de lui un marchand, puis un médecin.

Parmi les fils de Johann II, on cite Johann III (1744-1807) comme étant le 5ᵉ Bernoulli à contribuer au développement du calcul des probabilités, et aussi Jakob II (1759-1789).

Voici maintenant l'histoire du fameux théorème. Elle mérite d'être contée.

Cet extraordinaire théorème de M. Bernoulli que l'Europe savante va attendre pendant 25 ans

Une difficile et lente venue au monde

Jakob semble avoir été en possession de son théorème dès les années 1685-89, mais ce résultat fondamental ne sera rendu public que très tardivement, en 1713, dans *Ars Conjectandi*[1], une publication posthume reprenant un texte pratiquement rédigé dès 1690. Jakob, qui enseignait les mathématiques à Bâle, avait prévu un ouvrage, vraisemblablement d'enseignement, qui, en quatre parties, devait contenir : d'abord, le texte de Huygens revu et complété ; puis des développements sur les permutations, les combinaisons et leurs applications au calcul des probabilités ; enfin, une partie finale autour du fameux théorème, avec son utilisation dans les affaires civiles, morales et économiques, et donc faisant le pont entre la théorie et l'expérience. De ce dernier théorème, il écrit :

> « *Cette découverte a pour moi plus de valeur que si j'avais résolu la quadrature du cercle, car si j'avais trouvé cette dernière cela aurait été quand même moins utile.* »[2]

Et vers la fin du chapitre quatre de la quatrième partie d'*Ars Conjectandi*, avant de passer à la démonstration du fameux théorème, il annonce :

> « *Voici le problème que je veux maintenant publier ici, l'ayant étudié avec soin pendant 20 ans, problème dont la nouveauté aussi bien que la grande utilité ainsi que ses profondes difficultés dépassent en poids et valeur tous les chapitres précédents de mon œuvre.* »[3]

---

1. Rappelons que la célèbre *Logique* dite *de Port Royal* avait pour titre annexe *L'Art de Penser*, ce qui, dans la traduction latine, donna *Ars Cogitendi*.
2. *Hoc inventum pluris facio quam si ipsam circuli quadraturam dedissem, quod si maximè reperiretur, exigui usûs esset.* Ce texte figure dans des notes rédigées entre 1688 et 1690, à la fin de la démonstration de son théorème fondamental, et après le Q.E.D. rituel.
3. *Hoc igitur est illud Problema, quod evulgandum hoc loco proposui, postquam jam per vicennium pressi, & cujus tum novitas, tum summa utilitas cum pari conjuncta difficultate omnibus reliquis hujus doctrinae capitibus pondus & pretium superaddere potest.*

Comme tous les hommes des XVIIe et XVIIIe siècles s'intéressant aux probabilités, il est persuadé que les modèles probabilistes sont applicables dans tous les domaines des activités humaines. Il voudrait donc présenter de telles applications dans son livre. De ce fait, son travail va traîner en longueur. Fin 1702, Leibniz, avec lequel Jakob avait été un peu en froid, fait nommer ce dernier à la nouvelle Académie de Berlin, et des échanges plus cordiaux vont reprendre entre eux. En avril 1703, Leibniz interroge Jakob sur ces travaux mystérieux qu'il effectue en probabilités et dont parle la rumeur. En fait, dès le 8 décembre 1692, le marquis de l'Hospital écrivait à Johann Bernoulli :

« ... *je vous prie de faire mil compliments de ma part à Mr vostre frère... demandez lui aussi quelle est cette proposition qui est dans son livre de arte conjecturandi dont il estimait autant la découverte que la quadrature du cercle.* »

Jakob est méfiant devant la demande de Leibniz, car il suspecte son frère Johann, avec lequel il est brouillé depuis leurs travaux en commun sur le calcul des variations, d'être à l'origine d'une telle divulgation. Cependant, il se décide, en octobre 1703, à expliquer à Leibniz ce qu'il fait, en tentant de lui faire partager son enthousiasme. De plus, il l'interroge sur un opuscule de *Johan*[1] *de Witt*, paru aux Pays-Bas en 1671, et qui traite de « *la valeur des rentes viagères en raison des ventes libres ou remboursables* », où, manifestement, il espère trouver des tables de mortalité précises, qu'il pourrait utiliser pour son projet. En décembre 1703, Leibniz répond, mais pas dans les termes qu'espérait Jakob. Il est clair que, pour lui, le calcul des probabilités est une histoire de jeux de hasard, et qu'il ne voit pas l'intérêt d'un tel calcul pour l'étude des affaires juridiques ou politiques. Et puis, dit-il, ce n'est pas un nombre fini d'expériences, qui va permettre d'estimer ce qui dépend d'une infinité dénombrable de circonstances. Et d'ailleurs, dans les affaires humaines, les conditions générales peuvent changer, de nouvelles maladies apparaître, il est donc impossible de faire des prévisions valables pour l'avenir. En ce qui concerne l'opuscule de Johan de Witt, Leibniz le connaît, il en parle donc, ce qui ne fait qu'exciter l'intérêt de Jakob. Dans ses lettres ultérieures, il essayera, à nouveau, en vain, d'intéresser Leibniz à sa vision universaliste des probabilités, et il reviendra chaque fois sur l'ouvrage de Johan de Witt. Il supplie finalement Leibniz de lui prêter son propre exemplaire. Ce dernier répond qu'il a effectivement possédé cet ouvrage, mais qu'il ne peut le retrouver et, pour détourner Jakob de cette idée fixe, il lui affirme que ce texte ne contient rien qu'il ne sache, qu'il est rempli de détails financiers, et qu'il n'y aurait pas grand-chose

---

1. On voit les deux écritures Jan et Johan. Nous avons utilisé la deuxième, car c'est celle qui figure à la fin de l'opuscule *Waerdye van Lyf-Renten*.

à en tirer. Finalement, Leibniz fait un geste. Il écrit à Johann Bernoulli (n'oublions pas que les deux frères sont brouillés), lequel a une chaire à Groningue aux Pays-Bas, lui demandant de lui procurer ce livre. En juillet 1704, Johann répond qu'il n'a pu le trouver.

Le 16 août 1705[1], Jakob meurt sans avoir le texte désiré, et bien sûr en laissant inachevé son traité. Du coup Johann, qui se préparait à rentrer à Bâle occuper une chaire de grec (sous les lazzis de son frère qui le déclarait αναλφαβετῶς), peut s'installer dans la chaire de mathématiques laissée vacante par le décès de Jakob.

Puis huit ans pour imprimer un livre

La même année, le 14 novembre, devant l'Académie des Sciences de Paris, Fontenelle prononce l'éloge du savant disparu. Il y parle de façon très littéraire de ce qu'il croit savoir du fameux grand théorème, et de ses applications à la vie civile et la pratique domestique. Puis, dans le *Journal des Sçavans* de 1706, paraît un texte de Saurin décrivant un peu mieux l'ouvrage, et laissant espérer une publication proche. L'Europe savante attend naturellement tout de Johann Bernoulli, le frère du défunt. Un peu excédé, ce dernier écrit à Varignon, le 26 février 1707 :

> *« ... j'aurais bien souhaité que Mr. Saurin se fut dispensé de laisser le public dans une esperance que les Heritiers de mon frere ne me mettront pas en état de jamais remplir, vû le grand soin qu'ils ont de me bien cacher tous ses papiers et ses ecrits, de peur que je n'en fasse quelque profit;... Je voudrais bien que Mr. Saurin desabusât par occasion le public de son attente... »*

Tout dépend donc du fils de Jakob, le peintre, qui se sent peu qualifié pour diriger l'édition des œuvres de son père. Malgré diverses interventions, dont celles de Leibniz, rien ne se passe. Le 8 mai 1708, Pierre de Varignon écrit à Johann Bernoulli pour signaler que :

> *« Un nommé M. de Montmort[2]... fait actuellement imprimer un livre sur les Jeux de Hazard. D'où vient qu'on ne voit point celui de feu M. votre frere de arte conjectandi ?, qui doit comprendre beaucoup davantage, y ayant fait entrer jusqu'aux matieres de morale et de politique. »*

---

1. Il s'agit maintenant du calendrier grégorien que le canton de Bâle a adopté en 1701.
2. Son *Essai d'Analyse sur les jeux de hazard* parut en 1708, cinq ans avant le livre de Jakob Bernoulli ; peu après la parution de ce dernier, Montmort donnera une deuxième version de son propre ouvrage.

Puis paraîtra, en 1709, la thèse de Droit de Niklaus I, neveu de Jakob et de Johann, intitulée *De usu Artis conjectandi in Jure*, dans laquelle il utilisera les résultats de son oncle, ce qui va relancer l'attention sur les travaux de ce dernier. Le monde savant voudrait en savoir plus. C'est maintenant P. Rémond de Montmort, lui-même, qui s'adresse à Johann, d'abord le 15 septembre 1709, en ces termes :

> « *Le seul defaut de cet ouvrage* (la thèse de Niklaus I) *est d'être trop court, je me console de sa brieveté que par lesperance que nous avons de voir bientot le grand ouvrage de feu Monsieur votre frere. je ne peux m'empescher de vous prier une seconde fois au nom de tous les Geometres de nous en procurer l'edition. ce soin convient à un frere et cet honneur n'est du qu'au 1er Geometre de l'Europe* »,

puis qui revient à la charge, le 15 novembre 1709, en proposant même d'assurer l'édition entièrement à ses frais, et ajoutant :

> « *... Si vous voulez bien vous charger, Monsieur, de faire cette proposition et qu'elle soit refusée, pourrois-je au moins esperer que vous voulussiez me faire le plaisir de faire faire un extrait de touttes les propositions de ce manuscript, surtout de la 4e partie.* » (La partie contenant le grand théorème !)

Mais le fils de Jakob, Niklaus le peintre, même s'il n'a pas de mauvaises relations avec son oncle (il a fait son portrait), ne veut pas que ce dernier fouille dans les papiers de son père. Johann n'a donc pas grand pouvoir, cependant il va prendre au sérieux la demande de Montmort. Des négociations auront donc lieu dans la famille Bernoulli. Au 26 février 1711, c'est maintenant Niklaus I qui écrit à Montmort :

> « *Pour ce qui regarde le traité de feu Mr. mon Oncle, j'ai proposé l'offre que Vous avez faite... à mon Cousin le fils du défunt... mais comme il se défie de moy aussi bien que de Mr. mon Oncle* (Johann)..., *il m'a répondu qu'en passant à Padoue, il parleroit là dessus à Mr. Herman* (un ancien élève de Jakob, à l'époque professeur à Padoue), *en qui luy et tous ceux de sa maison mettent une plus grande confiance qu'en nous autres ; j'ai écrit la dessus à Mr. Herman même...* »

Les choses continuent ainsi à traîner en longueur, alors que le climat scientifique commence à changer. Montmort s'est mis à collaborer avec Niklaus I, et il prépare une deuxième édition de son livre. De son côté, de Moivre commence à publier sur les mêmes sujets. Les héritiers de Jakob réalisent enfin que le temps presse, et ils vont se décider à faire éditer le livre, mais sans qu'aucune personne capable d'en comprendre le contenu et d'en améliorer la présentation soit intervenue. À une lettre inquiète de Varignon, datée du 17 mars 1713, Johann répondra, le 29 avril de la même année :

> « *... je puis Vous dire que ni le libraire, ni l'imprimeur, ni le correcteur n'entendent goute de la matiere dont le livre traite...* »

Ceci remplit d'inquiétude Varignon, qui supplia Niklaus I de lire le livre sous-presse, d'en indiquer les *errata* en ajoutant les éclaircissements nécessaires. Finalement, ce dernier cèdera, dit-il, à la demande des libraires et de son cousin, et le livre paraîtra en août 1713 avec une préface de sa main. À cause de cette simple préface, Niklaus I sera tenu par les historiens pour l'éditeur de ce livre posthume, et cela bien à tort.

Après une publication réalisée dans d'aussi mauvaises conditions, l'œuvre de Jakob va rester très longtemps mal connue. En fait, cet esprit méticuleux notait énormément d'informations dans des carnets tenus au jour le jour, carnets que l'Université de Bâle, telle une banque suisse, va conserver au secret pendant plus de 250 ans, en refusant de les communiquer aux historiens demandant à les consulter. Ils n'ont finalement été publiés qu'il y a environ 30 ans. Extrêmement riches, ils montrent que Jakob hésitait souvent entre plusieurs solutions. Le texte retenu pour *Ars Conjectandi* a donc assez notablement appauvri une œuvre, à laquelle seule l'édition monumentale moderne (textes en latin et en allemand) a enfin redonné toute son ampleur.

Le cadre mathématique

Éclairage sur l'indépendance stochastique

Le théorème de Bernoulli, qui traite de tirages répétés dans une urne de composition invariable, repose sur la notion d'indépendance sur laquelle nous avons pu glisser dans le chapitre précédent, mais qui devient maintenant essentielle. Soyons donc un peu plus précis sur cette question.

Habituellement, quand on dit que deux événements sont indépendants, c'est parce qu'ils sont extrêmement éloignés dans l'espace ou dans le temps, ou bien ont des natures tellement différentes, qu'il paraît impossible que l'un d'eux puisse agir sur l'autre. Dans ce cas, on peut dire que ces événements sont *physiquement indépendants*. Cette indépendance est généralement postulée plutôt qu'elle n'est prouvée.

Cependant, le calcul des probabilités a besoin d'une *notion plus faible*, car seul compte pour lui le fait que les chances de réalisation de l'un des événements ne soient pas modifiées *par la réalisation ou la non-réalisation de l'autre*. Cette indépendance, dite *stochastique*, qui s'étend aux v.a.r., n'aura naturellement de sens que pour deux événements qui sont liés à une même expérience aléatoire, donc que l'on peut identifier à des événements aléatoires (é.a. en abrégé) définis sur un même espace probabilisé. L'argumentation suivante : « *si A est indépendant, d'une part de B, d'autre part de C, alors* A *ne dépendant ni de* B *ni de* C, *ne peut dépendre de "B et C", et par suite* A *et "B et*

C" *sont indépendants* », qui peut être soutenue en cas d'indépendance physique, doit être récusée pour l'indépendance stochastique (i.s. en abrégé).

En modélisation probabiliste, l'indépendance physique est habituellement traduite simplement par l'indépendance stochastique. Par exemple, si l'é.a. A est défini sur l'espace $(\Omega, \mathcal{P}(\Omega), \mathbb{P})$ et l'é.a. B_1 sur l'espace $(\Omega_1, \mathcal{P}(\Omega_1), \mathbb{P}_1)$, il est seulement possible de parler de chacun d'eux séparément, mais on ne pourra rien dire sur eux collectivement. Si on désire pouvoir le faire, il faut au préalable savoir les redéfinir simultanément sur un même espace $(\hat{\Omega}, \mathcal{P}(\hat{\Omega}), \hat{\mathbb{P}})$. Dans le cas où ces événements nous paraissent physiquement indépendants, on choisira ce nouvel espace tel que, sur lui, A et B puissent être redéfinis sous forme de deux é.a. $\hat{A}$ et $\hat{B}$ qui soient s.i. (lire « stochastiquement indépendants »). La théorie des espaces produits nous enseigne comment procéder. Il suffit[1] de choisir, pour des éléments $\omega \in \Omega$ et $\omega_1 \in \Omega_1$ quelconques :

$$\hat{\Omega} = \Omega \times \Omega_1, \quad \hat{\omega} = (\omega, \omega_1), \quad \hat{\mathbb{P}}(\{\hat{\omega}\}) = \mathbb{P}(\{\omega\})\mathbb{P}_1(\{\omega_1\}),$$

et, en posant :

$$\hat{A} = \{\hat{\omega} : \omega \in A\} \text{ et } \hat{B} = \{\hat{\omega} : \omega_1 \in B_1\},$$

on obtiendra :

$$\hat{\mathbb{P}}(\hat{A}) = \mathbb{P}(A), \quad \hat{\mathbb{P}}(\hat{B}) = \mathbb{P}_1(B_1) \text{ et } \hat{\mathbb{P}}(\hat{A} \cap \hat{B}) = \hat{\mathbb{P}}(\hat{A})\hat{\mathbb{P}}(\hat{B}).$$

De même, si des v.a.r. sont définies sur des espaces distincts, on ne pourra les considérer comme s.i. qu'après les avoir convenablement redéfinies sur un espace produit.

Le modèle des tirages de Bernoulli

Considérons une urne contenant b boules blanches, r boules rouges ; on pose $p = \dfrac{b}{b+r}$. Effectuons, avec remplacements, n fois le tirage d'une boule, les tirages étant supposés *physiquement indépendants* (ce qui suppose pas mal de précautions à prendre d'un tirage au suivant). On obtient ainsi expérimentalement x_n fois une boule blanche, x_n étant un entier compris entre 0 et n. Si on effectue à nouveau toutes ces opérations, en vue d'une deuxième expérience, le résultat obtenu sera x'_n fois une boule blanche. Habituellement $x'_n \neq x_n$, mais cependant, dans la plupart des cas, si n est un peu grand, on constatera que :

---

1. Au moins pour des Ω, Ω_1 dénombrables.

$$\frac{x_n}{n} \approx p, \quad \frac{x'_n}{n} \approx p,$$

illustration à nouveau de la régularité statistique dont nous avons longuement parlé au chapitre 1.

Pour associer à cette expérience aléatoire un modèle adéquat, définissons :
- d'abord, un espace probabilisé $(\Omega, \mathcal{P}(\Omega), \mathbb{P})$, avec Card $\Omega = 2^n$, les épreuves étant toutes de la forme générale ω = « RRBBBRB... BR », séquence de R (pour rouge) et de B (pour blanche) comportant n termes ;
- ensuite, la v.a.r. X_n telle que :
  - $X_n(\omega)$ = « le nombre de blanches que comporte ω »,
  - $n - X_n(\omega)$ = « le nombre de rouges que comporte ω ».

Dans la définition des ω, seules les couleurs des boules et l'ordre de sortie de ces couleurs interviennent, mais physiquement le nombre des séquences de boules réalisables est $(b+r)^n$, et le nombre de ces séquences amenant un ω donné sera : $b^{X_n(\omega)} r^{n - X_n(\omega)}$.

On choisit donc pour probabilité affectée à ce ω :

$$\mathbb{P}(\{\omega\}) = \frac{b^{X_n(\omega)} r^{n - X_n(\omega)}}{(b+r)^n} = \left(\frac{b}{b+r}\right)^{X_n(\omega)} \left(\frac{r}{b+r}\right)^{n - X_n(\omega)}$$

$$= p^{X_n(\omega)} (1-p)^{n - X_n(\omega)},$$

ce qui définit $\mathbb{P}$ sur tout Ω et donne pour la v.a.r. X_n, lorsque k est un nombre entier compris entre 0 et n,

$$\mathbb{P}(X_n = k) = \mathbb{P}(\{\omega : X_n(\omega) = k\}) = \sum_{\substack{\omega \\ X_n(\omega) = k}} \mathbb{P}(\{\omega\})$$

$$= p^k (1-p)^{n-k} \sum_{\substack{\omega \\ X_n(\omega) = k}} 1 = \binom{n}{k} p^k (1-p)^{n-k}.$$

Si k n'est pas un entier compris entre 0 et n, on a naturellement $\mathbb{P}(X_n = k) = 0$.

On résume tout ceci en notant $X_n \rightsquigarrow B(n, p)$ (lire « X_n suit la distribution Binomiale de paramètres n et p »), en souvenir de la formule :

$$\mathbb{E}(s^{X_n}) = \sum_{k=0}^{n} \mathbb{P}(X_n = k) s^k = \sum_{k=0}^{n} \binom{n}{k} p^k (1-p)^{n-k} s^k = (1 - p + ps)^n,$$

qui montre que $\mathbb{E}(s^{X_n})$, *fonction génératrice* de X_n, s'exprime sous une forme binomiale. Le nombre x_n obtenu expérimentalement sera la valeur prise par la v.a.r. X_n dans l'expérience composée des n tirages d'urne (ou la valeur $X_n(\omega)$ que « le hasard », en choisissant ω dans Ω, affecte ainsi à X_n).

Remarques. On a choisi un Ω composé de seulement 2^n éléments parce que c'était suffisant pour le problème posé, mais sur cet Ω la probabilisation n'est pas uniforme. Si on avait choisi un Ω à $(b+r)^n$ éléments, alors chaque épreuve aurait reçu la même probabilité $(b+r)^{-n}$.

Comment construirait-on X_n' qui doit modéliser la seconde série de tirages, celle qui est supposée conduire au résultat x_n' ? Il ne saurait être question de construire X_n' sur l'espace $(\Omega, \mathcal{P}(\Omega), \mathbb{P})$ déjà utilisé pour X_n, car les variables seraient alors forcément dépendantes. Il faut donc avoir recours à un autre espace probabilisé, de structure identique au précédent, sur lequel X_n' pourra être définie. Si on veut traiter simultanément de X_n et de X_n' et que ces variables aléatoires apparaissent comme s.i., pour traduire l'indépendance physique existant entre les deux séries de tirages, on utilisera la technique des espaces produits qui a été rappelée plus haut.

Arrivons maintenant au fameux théorème.

Le théorème de Bernoulli

Jakob avait noté que les termes $\binom{n}{p} p^r (1-p)^{n-r}$ sont beaucoup plus grands quand r est voisin de np, que quand ce n'est pas le cas, d'où sa tentative d'évaluation de $\sum' \binom{n}{p} p^r (1-p)^{n-r}$, la somme étant prise seulement pour les r tels que $|r - np| > \varepsilon n$ avec $\varepsilon > 0$ petit fixé. Par des méthodes de majoration très subtiles, que nous ne suivrons pas ici car la méthode moderne est bien plus simple et surtout facilement généralisable, mais qu'on trouvera résumées en annexe 1 à la fin de ce chapitre, il établit que cette somme, qui peut s'écrire $\mathbb{P}\left(\left|\dfrac{X_n}{n} - p\right| > \varepsilon\right)$ dans nos notations, était petite pour n grand. Tel est son résultat. Dans le langage moderne nous l'énoncerons comme suit.

Théorème. *Quel que soit* $\varepsilon > 0$, $\lim_n \mathbb{P}\left(\left|\dfrac{X_n}{n} - p\right| > \varepsilon\right) = 0$, *ou, en d'autres termes :*

« *la suite* $\left(\dfrac{X_n}{n}\right)_n$ *converge en probabilité* (ou *stochastiquement*) *vers* p », *ce qui sera simplement noté* $\dfrac{X_n}{n} \xrightarrow{\mathbb{P}r} p$ *quand* $n \to \infty$.

Démonstration. Il est facile d'établir que $\mathbb{E}(X_n) = np$ et $\mathrm{Var}(X_n) = np(1-p)$. De plus, pour des v.a.r. U, V et W quelconques (cependant au moins d'ordre 1), on vérifie immédiatement que :
- si $V \geq W$, alors $V - W \geq 0$, donc $\mathbb{E}(V - W) \geq 0$, et enfin $\mathbb{E}(V) \geq \mathbb{E}(W)$;
- pour $U \geq 0$, $\eta > 0$ étant un nombre réel arbitraire, on est assuré que $U \geq \eta \mathbf{1}_{\{U \geq \eta\}}$, d'où :
$$\mathbb{E}(U) \geq \mathbb{E}(\eta \mathbf{1}_{\{U \geq \eta\}}) = \eta \mathbb{E}(\mathbf{1}_{\{U \geq \eta\}}) = \eta \mathbb{P}(U \geq \eta).$$

Choisissons $U = (X_n - np)^2$ et $\eta = n^2 \varepsilon^2$, il viendra aisément :

$$\mathbb{P}\left\{\left|\frac{X_n}{n} - p\right| > \varepsilon\right\} \leq \mathbb{P}\{(X_n - np)^2 \geq n^2 \varepsilon^2\} = \mathbb{P}(U \geq \eta) \leq \frac{\mathbb{E}(U)}{\eta}$$

$$= \frac{1}{n^2 \varepsilon^2} \mathbb{E}\{(X_n - np)^2\} = \frac{\mathrm{Var}(X_n)}{n^2 \varepsilon^2} = \frac{np(1-p)}{n^2 \varepsilon^2} \leq \frac{1}{4\varepsilon^2 n},$$

et le théorème en résulte immédiatement.

Remarques.

Puisque $\forall \varepsilon > 0$, $\forall \delta > 0$, $\forall n > \dfrac{1}{4\varepsilon^2 \delta}$, $\mathbb{P}\left(\left|\dfrac{X_n}{n} - p\right| > \varepsilon\right) < \delta$, on voit donc que :
- le Théorème de Bernoulli peut être énoncé sans parler de limite, et donc dans le cadre des espaces probabilisés construits sur un Ω fini ;
- *avec la même démonstration*, il est possible d'établir un des plus grands théorèmes de l'analyse, celui de Weierstrass sur l'approximation uniforme d'une fonction continue par une suite de polynômes.

* Le théorème de Weierstrass

Toute fonction réelle f, *continue sur* [0, 1] *peut être approchée uniformément par des polynômes, c'est-à-dire que, pour tout* $\delta > 0$ *il existe un indice* n_0 *et une suite de polynômes* $(R_n)_n$, *tels que* :

$$\forall n > n_0, \quad \sup_{0 \leq x \leq 1} |R_n(x) - f(x)| < \delta.$$

Démonstration. Comme fonction continue sur un intervalle compact, f est uniformément continue, c'est-à-dire que :

$$\forall \delta > 0, \exists \varepsilon > 0, \ |x' - x''| < \varepsilon \Rightarrow |f(x') - f(x'')| < \frac{\delta}{2}, \qquad (1)$$

et, d'autre part, $|f|$ admet un maximum M. Pour $0 \leq x \leq 1$, introduisons la v.a.r. :

$$W_n = f\left(\frac{X_n}{n}\right) - f(x), \quad X_n \rightsquigarrow B(n, x),$$

et l'é.a. : $A = \left\{\omega : \left|\frac{X_n(\omega)}{n} - x\right| < \varepsilon\right\}$. Alors :

$$|W_n| \mathbf{1}_A \leq \frac{\delta}{2},$$

car le membre de gauche est nul si A est non réalisé et, si A l'est, compte tenu de la définition de W_n, on peut utiliser (1) pour majorer W_n par $\frac{\delta}{2}$. A fortiori :

$$\mathbb{E}(|W_n| \mathbf{1}_A) \leq \frac{\delta}{2}. \tag{2}$$

Puis, en reprenant la fin de la démonstration dans le théorème précédent :

$$\mathbb{E}(|W_n| \mathbf{1}_{\text{non } A}) \leq 2M \mathbb{E}(\mathbf{1}_{\text{non } A}) = 2M \mathbb{P}(\text{non } A)$$

$$= 2M \mathbb{P}\left\{\left|\frac{X_n}{n} - x\right| \geq \varepsilon\right\} \leq \frac{2M}{4\varepsilon^2 n}. \tag{3}$$

Les formules (2) et (3) conduisent à :

$$\mathbb{E}(|W_n|) = \mathbb{E}(|W_n| \mathbf{1}_A) + \mathbb{E}(|W_n| \mathbf{1}_{\text{non } A}) \leq \frac{\delta}{2} + \frac{2M}{4\varepsilon^2 n} < \delta \tag{4}$$

dès que $n > \dfrac{M}{\varepsilon^2 \delta}$. Mais en utilisant (4) on peut écrire :

$$\left|\sum_{i=0}^{n} \binom{n}{i} x^i (1-x)^{n-i} f\left(\frac{i}{n}\right) - f(x)\right| = \left|\sum_{i=0}^{n} \binom{n}{i} x^i (1-x)^{n-i} \left\{f\left(\frac{i}{n}\right) - f(x)\right\}\right|$$

$$\leq \sum_{i=0}^{n} \binom{n}{i} x^i (1-x)^{n-i} \left|f\left(\frac{i}{n}\right) - f(x)\right|$$

$$= \mathbb{E}(|W_n|) < \delta,$$

et, comme x n'intervient pas dans la condition $n > \dfrac{M}{\varepsilon^2 \delta}$, on peut rajouter $\sup_{0 \leq x \leq 1}$ dans le membre de gauche.

Le théorème est donc démontré à condition de choisir :

$$R_n(x) = \sum_{i=0}^{n} \binom{n}{i} x^i (1-x)^{n-i} f\left(\frac{i}{n}\right).$$

Ces polynômes sont appelés polynômes de Bernstein.

L'inégalité de Bienaymé-Chebyshev et celle de Markov

La simplicité de ces démonstrations repose en fait sur l'inégalité de Bienaymé-Chebyshev :

$$\mathbb{P}(|Y - \mathbb{E}(Y)| \geq \varepsilon) \leq \frac{1}{\varepsilon^2} \mathrm{Var}(Y), \ \varepsilon > 0,$$

qui ne sera connue qu'au milieu du XIXe siècle. Cette inégalité n'est qu'un cas particulier de l'inégalité plus fondamentale, valable pour $U \geq 0$, $\eta > 0$:

$$\mathbb{P}(U \geq \eta) \leq \frac{1}{\eta} \mathbb{E}(U),$$

qui est attribuée à Markov. Nous aurons à citer ces trois auteurs à diverses reprises.

Les lois des grands nombres

Les lois faibles

Seul le premier pas coûte. Une fois réalisée en calcul des probabilités une première étude asymptotique, d'autres ne manquèrent pas de suivre. Avec la même démonstration, on peut déjà obtenir beaucoup plus que le résultat de Bernoulli.

Théorème. *Soit* $(Y_n)_n$ *une suite de v.a.r.i.i.d.* (lire « indépendantes identiquement distribuées ») *d'ordre 2, de moyenne* m. *On pose* $S_n = \sum_{i=1}^{n} Y_i$, *alors, quand* n *tend vers l'infini,* :

$$\frac{1}{n} S_n \xrightarrow{\mathbb{P}r} m.$$

Démonstration. Posons $\sigma^2 = \mathrm{Var}(Y_i)$, alors $\mathbb{E}(S_n) = nm$, $\mathrm{Var}(S_n) = n\sigma^2$ et donc :

$$\mathbb{P}\left(\left|\frac{1}{n}S_n - m\right| > \varepsilon\right) \leq \mathbb{P}((S_n - nm)^2 \geq n^2\varepsilon^2)$$

$$\leq \frac{\mathbb{E}((S_n - nm)^2)}{n^2\varepsilon^2} = \frac{\operatorname{Var}(S_n)}{n^2\varepsilon^2} = \frac{n\sigma^2}{n^2\varepsilon^2} = \frac{\sigma^2}{\varepsilon^2 n},$$

qui tend vers 0 quand $n \to \infty$.

Ce résultat énonce ce qu'on appelle *une loi des grands nombres*, par analogie avec la célèbre mais imprécise loi physique des grands nombres (la loi de régularité statistique). Pour un théorème, un tel nom est certes une survivance historique un peu dangereuse ! Comme on dispose de plusieurs théorèmes similaires reposant sur des hypothèses variées (par exemple l'abandon du fait que les v.a.r. soient d'ordre 2, ou aient toutes même loi, ou bien le remplacement de l'indépendance mutuelle par l'indépendance 2 à 2), chacun d'eux énoncera une loi des grands nombres différente. Ces « lois » sont maintenant dites *faibles* pour les distinguer des « lois » qualifiées de *fortes*, et relatives à un type de convergence plus fort que celui utilisé par Bernoulli.

* Vers les lois fortes

Définition. *Une suite de v.a.r.* $(X_n)_n$ *converge p.s. (presque sûrement) vers la v.a.r.* X *si existe un é.a.* A *de probabilité 1 tel que :*

$$\text{pour tout } \omega \in A, \quad \lim_n X_n(\omega) = X(\omega),$$

ce qui (on peut le montrer) *est équivalent à :*

$$\sup_{k \geq n} |X_k - X| \xrightarrow{\mathbb{P}r} 0 \ \ si \ n \to \infty,$$

et donc implique :

$$X_n \xrightarrow{\mathbb{P}r} X \ si \ n \to \infty.$$

Avec ce mode de convergence, les lois des grands nombres sont alors appelées *Lois Fortes*. La première a été donnée en 1909, par Émile Borel, dans le contexte utilisé par Bernoulli. Les généralisations utilisant cette convergence forte ne se sont pas fait attendre. En voici un exemple.

Théorème de Khinchin. *Soit* $(Y_n)_n$ *une suite de v.a.r.i.i.d. de moyenne* m, *on note* $S_n = \sum_{i=1}^{n} Y_i$, *alors la suite* $\left(\frac{1}{n}S_n\right)_n$ *converge p.s. vers* m.

Démonstration partielle. On suppose ici que $\mathbb{E}(Y_i^4) = K < \infty$ (la démonstration générale n'utilise que l'hypothèse $\mathbb{E}(|Y_i|) < \infty$; c'est pour avoir une démonstration très simple, qu'on a introduit une hypothèse plus forte) et également que $\mathbb{E}(Y_i) = 0$ (hypothèse qui, elle, est par contre tout à fait anodine, car si $\mathbb{E}(Y_i) = m \neq 0$, il suffit de travailler avec $Y_i' = Y_i - m$, qui est d'espérance nulle). Comme :

$$S_n^4 = \left(\sum_{i=1}^n Y_i\right)^4 = \sum_{i,j,k,l} Y_i Y_j Y_k Y_l,$$

on obtiendra pour $\mathbb{E}(S_n^4)$ l'expression :

$$\mathbb{E}\left(\sum_i Y_i^4 + 3\sum_{\substack{i,j \\ i \neq j}} Y_i^2 Y_j^2 + 4\sum_{\substack{i,j \\ i \neq j}} Y_i Y_j^3 + 6\sum_{\substack{i,j,k \\ \text{distincts}}} Y_i^2 Y_j Y_k + \sum_{\substack{i,j,k,l \\ \text{distincts}}} Y_i Y_j Y_k Y_l\right)$$

$$= nK + 3n(n-1)\mathbb{E}(Y_1^2)(\mathbb{E}(Y_2^2)) + 0 + 0 + 0$$
$$\leq nK + 3n(n-1)K = n(3n-2)K,$$

puisque $(\mathbb{E}(Y_i^2))^2 \leq \mathbb{E}((Y_i^2)^2) = \mathbb{E}(Y_i^4) = K$.

(*Rappel* : $\mathbb{E}(Y_i^4) - (\mathbb{E}(Y_i^2))^2 = \text{Var}(Y_i^2) \geq 0$.)

De ce fait :

$$\mathbb{E}\left(\sum_n \left(\frac{S_n}{n}\right)^4\right) = \sum_n \mathbb{E}\left(\frac{S_n^4}{n^4}\right) \leq \sum_n \frac{K(3n-2)}{n^3} < 3K \sum_n \frac{1}{n^2}, \text{ qui est fini.}$$

Il s'ensuit que $\sum_n \left(\dfrac{S_n}{n}\right)^4$ ne peut être infini qu'avec probabilité nulle (sinon son espérance serait infinie). Cette série converge donc p.s. et *a fortiori* son terme général tend p.s. vers zéro, d'où le théorème.

Ce que les lois des grands nombres ne disent pas !

Il est courant de faire dire à toutes ces « lois » beaucoup plus qu'elles n'affirment, ou de les interpréter de façon erronée.

- Elles ne traduisent pas l'action d'une force mécanique de rappel dont le rôle serait de compenser les écarts à la valeur moyenne. Par exemple, si à pile ou face (avec une pièce dont on est sûr qu'elle est non biaisée) on a, en 20 tirages physiquement indépendants, observé 16 fois pile, donc une fréquence de pile égale à 4/5, il ne faut pas s'attendre ensuite, de façon compensatoire, à voir apparaître face un grand nombre de fois, en vue de ramener rapidement cette fréquence au voisinage de 1/2. La pièce n'a *ni jugement, ni volonté, ni mémoire* ; d'ailleurs, elle ne connaît pas la loi des grands nombres ! Le passé n'influe pas sur l'avenir (du moins si la pièce reste non déformée).

- Elles ne disent rien *sur le signe* de $\frac{S_n}{n} - m$, ni *sur la grandeur* de $|S_n - nm|$. Même si $\frac{S_n}{n} - m$ est en général voisin de 0 lorsque n tend vers l'infini, sa valeur n'oscille pas de part et d'autre de 0, de façon régulière ou plus ou moins prévisible (à la manière d'une fonction sinus perturbée). Cette différence peut très bien garder le même signe pendant très longtemps, voir le chapitre 6. De ce fait les joueurs qui, à un jeu équitable, tentent de rattraper des pertes accumulées, risquent de devoir jouer pendant un temps extrêmement long, et, d'ici-là, de se ruiner ! Pour ce qui est de la grandeur et du signe de $S_n - nm$, voir le chapitre 5.

Les lois de probabilités *sans espérance mathématique*, ou celles qui sont d'*espérance infinie*, ne sont pas concernées par les lois des grands nombres ! Les théorèmes asymptotiques qu'elles peuvent cependant vérifier, déconcertent habituellement notre intuition.

Le Problème de Saint-Pétersbourg

Origine

L'histoire de ce problème célèbre commence avec 17 lettres échangées entre Niklaus Bernoulli, P. de Montmort, Gabriel Cramer (un professeur genevois ancien élève de Johann Bernoulli) et Daniel Bernoulli. Proposé initialement par Niklaus comme dernier problème d'une liste de 5, que de Montmort va insérer dans la 2e édition de son *Essai d'Analyse sur les Jeux de Hazard*, il va commencer par sommeiller car, au début, Montmort ne s'y intéressera guère. Après la mort de ce dernier en 1719, Niklaus n'aura personne avec qui en débattre, jusqu'à l'intervention de Cramer en 1728 et plus tard celle de son cousin Daniel. C'est seulement en 1738, à la suite d'un article de ce dernier paru dans les Commentaires de Saint-Pétersbourg, que le problème va acquérir le surnom de « *paradoxe de Saint-Pétersbourg* ». Il va agiter tous les bons esprits au XVIIIe siècle. Au XIXe et au XXe siècle, on en discutera encore. Comme témoignage, citons d'Alembert écrivant, en 1768 :

« *Je connais jusqu'à présent 5 ou 6 solutions au moins à ce problème dont aucune ne s'accorde avec les autres et dont aucune ne me paraît satisfaisante* », ce que J. Bertrand, qui rapporte cette déclaration, commente sous la forme :

> *« Il en ajoute une 6ᵉ ou une 7ᵉ, la moins acceptable de toutes. L'esprit de d'Alembert, habituellement juste et fin, déraisonnait complètement sur le calcul des probabilités ».*

Quelle est donc la source de tous ces émois ? Voici les énoncés des deux derniers problèmes (lettre de Niklaus à Montmort, datée du 9 septembre 1713).

Le 4ᵉ problème. *A promet de donner 1 écu à B, si avec un dé ordinaire il amène au premier coup 6 points, 2 écus s'il amène le 6 au second coup, 3 écus s'il amène ce point au 3ᵉ coup, 4 écus s'il l'amène au quatriéme et ainsi de suite ; on demande quelle est l'esperance de B ?*

Le 5ᵉ problème. *On demande la même chose si A promet à B de luy donner des écus en cette progression 1, 2, 4, 8, 16, etc. ou 1, 3, 9, 27, etc. ou 1, 4, 9, 16, 25, etc. ou 1, 8, 27, 64, etc. au lieu de 1, 2, 3, 4, 5, etc. comme auparavant.*

Quoique ces Problemes pour la pluspart ne sont pas difficiles, vous y trouverez pourtant quelque chose de fort curieux.

Les deux problèmes se résolvent simultanément. Posons pour les espérances de gain, comme le fait Niklaus dans sa lettre à Montmort du 20 février 1714 :

x = « *espérance initiale de B* »,

y = « *espérance de B après qu'il a manqué le 6 au 1ᵉʳ coup* ».

Clairement :

$$x = \frac{1 + 5y}{6},$$

mais, alors que, dans le 4ᵉ problème $y = x + 1$, ce qui conduit à :

$$x = \frac{5x + 6}{6}, \text{ d'où } x = 6,$$

dans le 5ᵉ problème :

$$y = 2x,$$

et donc :

$$x = \frac{1 + 10x}{6},$$

d'où :

$$\left(1 - \frac{10}{6}\right)x = \frac{1}{6},$$

et finalement :

$$x = -\frac{1}{4},$$

solution évidemment « inacceptable ». Niklaus argumente alors comme suit :

> « ... *Pour répondre à cette contradiction, on pourroit dire que cette fraction regardée comme ayant le dénominateur negatif et par consequent plus petit que zero, est plus grande que 1/0, et qu'ainsi le sort de B est plus qu'infini...* »

Même si on ne suit pas cette « démonstration », il ne fait aucun doute que l'équation $6x = 1 + 10x$ admet la *solution infinie*, solution qui a été perdue lors des transformations, et qui est cependant acceptable, alors que $-1/4$ ne peut l'être. C'est cette espérance mathématique infinie qui a fait scandale au XVIIIe siècle.

Remarquons que la situation sera la même si on remplace le dé par une pièce non biaisée, B essayant d'amener face. Si X est le gain du joueur B, l'espérance de ce gain dans le 5e problème sera alors :

$$\mathbb{E}(X) = \sum_{r=1}^{\infty} 2^{r-1} \frac{1}{2^r} = \sum_{r=1}^{\infty} \frac{1}{2} = \infty, \qquad (5)$$

tandis que, dans le 4e problème, elle aurait été :

$$\mathbb{E}(X) = \sum_{r=1}^{\infty} r \frac{1}{2^r} = 2. \qquad (6)$$

C'est toujours sous cette forme simplifiée que, par la suite, le « paradoxe » a été discuté ; nous suivrons également cet usage. Faisons la liste des *difficultés réelles ou supposées* dont on a rendu la formule (5) responsable.

Analyse

Le premier point à noter est que le concept d'espérance mathématique ayant été initialement perçu comme un *indice de centralité* — à l'instar du centre de masses d'un solide — on s'attendait, puisqu'un tel centre est interne au solide auquel il est attaché, à ce que, de même, $\mathbb{E}(X)$ soit entourée par les diverses valeurs que peut prendre X, donc soit, comme disait Jakob Bernoulli, entre *le pire et le meilleur*. C'est effectivement ce qui se passe quand $\mathbb{E}(X)$ est finie. Par contre, dans le cas où X prend des valeurs toutes de la forme 2^k, k entier naturel, et où $\mathbb{E}(X) = \infty$ on a sûrement $X < \mathbb{E}(X)$. L'espérance ne joue donc pas du tout le rôle de valeur centrale que l'on attendait d'elle, et, à l'époque, ceci parut tout à fait paradoxal. Depuis que la théorie des processus stochastiques nous a habitués à travailler avec des temps d'attente de moyenne infinie (voir le chapitre 6), cette difficulté historique a perdu pour nous toute actualité.

La seconde difficulté est que l'indice $\mathbb{E}(X)$ n'a été introduit que parce qu'il était censé être l'*évaluation équitable* de l'avantage concédé à B, donc la mise qu'on va lui demander de payer en échange du droit de jouer. C'est du moins ce que Huygens et Jakob Bernoulli pensaient avoir démontré. Or cela est ici manifestement en défaut puisque, en tout état de cause, le gain de B ne saurait être que fini, alors que $\mathbb{E}(X) = \infty$. Leur résultat n'a donc pas toute la généralité que l'on pensait, ce qui en soi n'est pas grave et montre seulement que la théorie des jeux équitables demande à être approfondie. Le problème est que, justement, au XVIIe siècle, à la suite de Huygens, le calcul des probabilités s'est développé sur cette notion d'équité et non sur celle, plus neutre, de probabilité, qu'avait proposée Fermat et que vont bientôt reprendre de Moivre et Laplace. Du coup, ce 5e problème, au lieu de simplement mettre en question la légitimité d'une application, semble ébranler dramatiquement toutes les bases de la théorie.

Un troisième point, étrangement oublié dans nombre de discussions, est que, si B est dans l'impossibilité morale et physique de payer à A une somme infinie, A ne peut aucunement promettre de payer à B une somme, certes *finie, mais non bornée*, et qui pourrait éventuellement dépasser le montant des réserves dont il dispose. Cette difficulté d'ailleurs n'est pas propre au 5e problème, mais *concerne tout aussi bien le 4e* dans lequel, puisque $\mathbb{E}(X)$ est alors finie, Niklaus Bernoulli ne voyait aucune difficulté. La seule différence entre les deux problèmes est que, dans le 4e, pour peu que A ait des réserves raisonnables, l'éventualité d'avoir à payer à B une somme dépassant ses réserves est extrêmement improbable, c'est pourquoi la difficulté y est passée inaperçue, alors que dans le 5e, cette probabilité est non négligeable, et on ne peut l'ignorer. Mais dans les deux cas les situations sont similaires, avec une simple différence de degré, non de nature.

Viennent ensuite les remarques mettant l'accent sur le caractère plutôt formel de la définition de l'équité, ce qui devient manifeste lorsqu'on examine des situations réelles. Comme nous tenons pour irréalisable en pratique tout événement de probabilité infinitésimale, nous organisons notre existence en nous appuyant sur cette règle et un tel événement ne peut donc retenir notre attention. Parallèlement, un gain espéré perd une grande part de son attrait à partir d'un certain montant, et nous n'accepterions pas de courir un risque plus élevé, même pour une augmentation notable de ce gain. Ceci explique que, si on nous offre de gagner 10^N avec la probabilité 10^{-N}, le gain étant nul avec la probabilité complémentaire, ce qui conduira à nous demander de payer au préalable une mise de 1, peut-être se présentera-t-il des joueurs lorsque N vaut 1 ou 2, mais sûrement aucun pour N de l'ordre de 10. L'éventualité de gagner apparaîtra alors comme si improbable, que le montant considérable du gain proposé deviendra sans importance réelle. Et même si on élevait ce gain au carré, en conservant 1 comme mise et offrant ainsi un jeu incroyablement favorable, la proposition continuerait à ne pas retenir notre attention. Que dire alors de notre réaction si, pour garder au jeu son caractère équitable, la mise réclamée était élevée, comme le voudrait le calcul, de 1 à 10^N !

Ces remarques simples montrent que la difficulté mise à jour par le 5e problème est plus complexe que ce que l'on pensait. Elle ne réside pas seulement dans une impossibilité matérielle due à la valeur infinie de $\mathbb{E}(X)$, mais aussi dans le fait que, en nombre de circonstances où $\mathbb{E}(X)$ est finie, elle puisse atteindre une valeur ressentie psychologiquement comme beaucoup trop grande. Autrement dit, l'évaluation du risque faite par un juge extérieur impartial, ne coïncide pas avec les évaluations intuitives réalisées par les acteurs potentiels.

Peut-on enfin espérer tirer de la lumière d'un recours aux théorèmes asymptotiques, au moins lorsqu'ils s'appliquent, c'est-à-dire pour $\mathbb{E}(X)$ finie ? *A posteriori* ces théorèmes semblent venir renforcer la prétention de $\mathbb{E}(X)$ à être l'évaluation correcte de la valeur d'un jeu, mais ils ne peuvent s'appliquer pratiquement que par approximation et pour un nombre n de parties réalisées en succession suffisamment grand. Or les valeurs de n utilisables vont varier d'un jeu à l'autre. Par exemple un gain très grand mais très improbable n'a nul besoin d'être pris en compte si on ne joue que quelques parties, mais il devient non négligeable si on joue un grand nombre de parties, et peut même devenir un objectif envisageable si on joue un nombre exceptionnellement grand de parties. Encore qu'on ne puisse jouer longtemps sans disposer de réserves suffisamment élevées pour pouvoir résister aux coups d'un sort contraire ! (Voir le chapitre 6)

Tentatives d'explication au XVIIIe siècle

Dans l'échange de lettres que nous avons mentionné, on voit s'amorcer diverses tentatives de « bricolage » pour ramener $\mathbb{E}(X)$ à une valeur finie. À cette occasion, l'analyse s'affinera peu à peu.

Dans sa lettre à Niklaus du 21 mai 1728, G. Cramer note :

> *« Ce qui rend l'Esperance Mathematique infinie, c'est la somme prodigieuse que je peux recevoir si, le côté de la Croix ne tombe que bien tard, le 100e ou le 1000e*

coup. Or cette somme, si je raisonne en homme sensé, n'est pas plus pour moi, ne me fait pas plus plaisir, ne m'engage pas plus à accepter le parti, que si elle n'etoit que 10 ou 20 Millions d'Ecus. »

Il propose donc d'égaler à 2^{24} = 16 777 216 tous les gains dépassant cette valeur. Constatant alors que l'espérance mathématique de gain deviendra :

$$\sum_{r=1}^{24}\left(\frac{1}{2}\right)^r 2^{r-1} + \sum_{r=25}^{\infty}\left(\frac{1}{2}\right)^r 2^{24} = \frac{24}{2} + 2^{24}\left(\frac{1}{2}\right)^{25}\frac{1}{1-1/2} = 12 + 1 = 13,$$

il peut conclure :

« *Ainsi moralement parlant mon esperance est reduite à 13 Ecus…* »

Comme deuxième essai pour rendre l'espérance mathématique finie, il introduit la notion de *valeur Morale* des Richesses.

« *Car celle que je viens de faire n'est pas exactement juste, puisqu'il sera vrai que 100 Millions font plus de plaisir que 10 Millions, quoiqu'ils n'en fassent pas dix fois plus. P. E. Si l'on vouloit supposer que la valeur Morale des Biens fut comme la racine quarrée de leurs quantités Mathematiques… alors mon Esperance Morale seroit* » :

$$\sum_{r=1}^{\infty}\left(\frac{1}{2}\right)^r \sqrt{2^{r-1}} = \frac{1}{\sqrt{2}}\sum_{r=1}^{\infty}\frac{1}{2^{r/2}} = \frac{1}{2}\frac{1}{1-1/\sqrt{2}}.$$

De façon assez étrange, Cramer élève ensuite cette expression au carré, ce qui lui donne 2,9 une valeur dont il déclare :

« *ce qui est bien médiocre et que je crois pourtant aprocher plus de l'Estime vulgaire que 13.* »

Ces essais satisfont assez peu Niklaus. Dans sa réponse du 3 juillet 1728, il écrit :

« *… La reponse que vous donnés… ne demontre pas la veritable raison de la difference qu'il y a entre l'esperance mathematique et l'estime vulgaire ; p. ex. dans le Cas de Croix ou Pile il n'y a personne de bon sens qui voulut donner 20 Ecus, non par cette raison que l'usage ou le plaisir qu'on peut tirer d'une somme infinie n'est guere plus grand que celui qu'on peut tirer d'une somme de 10, ou 20, ou 100 Millions, mais parce qu'en donnant par ex. 20 Ecus on a une trés petite probabilité de gagner quelque chose, et que l'on croit la perte moralement certaine. Le vulgaire… se determine seulement selon les degrés de probabilité qu'il a de gagner ou de perdre ; chés lui une trés petite probabilité de gagner une grande somme ne contrebalance pas une trés grande probabilité de perdre une petite somme, il regarde l'evenement du premier cas comme impossible, et l'evenement du second comme certain.* »

La discussion se poursuivra entre les deux cousins Bernoulli, Daniel et Niklaus, sans qu'ils parviennent à vraiment s'entendre. Daniel, peut-être plus sensible aux réalités économiques que son cousin, qui enseigne le droit romain à Bâle, va suivre la même voie que Cramer et Buffon, lequel avait lui aussi noté que « *doubler une somme ne double pas la satisfaction qu'elle procure* ». Cela le conduira à définir, en plus de l'espérance mathématique, une *espérance morale*, de la forme :

$$\sum_{r=1}^{\infty} f(r)\frac{1}{2^r},$$

f étant une fonction positive croissante, mais à dérivée seconde négative, telle qu'une racine carrée ou un logarithme, de façon à obtenir une espérance morale finie. Cette espérance morale aura devant elle un bel avenir, en économie et en théorie de l'utilité, et elle a pu aider à comprendre la psychologie du joueur B, mais sans aider beaucoup le joueur A, qui, quant à lui, peut ignorer la situation de fortune de son adversaire et n'a que faire de ses états d'âme.

Cette solution ne satisfera jamais Niklaus qui, lui, raisonne en juriste. Dans sa lettre du 5 avril 1732, après avoir reçu le texte de Daniel *Specimen Theoriae novae de mensura sortis* (paru en fait seulement en 1738), il lui écrit :

> « ...*j'ai trouvé Vôtre theorie fort ingenieuse, mais Vous me permettrés de Vous dire qu'elle ne resout pas le nœud du problème en question. Il ne s'agit pas de mesurer l'usage ou le plaisir qu'on tire d'une somme que l'on gagne, ni le defaut d'usage ou le chagrin qu'on a de la perte d'une somme ; il ne s'agit non plus de chercher un equivalent entre ces choses là ; mais il s'agit de trouver combien un joueur est obligé selon la justice ou selon l'equité de donner à l'autre pour l'avantage que celuici lui accorde dans le jeu de hazard en question...* »

Il revient ensuite sur l'approche déjà tentée par Cramer dans cette voie et sur son point de vue personnel, qui est que, plutôt que de s'intéresser aux richesses, il faut centrer son attention sur les très petites probabilités et tenter de décider quand elles peuvent être négligées.

Essais d'évaluation d'une mise acceptable

Étude théorique

Admettant que A soit suffisamment riche (ou assez bien réassuré) pour pouvoir faire face à ses engagements avec une probabilité si voisine de 1 que B puisse renoncer à élever la moindre objection à jouer avec lui, et proposons à B de jouer en ne versant qu'une *mise finie* $K = 2^R$. Que va-t-il se passer ?

- B récupérera exactement sa mise avec la probabilité $\dfrac{1}{2^{R+1}}$;
- B obtiendra au moins le double de sa mise avec la probabilité :

$$\frac{1}{2^{R+2}} + \frac{1}{2^{R+3}} + \cdots = \frac{1}{2^{R+2}} \sum_{r=0}^{\infty} \frac{1}{2^r} = \frac{1}{2^{R+1}} \; ;$$

- B obtiendra au plus la moitié de sa mise avec la probabilité complémentaire des deux précédentes, soit $1 - 2^{-R}$ et dans ce cas recevra en moyenne :

$$\mathbb{E}(X|X<2^R) = \sum_{r=1}^{R} 2^{r-1} \frac{\frac{1}{2^r}}{1-2^{-R}} = \frac{R/2}{1-2^{-R}}.$$

Exemples numériques :

a) Pour $R = 15$, soit $K = 2^{15} = 32768$, B récupérera au moins sa mise avec seulement la probabilité 2^{-15} qu'il peut considérer comme presque négligeable ; il obtiendra moins que sa mise avec la probabilité $1 - 2^{-15} \approx 1$, le gain moyen étant dans ce cas $\approx 7,5$.

b) Pour $R = 10$, soit $K = 2^{10} = 1024$, B récupérera au moins sa mise avec seulement la probabilité 2^{-10} ; il obtiendra moins que sa mise avec la probabilité $1 - 2^{-10} \approx 999/1000$, le gain moyen étant dans ce cas ≈ 5. Dans ces deux cas, il est clair qu'aucun joueur ne trouvera d'intérêt à jouer, bien que la théorie doive considérer ce jeu comme étant éminemment favorable !

c) Pour $R = 5$, soit $K = 2^5 = 32$, le joueur récupérera au moins sa mise avec seulement la probabilité $1/32$, et obtiendra moins que sa mise avec la probabilité $31/32$, en espérant alors gagner en moyenne $2,06$. Les chances d'obtenir un gros lot n'étant maintenant plus négligeables, peut-être commencera-t-on à trouver des personnes disposées à jouer !

Commentaires. On voit bien pourquoi, dans les deux exemples numériques a) et b), personne ne se présentera pour être le joueur B. Un tel joueur peut certes gagner de très gros lots, mais avec des probabilités tellement faibles qu'il ne les prend pas en compte dans son calcul économique, car pour espérer les gagner, il s'attend à devoir jouer un trop grand nombre de fois. La mise étant très élevée, il sait bien qu'il ne pourra vraisemblablement pas se le permettre, puisqu'il constate que, dans les premières parties, il a toutes les chances de ne recevoir que de très faibles gains et donc d'être ruiné avant d'avoir pu jouer longtemps.

Approche empirique

Il est intéressant de noter que Buffon (décidément un esprit très remarquable) avait tenté d'*aborder ce problème expérimentalement* en faisant réaliser 2048 = 2^{11} parties par un enfant. Le gain obtenu par ce dernier ayant été de 10 057 unités, Buffon avait proposé de retenir la valeur $K = 5$. Il ajoutait que, avec un nombre de parties bien plus grand, la valeur à proposer pour K serait évidemment plus élevée, mais que, pratiquement, B pourrait difficilement jouer plus de 2 048 parties. Buffon avait d'ailleurs une autre raison de proposer de choisir K voisin de quelques unités. Comme par exemple :

$$\sum_{r=1}^{12} 2^{r-1} \left(\frac{1}{2}\right)^r = 6,$$

on voit qu'un joueur limitant son horizon aux gains de valeur au plus égale à 2^{11} ne fait que se désintéresser d'événements de probabilités 2^{-r}, $r \geq 13$ dont la somme est $2^{-12} = 1/8192$. Or, dans la vie courante, un grand nombre d'événements ont des probabilités de cet ordre et nous les négligeons en les tenant pour peu probables.

On trouvera en annexe 2, à la fin de ce chapitre, l'exemple édifiant d'un jeu théoriquement équitable, mais dans lequel le joueur B ne peut que se ruiner.

Annexe 1 – La démonstration de Jakob Bernoulli

Dans *Ars Conjectandi*, elle occupe 16 pages, mais on peut assez facilement la *résumer* en introduisant des *notations modernes*. Soient r et s des entiers, posons $t = r + s$, et développons :

$$(r+s)^{nt} = \sum_{\alpha=0}^{nt} M_\alpha \quad \text{où} \quad M_\alpha = \binom{nt}{\alpha} r^{nt-\alpha} s^\alpha. \tag{1}$$

Pour $\alpha = ns - i$, $0 \leq i \leq ns$:

$$M_{ns-i} = \binom{nt}{ns-i} r^{nr+i} s^{ns-i},$$

et il est clair que :

$$\frac{M_{ns-i}}{M_{ns-i-1}} = \frac{s}{r} \frac{nr+i+1}{ns-i}. \tag{2}$$

Ce rapport étant une fonction croissante de i, qui est déjà supérieure à 1 pour $i = 0$, on en déduit que :

$$M_0 < M_1 < \ldots < M_{ns-1} < M_{ns}. \tag{3}$$

On a des résultats similaires pour $\alpha = ns + i$, $0 \leq i \leq nr$, d'où :

$$M_{ns} > M_{ns+1} > \ldots > M_{ns+nr-1} > M_{n(s+r)}. \tag{4}$$

Bernoulli note M le terme M_{ns}, *le plus grand des termes* dans le développement (1), L le terme M_{ns-n}, Λ le terme M_{ns+n}, et il montre que $\lim_{n} M/L$ et $\lim_{n} M/\Lambda$ sont *tous deux infinis*. On peut établir le premier de ces résultats en introduisant $0 < \varepsilon < 1$, et en s'appuyant sur la croissance en i des rapports (2), ce qui permet d'écrire :

$$\frac{M}{L} = \frac{M_{ns}}{M_{ns-n}} = \prod_{i=0}^{n-1} \frac{M_{ns-i}}{M_{ns-i-1}} = \prod_{i=0}^{n-1} \frac{s}{r} \frac{nr+i+1}{ns-i} > \prod_{n\varepsilon \leq i < n} \frac{s}{r} \frac{nr+i+1}{ns-i}$$

$$> \prod_{n\varepsilon \leq i < n} \frac{s}{r} \frac{nr+n\varepsilon+1}{ns-n\varepsilon} > \left(\frac{s(r+\varepsilon)}{r(s-\varepsilon)}\right)^{n(1-\varepsilon)}.$$

On voit alors que, asymptotiquement, M/L sera minoré par une exponentielle asymptotiquement infinie, ce qui assure le résultat annoncé par Bernoulli. Il en va de même pour M/Λ.

Dans la suite des $M_0, \ldots, M_{ns-n-3}, M_{ns-n-2}, M_{ns-n-1}, M_{ns-n}, \ldots, M_{ns-3}, M_{ns-2}, M_{ns-1}, M_{ns}, \ldots, M_{nt}$, Bernoulli note M le terme M_{ns}, F le terme à gauche de M, G celui à gauche de F, H celui à gauche de $G\ldots$, P celui à gauche de $L = M_{ns-n}$, Q celui à gauche de P, R celui à gauche de $Q\ldots$, c'est-à-dire comme suit :

$$M_0, \ldots, R, Q, P, L, \ldots, H, G, F, M, \ldots, M_{nt}.$$

La monotonie des rapports (2) assure que :

$$\frac{M}{F} < \frac{L}{P} \ ; \ \frac{F}{G} < \frac{P}{Q} \ ; \ \frac{G}{H} < \frac{Q}{R} \ ; \ \ldots \ \text{ou} \ \frac{M}{L} < \frac{F}{P} < \frac{G}{Q} < \frac{H}{R} < \ldots$$

Chacun de ces rapports étant asymptotiquement infini, il en ira de même pour :

$$\frac{F+G+H+\ldots}{P+Q+R+\ldots}, \tag{5}$$

et encore de même si le dénominateur de (5) est remplacé par la somme de tous les termes à gauche de L dans le développement (1). (*Explication* : Si ces termes sont groupés par paquets de n, ils formeront au plus $s-1$ paquets, la somme de tous ces paquets étant inférieure à $s-1$ fois le dénominateur de (5)). Donc, le rapport entre, la somme des termes de M à L, et la somme des termes à gauche de L, aura une limite infinie. Un résultat analogue vaut pour les termes à droite de M ; on a donc le résultat suivant :

Lemme. *Le rapport de la somme de tous les termes de* L *à* Λ, *sur la somme de tous les autres termes, est asymptotiquement infini avec* n.

Supposons alors que $X_{nt} \rightsquigarrow B(nt, p)$ avec, $p = s/t$, $q = r/t$, on obtiendra :
$$M_\alpha = t^{nt} \mathbb{P}(X_{nt} = \alpha) \; ;$$

le lemme va donc s'écrire :
$$\lim_n \frac{t^{nt} \mathbb{P}(ns - n \leq X_{nt} \leq ns + n)}{t^{nt} \mathbb{P}(X_{nt} < ns - n \text{ ou } X_{nt} > ns + n)} = \infty$$

et donc :
$$\lim_n \mathbb{P}(X_{nt} < ns - n \text{ ou } X_{nt} > ns + n) = 0,$$

ou encore :
$$\lim_n \mathbb{P}\left(\frac{X_{nt}}{nt} < p - \frac{1}{t} \text{ ou } \frac{X_{nt}}{nt} > p + \frac{1}{t}\right) = 0,$$

soit :
$$\lim_n \mathbb{P}\left(\left|\frac{X_{nt}}{nt} - p\right| > \frac{1}{t}\right) = 0,$$

ce qui vaut bien sûr pour tout entier t.

Annexe 2 – ** Un jeu équitable à ruine certaine

L'exemple suivant d'un jeu équitable et pourtant foncièrement défavorable est dû à W. Feller.

À chaque partie, le joueur gagne 2^k avec probabilité $p_k = \dfrac{1}{k(k+1)2^k}$, $k > 0$; avec probabilité $p_0 = 1 - \sum_{i=1}^{\infty} p_i$ il ne gagne rien. Son espérance de gain est donc :

$$\mu = \sum_1^\infty 2^k p_k = \sum_1^\infty \frac{1}{k(k+1)} = \sum_1^\infty \left(\frac{1}{k} - \frac{1}{k+1}\right) = 1,$$

tout autre moment tel que $\sum_{1}^{\infty} 2^{k\alpha} p_k$, $\alpha > 1$, *étant évidemment infini. En faisant miser par le joueur 1 à chaque partie, on obtient donc un jeu équitable.*

Après n parties indépendantes, le gain accumulé par le joueur sera $S_n - n = \sum_{i=1}^{n} X_i - n$, X_i étant le montant obtenu par le joueur à la i^e partie. W. Feller va montrer que, alors que la loi forte des grands nombres dit seulement que $\lim_n \frac{S_n}{n} = 1$ p.s. et donc que :

$$\lim_n \frac{S_n - n}{n} = 0 \text{ p.s.,}$$

on peut de plus établir que, pour $0 < \varepsilon < 1$:

$$\lim_n \mathbb{P}\left(S_n - n < \frac{-(1-\varepsilon)n}{\ln_2 n}\right) = 1, \tag{6}$$

$\ln_2 n$ étant le logarithme népérien de n en base 2. Interprétons (6). Dès que n est très grand, *avec une probabilité très voisine de 1*, $S_n - n$ *sera négatif avec une valeur absolue très grande*. Bien que le jeu soit équitable, on voit que le joueur qui s'y risque court à la ruine.

Démonstration.

a) Commençons par *définir* les v.a.r. :

$$U_k = X_k \mathbf{1}_{\left\{X_k \leq \frac{n}{\ln_2 n}\right\}}, \quad V_k = X_k - U_k.$$

On notera que les U_k d'une part, les V_k d'autre part, sont i.i.d., puisque les X_k le sont, mais ces deux premières familles de v.a.r. dépendent de n, à la différence de la troisième.

Définissons également le nombre r qui sera le *plus grand entier vérifiant* $2^r \leq \frac{n}{\ln_2 n}$, ce qui implique $2^{r+1} > \frac{n}{\ln_2 n}$ et aussi $\frac{1}{r+1} < \frac{1}{\ln_2 n - \ln_2 \ln_2 n}$.

b) *Montrons que* $\mathbb{P}(V_1 + V_2 + \ldots + V_n \neq 0)$ *tend vers 0 lorsque* n *tend vers l'infini.*

Ce résultat est équivalent au suivant :

$$\mathbb{P}(V_1 + \ldots + V_n = 0) = \mathbb{P}(V_k = 0 \text{ pour } k = 1, 2, \ldots, n) \qquad (7)$$
$$= [\mathbb{P}(V_1 = 0)]^n \underset{n \to \infty}{\to} 1.$$

Pour établir (7), on évalue :

$$\mathbb{P}(V_1 = 0) = \mathbb{P}(U_1 = X_1) = \mathbb{P}\left(X_1 \leq \frac{n}{\ln_2 n}\right) = p_0 + \ldots + p_r = 1 - \sum_{i=r+1}^{\infty} p_i \quad (8)$$

grâce à la définition de r. Il va nous suffire de considérer la somme de droite dans (8), pour étudier la rapidité de la convergence de $\mathbb{P}(V_1 = 0)$ vers 1, lorsque n et donc aussi r tendent vers l'infini. Comme :

$$\sum_{i=r+1}^{\infty} p_i = \sum_{i=r+1}^{\infty} \frac{1}{2^i i(i+1)} < \frac{1}{2^{r+1}(r+1)(r+2)}\left\{1 + \frac{1}{2} + \frac{1}{2^2} + \ldots\right\}$$
$$= \frac{2}{2^{r+1}(r+1)(r+2)} < \frac{2}{2^{r+1}(r+1)^2} < \frac{2\ln_2 n}{n}\left(\frac{1}{\ln_2 n - \ln_2\ln_2 n}\right)^2$$
$$\sim \frac{2}{n\ln_2 n},$$

il s'ensuit que :

$$[\mathbb{P}(V_1 = 0)]^n = \left[1 - \sum_{i=r+1}^{\infty} p_i\right]^n \underset{n \to \infty}{\to} 1,$$

ce qui assure le résultat annoncé.

c) *On vérifie ensuite que* $\mathbb{E}(V_1) > \dfrac{1}{\ln_2 n}$ *dès que* n *est assez grand.*

En effet :

$$\mathbb{E}(V_1) = \mathbb{E}\left(X_1 \mathbf{1}_{\left\{X_1 > \frac{n}{\ln_2 n}\right\}}\right) = \sum_{2^k > \frac{n}{\ln_2 n}} 2^k p_k = \sum_{k=r+1}^{\infty} \frac{1}{k(k+1)} = \frac{1}{r+1},$$

et la définition de r assure que $r \leq \ln_2 n - \ln_2\ln_2 n$.

Donc, dès que n sera assez grand, on aura :

$$r + 1 \leq \ln_2 n + 1 - \ln_2\ln_2 n < \ln_2 n,$$

et par suite $\mathbb{E}(V_1) > 1/\ln_2 n$ comme attendu.

d) *Vérifions enfin que* :

$$\mathbb{P}\left(|U_1 + \ldots + U_n - n\mathbb{E}(U_1)| > \frac{\varepsilon n}{\ln_2 n}\right) \underset{n \to \infty}{\to} 0.$$

Pour cela, on note $\overline{U}_i = U_i - \mathbb{E}(U_i)$, et l'inégalité de Bienaymé-Chebyshev donnera :

$$\mathbb{P}\left(|\overline{U}_1 + \ldots + \overline{U}_n| > \frac{\varepsilon n}{\ln_2 n}\right) \leq \left(\frac{\ln_2 n}{\varepsilon n}\right)^2 \mathbb{E}(|\overline{U}_1 + \ldots + \overline{U}_n|^2)$$

$$= \left(\frac{\ln_2 n}{\varepsilon n}\right)^2 n \operatorname{Var} U_1.$$

Il suffit donc d'établir que :

$$\lim_n \left(\frac{\ln_2 n}{\varepsilon n}\right)^2 n \operatorname{Var} U_1 = 0.$$

Or :

$$\operatorname{Var} U_1 \leq \mathbb{E}(U_1^2) = \sum_{k=1}^{r} \frac{2^k}{k(k+1)},$$

et on voit que les termes de cette somme vont en croissant dès que $k > 2$. Si r_0 est la *partie entière de* $\ln_2 r$ (et donc $\ln_2 r < r_0 + 1$, qui implique $r < 2^{r_0 + 1}$), en utilisant la décomposition :

$$\sum_{k=1}^{r} = \sum_{k=1}^{r-r_0} + \sum_{k=r-r_0+1}^{r},$$

il sera possible, pour r grand, dans chacune des sommes de droite, de majorer tous les termes par le dernier d'entre eux. On en déduit, pour n tendant vers l'infini :

$$\operatorname{Var} U_1 < (r - r_0) \frac{2^{r-r_0}}{(r-r_0)(r-r_0+1)} + r_0 \frac{2^r}{r(r+1)}$$

$$< \frac{2^{r+1}}{2^{r_0+1}(r-r_0+1)} + r_0 \frac{2^r}{r^2} < \frac{2^{r+1}}{r(r-r_0+1)} + r_0 \frac{2^r}{r^2} \sim \frac{2^r}{r^2}(2 + \ln_2 r)$$

$$\sim 2^r \left(\frac{1}{r}\right)^2 \ln_2 r \sim \frac{n}{\ln_2 n} \left(\frac{1}{\ln_2 n}\right)^2 \ln_2 \ln_2 n.$$

Finalement :
$$\left(\frac{\ln_2 n}{\varepsilon n}\right)^2 n \operatorname{Var} U_1 \sim \frac{1}{\varepsilon^2} \frac{\ln_2 \ln_2 n}{\ln_2 n},$$

qui est asymptotiquement nul. D'où le résultat annoncé.

e) *Réunissons ces résultats partiels.* Pour n grand :

$$\mathbb{P}\left(S_n - n \geq \frac{(\varepsilon-1)n}{\ln_2 n}\right) = \mathbb{P}\left(\sum_{i=1}^{n}(U_i + V_i - \mathbb{E}(U_i) - \mathbb{E}(V_i)) \geq \frac{(\varepsilon-1)n}{\ln_2 n}\right)$$

$$= \mathbb{P}\left(\sum_{i=1}^{n}(\overline{U}_i + V_i) \geq \frac{(\varepsilon-1)n}{\ln_2 n} + n\mathbb{E}(V_1)\right)$$

$$\leq \mathbb{P}\left(\sum_{i=1}^{n}(\overline{U}_i + V_i) > \frac{\varepsilon n}{\ln_2 n}\right). \tag{9}$$

Maintenant, en s'appuyant sur le fait que, quand des é.a. A, B, C vérifient $A \cap B \subset C$, on sait qu'alors $\{\operatorname{non} C\} \subset \{\operatorname{non} A\} \cup \{\operatorname{non} B\}$, on partira de :

« $Y \leq \lambda$ et $Z = 0$ impliquent $Y + Z \leq \lambda$ »,

pour affirmer que :

« $Y + Z > \lambda$ implique $Y > \lambda$ ou $Z \neq 0$ »,

et donc :

$$\mathbb{P}(Y + Z > \lambda) \leq \mathbb{P}(Y > \lambda \text{ ou } Z \neq 0) \leq \mathbb{P}(Y > \lambda) + \mathbb{P}(Z \neq 0). \tag{10}$$

Utilisons (10) dans (9) pour obtenir :

$$\mathbb{P}\left(S_n - n \geq \frac{(\varepsilon-1)n}{\ln_2 n}\right) \leq \mathbb{P}\left(\sum_{i=1}^{n}\overline{U}_i > \frac{\varepsilon n}{\ln_2 n}\right) + \mathbb{P}(V_1 + \ldots + V_n \neq 0).$$

Ceci clôt la démonstration puisque, en vertu de b) et d), ces deux dernières probabilités tendent vers 0 asymptotiquement lorsque n tend vers l'infini.

Remarque. Ici aussi, le jeu est en principe non organisable, car le gain éventuel du joueur, quoique fini, n'est pas borné.

CHAPITRE 5

De Moivre et le deuxième théorème asymptotique

La postérité de Jakob Bernoulli

Le climat des années 1710

Au début du XVIIIe siècle, les continuateurs de Jakob Bernoulli se trouvent être Niklaus Bernoulli son neveu, Pierre Rémond de Montmort, et Abraham de Moivre. Le plus connu est sans conteste le 3e, auquel sont attribués l'introduction de la trigonométrie des nombres complexes avec la formule bien connue $\cos m\theta + i\sin m\theta = (\cos\theta + i\sin\theta)^m$, l'essentiel de la formule de Stirling donnant un équivalent asymptotique de $n!$, les premières études sur les suites récurrentes et la méthode des fonctions génératrices, et surtout, en calcul des probabilités, la 1re approximation asymptotique, celle dite de Moivre (ou de Moivre-Laplace), qui a été à l'origine de développements considérables, et dont ce chapitre va traiter.

Certains y ajoutent même l'essentiel de la 2e approximation asymptotique, celle dite de Poisson[1].

On a déjà vu que, dès 1708, alors que l'Europe se lassait d'attendre en vain la parution du livre promis de Jakob Bernoulli, de Montmort avait publié son *Essai d'Analyse sur les Jeux de Hazard* où il présentait le calcul des chances dans l'esprit supposé de *Ars Conjectandi*, c'est-à-dire en y faisant usage du nouveau calcul infinitésimal (introduction des séries).

Après sa thèse de 1709, Niklaus va voyager et se lier d'amitié avec de Montmort auquel il permettra de pénétrer dans la pensée de son oncle Jakob. Cela conduira en 1713/14 à une 2e édition de l'*Essai...*, plus que doublée en volume, et contenant les lettres échangées entre Montmort et

---

1. Les actuaires citent également la loi de survie proposée par de Moivre selon laquelle, dans l'espèce humaine, l'âge maximum étant noté ω, un individu d'âge x aurait la probabilité $(\omega - x)^{-1}$ de décéder à l'âge $x + k$, $0 < k \leq \omega - x$. En particulier, il aurait la probabilité $1 - (\omega - x)^{-1}$ de survivre au moins un an. De Moivre prenait $\omega = 86$; de fait, il mourra à 87 ans !

Niklaus, ainsi qu'une lettre émanant de Johann Bernoulli. C'est le moyen choisi par le premier pour faire connaître les contributions apportées à son ouvrage par les deux Bernoulli. Pour Johann, il s'agit de sommation de séries ; pour Niklaus, des énoncés ou solutions d'exercices probabilistes. Comme ces lettres sont datées, l'ensemble est du plus grand intérêt historique. Cette édition est bien plus achevée que la précédente, qui rappelait encore beaucoup l'opuscule de Huygens. Au lieu de partir de cas particuliers suivis de généralisations souvent non justifiées, cette nouvelle version tente d'adopter l'ordre inverse.

Entre-temps sera paru, après 1711, l'ouvrage de A. de Moivre *De Mensura Sortis, seu de Probabilitate Eventum in Ludis a Casu Fortuito Pendentibus*, dans lequel l'auteur parlera un peu trop légèrement du travail de Montmort, tandis que ce dernier considérera de Moivre comme un plagiaire ; une fois de plus, une polémique s'ensuivra. Il est fort possible que ce soit bien la lecture de Montmort, qui ait convaincu de Moivre que le temps était venu, en calcul des chances, d'utiliser toutes les possibilités nouvelles apportées par l'algèbre et l'analyse. Mais il se peut également que, le calcul infinitésimal ayant maintenant atteint sa maturité, la rencontre spontanée d'auteurs indépendants, sur le thème de son application au calcul des chances, soit devenue quasi obligatoire.

Ce qui manquait au travail de Jakob Bernoulli

Comme tout le monde, de Moivre voyait bien que le résultat fondamental de Bernoulli était d'une importance théorique considérable, mais ne pouvait pratiquement être utile, sans au préalable avoir été très largement complété.

En effet, quand $X_n \rightsquigarrow B(n,p)$,[1] la différence $\frac{1}{n}X_n - p$ peut fluctuer assez largement et, dans une série d'expériences, on pourra obtenir comme résultats des nombres $\frac{1}{n}x_n - p$ relativement éloignés les uns des autres, en particulier certains positifs, d'autres négatifs.

Quelle confiance faire à de tels résultats ? Le seul moyen permettant de se prononcer est d'évaluer :

$$\mathbb{P}\left(-\varepsilon \leq \frac{1}{n}X_n - p \leq \varepsilon\right), \ \varepsilon > 0. \tag{1}$$

---

1. *Rappel* : ceci est à lire : « la v.a.r. X_n suit une loi binomiale correspondant à n tirages de Bernoulli dans une urne donnant succès avec la probabilité p. »

D'après le théorème de Bernoulli, pour $\varepsilon > 0$ petit, cette probabilité est voisine de 1 si n est grand, et dans ce cas, très vraisemblablement, $\frac{1}{n}X_n$ s'écartant en général peu de p, on peut s'attendre à ce qu'un rapport $\frac{1}{n}x_n$ obtenu expérimentalement soit, dans la très grande majorité des cas, une bonne approximation de p. Mais encore faut-il pouvoir *donner un sens précis aux expressions* « ε petit », « probabilité voisine de 1 » et « n grand » ! Il faut donc évaluer (1), ce qui requiert le calcul de sommes de la forme :

$$\mathbb{P}(\alpha \leq X_n \leq \beta) = \sum_{k=\alpha}^{\beta} \binom{n}{k} p^k q^{n-k}, \quad p+q=1,$$

comportant un grand nombre de termes et, ni les Bernoulli, ni de Montmort, n'y étaient parvenus. De Moivre se refusa donc à se lancer dans cette recherche. Le problème lui paraissant être l'un des plus difficiles que l'on puisse se poser en calcul des chances, il décida de l'abandonner à d'autres.

L'intervention de Cuming puis de Stirling

Mais, en 1721, un écossais excentrique et tenace, Sir Alexander Cuming, lui posa une question qui, en langage moderne, revient à évaluer :

$$\mathbb{E}(|X_n - np|).$$

On sait que $\mathbb{E}(X_n - np) = 0$ et, en notant v l'unique entier satisfaisant $np < v \leq np + 1$, on trouve[1] que :

$$\mathbb{E}(|X_n - np|) = 2vq\mathbb{P}(X_n = v). \tag{2}$$

De Moivre obtint ce résultat, au moins pour $p = 1/2$, et le devina dans le cas général. Il vit bien qu'il y avait là une sorte de nouvelle loi des grands nombres, car il put vérifier que :

$$\lim_n \mathbb{E}\left(\left|\frac{1}{n}X_n - p\right|\right) = 0, \tag{3}$$

loi évidemment différente de celle de Bernoulli, puisque basée sur la *convergence en moyenne d'ordre 1*, et non sur la convergence en probabilité. À son époque on n'avait pas la moindre idée des différents types de convergence

---

1. La justification est donnée en annexe.

possibles, ni la connaissance de l'inégalité dite de Markov, obtenue seulement au siècle suivant, et qui donnant :

$$\mathbb{P}\left(\left|\frac{1}{n}X_n - p\right| > \varepsilon\right) \leq \frac{1}{\varepsilon}\mathbb{E}\left(\left|\frac{1}{n}X_n - p\right|\right),$$

permettrait de déduire le théorème de Bernoulli de la formule (3). Les choses n'allèrent donc pas plus loin. Cependant, l'écossais tenace ne pouvait se contenter de la formule (2), en l'absence de résultats numériques sur $\mathbb{P}(X_n = v)$. De Moivre essaya bien de le convaincre de ce que, même lorsque $p = q = 1/2$ et n est pair, l'évaluation numérique de :

$$\mathbb{P}\left(X_n = \frac{n}{2}\right) = \binom{n}{n/2}\left(\frac{1}{2}\right)^n$$

demandait des efforts considérables quand n est très grand. Mais devant l'obstination de Cuming, qui réclamait l'utilisation du nouveau calcul des fluxions de Sir Isaac Newton (calcul dont beaucoup de personnes imaginaient qu'il allait rendre résolubles tous les problèmes du passé), il se remit au travail et obtint pour cette dernière probabilité l'équivalent asymptotique $\frac{2A(n-1)^n}{n^n\sqrt{n-1}}$. Or il savait déjà reconnaître que $\frac{(n-1)^n}{n^n} = (1 - 1/n)^n$ est, pour n grand, presque un nombre fixé, celui dont le logarithme hyperbolique (nous disons népérien) vaut -1 (autrement dit, le nombre e^{-1}). Notons en passant que la fonction exponentielle n'était pas encore utilisée, seule la fonction logarithme étant introduite. Par ailleurs, il obtint la valeur approchée suivante pour le logarithme du nombre A :

$$\ln A = \frac{1}{12} - \frac{1}{360} + \frac{1}{1260} - \frac{1}{1680}, \text{ etc.} \qquad (4)$$

mais, comme il le dira dans son ouvrage fondamental *The Doctrine of Chances*, qui sera édité à Londres en 1718 (réédité en 1738 et 1756), il dut se contenter de cette valeur approchée. Il retint donc l'approximation :

$$\binom{n}{n/2}\left(\frac{1}{2}\right)^n \sim \frac{2}{B\sqrt{n}},$$

jusqu'à ce que son ami James Stirling établisse que $B = \sqrt{2\pi}$.

Une question se pose alors. La formule, dite de Stirling, est-elle due à Stirling ou à de Moivre ? Il semble bien que, là encore, l'obstiné écossais ait joué le rôle d'intermédiaire, en attirant l'attention de Stirling sur les résultats déjà obtenus par de Moivre sur le terme central d'une très haute puissance du binôme, et qu'il ait aiguillonné tout le monde. On peut penser qu'il est raisonnable de créditer de Moivre de l'approximation de $n!$ par $Ke^{-n}n^{n+1/2}$, l'expression complète, avec la valeur de la constante $K = \sqrt{2\pi}$, étant, elle, due à Stirling.[1]

L'aboutissement

Un second résultat obtenu par de Moivre, toujours un résultat d'analyse mais également motivé par le calcul des chances, sera que, pour l entier fixé, $-\frac{n}{2} \leq l \leq \frac{n}{2}$, et n grand, l'expression :

$$\frac{\mathbb{P}\left(X_n = \frac{n}{2} + l\right)}{\mathbb{P}\left(X_n = \frac{n}{2}\right)} = \frac{\binom{n}{l+n/2}}{\binom{n}{n/2}}$$

a un logarithme approximativement égal à $-2l^2/n$. Mais alors cela signifie que :

$$\mathbb{P}\left(X_n = \frac{n}{2} + l\right) = \binom{n}{l+n/2}\frac{1}{2^n} \sim \binom{n}{n/2}\frac{1}{2^n}e^{-\frac{2l^2}{n}} \sim \sqrt{\frac{2}{\pi n}}e^{-\frac{2l^2}{n}}, \quad (5)$$

et on pourra donc espérer, pour n grand, une approximation de la forme :

$$\mathbb{P}\left(\frac{n}{2} \leq X_n \leq \frac{n}{2} + l\right) = \sum_{k=0}^{l} \binom{n}{k+n/2}\frac{1}{2^n} \sim \sqrt{\frac{2}{\pi}} \sum_{k=0}^{l} e^{-\frac{2k^2}{n}}\frac{1}{\sqrt{n}}. \quad (6)$$

En prenant $l = s\sqrt{n}$ (ce qui soulève quand même quelques questions, puisque dans les équivalences précédentes l était indépendant de n ; mais, comme on le sait, avant que ne vienne Cauchy, les mathématiciens ne se laissaient guère perturber par ce genre de scrupules !) de Moivre obtient donc l'équivalent :

$$\mathbb{P}\left(\frac{n}{2} \leq X_n \leq \frac{n}{2} + s\sqrt{n}\right) \sim \sqrt{\frac{2}{\pi}} \int_0^s e^{-2y^2} dy, \quad (7)$$

---

1. Notons en passant que de Moivre n'utilise pas le symbole π (du grec περι) mais le symbole c (du latin *circum*) qui représente 2π. Nous avons peine à réaliser que l'adoption universelle de la lettre π pour symboliser le nombre 3,14159..., qui nous paraît remonter à la nuit des temps, puisse être aussi récente.

qui est notre actuelle formule :

$$\mathbb{P}\left(0 \leqslant \frac{X_n - \mathbb{E}(X_n)}{\sqrt{\operatorname{Var}(X_n)}} \leqslant 2s\right) \sim \int_0^{2s} \frac{1}{\sqrt{2\pi}} e^{-u^2/2} \, du. \tag{8}$$

Qu'on ne s'abuse pas ! Nous avons utilisé des notations modernes, mais si on lit de Moivre, on ne trouve dans son livre ni une intégrale, ni une exponentielle, seuls les logarithmes étant reconnus et utilisés. Ils ne sont d'ailleurs exprimés que par le début de leur développement en série. De ce fait, $e^{-2l^2/n}$ est simplement écrit :

$$1 - \frac{2ll}{n} + \frac{4l^4}{2nn} - \frac{8l^6}{6n^3} + \frac{16l^8}{24n^4} - \frac{32l^{10}}{120n^5} + \frac{64l^{12}}{720n^6}, \text{ etc.}, \tag{9}$$

et le deuxième membre de (6) sera remplacé par :

$$\frac{2}{\sqrt{nc}} \text{ into } l - \frac{2l^3}{1 \times 3n} + \frac{4l^5}{2 \times 5nn} - \frac{8l^7}{6 \times 7n^3} + \frac{16l^9}{24 \times 9n^4} - \frac{32l^{11}}{120 \times 11n^5}, \text{ etc.},$$

où c représente le nombre 2π, *into* indique la multiplication, et où on reconnaît l'intégration terme à terme en l du début du développement de $e^{-2l^2/n}$. En posant $l = s\sqrt{n}$ cette expression devient :

$$\frac{2}{\sqrt{c}} \text{ into } s - \frac{2s^3}{3} + \frac{4s^5}{2 \times 5} - \frac{8s^7}{6 \times 7} + \frac{16s^9}{24 \times 9} - \frac{32s^{11}}{120 \times 11}, \text{ etc.}$$

correspondant au second membre de (7). Comme la convergence est très rapide, cette formule permet à de Moivre d'obtenir les approximations numériques qu'il souhaitait.

Tout ceci ne se fit naturellement pas en un jour et c'est plutôt l'œuvre d'une vie entière qui se trouve ici résumée.

Le théorème de la limite centrée

Le théorème de Moivre-Laplace

Doit-on créditer de Moivre de l'extension de ses résultats, qui ont été obtenus quand $p = q$, au cas où $p \neq q$? Les avis semblent partagés. Certes de Moivre dit que le cas général sera résolu avec la même facilité, et le titre de son mémoire se réfère au binôme $(a+b)^n$ plutôt qu'au binôme $\left(\frac{1}{2} + \frac{1}{2}\right)^n$. Mais l'affirmation d'une possibilité n'est pas sa mise en œuvre et, de toute façon, la démonstration donnée par de Moivre nécessite de sérieux compléments. On retient donc le nom de Moivre-Laplace pour le théorème suivant.

Théorème. *Pour $X_n \rightsquigarrow B(n,p)$ et $a < b$, on peut écrire :*

$$\lim_n \mathbb{P}\left(a < \frac{X_n - np}{\sqrt{np(1-p)}} < b\right) = \Phi(b) - \Phi(a), \tag{10}$$

où :

$$\Phi(x) = \int_{-\infty}^{x} \phi(u)\,du \quad avec \quad \phi(u) = \frac{1}{\sqrt{2\pi}}\,e^{-\frac{u^2}{2}}. \tag{11}$$

On remarquera que ϕ est paire, $\Phi(+\infty) = 1$, $\Phi(-x) + \Phi(x) = 1$. Notons que, en 1768, D. Bernoulli publiera la première table de la fonction Φ.

De multiples problèmes anciens ou nouveaux deviennent quantitativement résolubles

Les sondages

Considérons une population nombreuse dont les membres sont de l'un des types *A* ou *non A*, avec les fréquences respectives inconnues p et q, $p + q = 1$. Prélevons un échantillon de dimension n (si la population est nombreuse, les prélèvements avec ou sans remplacements seront équivalents) et déterminons le nombre x_n des individus de cet échantillon qui sont de type *A*. Avant observation, ce nombre doit être remplacé par une v.a.r. $X_n \rightsquigarrow B(n,p)$; x_n sera la valeur que le tirage au sort va affecter à X_n. D'après le théorème ci-dessus, pour $a > 0$:

$$\mathbb{P}\left(-a \leq \frac{X_n}{n} - p \leq a\right) = \mathbb{P}\left(-a\sqrt{\frac{n}{pq}} \leq \frac{X_n - np}{\sqrt{npq}} \leq a\sqrt{\frac{n}{pq}}\right)$$

$$\approx \Phi\left(a\sqrt{\frac{n}{pq}}\right) - \Phi\left(-a\sqrt{\frac{n}{pq}}\right) = 2\Phi\left(a\sqrt{\frac{n}{pq}}\right) - 1.$$

Évaluons μ_α défini par :

$$\Phi(\mu_\alpha) = 1 - \frac{\alpha}{2},$$

en choisissant α petit (par exemple $\alpha = 1\%$ donne $\mu_\alpha = 2{,}58$). Alors :

$$\mathbb{P}\left(-\mu_\alpha \sqrt{\frac{pq}{n}} \leq \frac{X_n}{n} - p \leq \mu_\alpha \sqrt{\frac{pq}{n}}\right) \approx 2\Phi(\mu_\alpha) - 1 = 1 - \alpha,$$

d'où :

$$\mathbb{P}\left(\frac{X_n}{n} - \mu_\alpha \sqrt{\frac{pq}{n}} \leq p \leq \frac{X_n}{n} + \mu_\alpha \sqrt{\frac{pq}{n}}\right) \approx 1 - \alpha.$$

Dans tous les cas, l'intervalle $\left(\dfrac{X_n}{n} - \mu_\alpha\sqrt{\dfrac{pq}{n}}, \dfrac{X_n}{n} + \mu_\alpha\sqrt{\dfrac{pq}{n}}\right)$ sera contenu dans l'intervalle $\left(\dfrac{X_n}{n} - \dfrac{\mu_\alpha}{2\sqrt{n}}, \dfrac{X_n}{n} + \dfrac{\mu_\alpha}{2\sqrt{n}}\right)$ parce que $pq \leq 1/4$. Si le premier intervalle encadre p avec une probabilité $\approx 1 - \alpha$, *a fortiori* le deuxième intervalle fera aussi bien avec une probabilité au moins égale. Si n est assez grand, la longueur de cet intervalle sera suffisamment petite pour que la valeur x_n/n, observée sur l'échantillon, puisse être acceptée comme valeur approchée de p (au moins si la probabilité α peut être tenue pour négligeable). On voit que c'est $1/\sqrt{n}$ qui règle la valeur de l'écart entre x_n/n et p. Pour doubler la précision de l'approximation, il faut multiplier par 4 la dimension de l'échantillon.

L'assurance

Considérons une courte période de temps et n clients souscrivant à la date 0, auprès de la même compagnie, une assurance de montant C, en couverture temporaire d'un certain risque (par exemple le risque d'accident durant un déplacement).

Nous supposons que les clients sont sans corrélation entre eux, que chacun paye à la compagnie une unique prime π et ne sera accidenté qu'avec la probabilité p. Le bilan des sommes reçues et déboursées par la compagnie sera :

$$\sum_{i=1}^{n}(\pi - CY_i) = n\pi - CX_n$$

où, pour tout i, $Y_i \rightsquigarrow B(1, p)$, $X_n = \sum_{i=1}^{n} Y_i \rightsquigarrow B(n, p)$.

(*Explication* : Y_i est une v.a.r. indicatrice ; si le client i a un accident, Y_i prend la valeur 1, la compagnie paye C ; si ce client n'a pas d'accident, $Y_i = 0$, la compagnie n'a rien à payer.)

Pour que la compagnie n'enregistre aucune perte et puisse faire face à ses engagements sans mobiliser d'autres ressources, il faut que :

$$\mathbb{P}(n\pi - CX_n > 0) \approx 1.$$

Le théorème ci-dessus donne :

$$\mathbb{P}(n\pi - CX_n > 0) = \mathbb{P}\left(\dfrac{X_n - np}{\sqrt{np(1-p)}} < \dfrac{n\pi/C - np}{\sqrt{np(1-p)}}\right)$$

$$\approx \Phi\left(\left(\frac{\pi}{C}-p\right)\sqrt{\frac{n}{p(1-p)}}\right) \geq 1-\varepsilon = \Phi(\mu_{2\varepsilon}),$$

à condition d'assurer :

$$\left(\frac{\pi}{C}-p\right)\sqrt{\frac{n}{p(1-p)}} \geq \mu_{2\varepsilon}.$$

Ayant choisi ε très petit, on satisfera à cette condition en prenant d'abord $\pi > Cp$, puis en réunissant un nombre n de contrats suffisamment grand.

Un problème de capacité de service

Considérons deux services offrant à une population de 900 personnes des prestations comparables. Si la capacité de chaque service correspondait à exactement 450 personnes, l'ensemble ne pourrait bien fonctionner qu'en économie dirigiste, chaque client étant affecté à un fournisseur attitré. Si on veut que, disons dans 95 % des cas, un client puisse choisir librement son fournisseur, celui-ci étant de fait apte à le servir, on augmentera la capacité de chaque service pour la porter à $450 + b$. Comme les services sont de même qualité, cela reviendra à laisser chacun choisir pour les raisons variées et multiples qui lui sont propres, et au niveau du modèle, à adopter le choix au hasard du fournisseur. Donc :

$$\mathbb{P}(X_n < 450 + b) = \mathbb{P}\left(\frac{X_n - 450}{\sqrt{900/4}} < \frac{b}{\sqrt{900/4}}\right) \approx \Phi\left(\frac{2b}{30}\right).$$

Comme $\Phi(1,65) = 0,95$, on prendra $2b \geq 30 \times 1,65$ et il suffira de choisir $b = 25$. Ainsi, avec une capacité globale de 475×2, on assurera la liberté de choix dans 95 % des cas.

Si l'un des services était plus attractif que l'autre, et donc choisi par chaque client avec une probabilité $p > 1/2$, il suffirait d'adapter le calcul, les deux services devant offrir des capacités différentes.

Deux nouveautés

Les lois à densité

L'approximation d'une somme par une intégrale conduit logiquement à considérer des v.a.r. Z pouvant prendre toute valeur de $\mathbb{R}$ (ou d'un intervalle de $\mathbb{R}$) et telles que :

$$\mathbb{P}(Z = z) = 0, \text{ pour } z \text{ réel donné},$$

et aussi :

$$\mathbb{P}(a \leqslant Z \leqslant b) = \int_a^b f(u)\mathrm{d}u,$$

où $f \geqslant 0$, $\int_{-\infty}^{+\infty} f(u)\mathrm{d}u = 1$, la fonction *f* étant appelée *densité de probabilité* de *Z*, tandis que *F*, définie par :

$$F(z) = \mathbb{P}(Z \leqslant z) = \int_{-\infty}^{z} f(u)\mathrm{d}u,$$

en sera la *fonction de répartition*. Simpson (1710-1761) a été le premier à considérer de telles distributions auxquelles, de toute façon, les probabilités géométriques auraient conduit. Les plus célèbres de ces lois sont la *loi exponentielle*, la *loi* $\gamma(n, \mu)$, ainsi que celles de *Cauchy* et de *Laplace-Gauss*, cette dernière étant plus connue sous la dénomination (abusive) de loi normale.

Pour les v.a.r. à densité, la notion d'espérance mathématique s'étend sans peine sous la forme :

$$\mathbb{E}(Z) = \int_{-\infty}^{+\infty} u f(u) \mathrm{d}u.$$

Un autre mode de convergence

Le mode de convergence intervenant dans le théorème de Moivre-Laplace n'est pas celui utilisé dans le théorème de Bernoulli. Supposons que *U* soit une v.a.r. de Laplace-Gauss réduite, c'est-à-dire de fonction de répartition et densité données par (11), on pourra écrire (10) sous la forme :

$$\lim_n \mathbb{P}\left(a \leqslant \frac{X_n - np}{\sqrt{np(1-p)}} \leqslant b\right) = \mathbb{P}(a \leqslant U \leqslant b),$$

et ceci conduit à poser la définition suivante.

Définition. *La suite de v.a.r.* $(Z_n)_n$ *converge en loi* (ou en distribution) *vers la v.a.r. Z si* :

$$\lim_n \mathbb{P}(Z_n \leqslant z) = \mathbb{P}(Z \leqslant z),$$

pour tout z réel tel que $\mathrm{P}(Z = z) = 0$.

Les développements ultérieurs vont occuper tout le XIXe siècle

L'époque de Laplace

Après le Théorème de Moivre-Laplace qui porte sur des $X_n \rightsquigarrow B(n, p)$, c'est-à-dire de la forme :

$$X_n = Y_1 + \ldots + Y_n$$

où les Y_i sont i.i.d. et de loi $B(1, p)$, Laplace étendra le théorème au cas où les Y_i, toujours i.i.d., auront une distribution de probabilités (c'est-à-dire une loi) arbitraire d'ordre 2 (donc admettant une moyenne et une variance). On pourra ainsi énoncer :

Théorème asymptotique de Laplace. *Si les v.a.r.* $(Y_i)_i$ *sont d'ordre 2, i.i.d., et* $S_n = \sum_{i=1}^{n} Y_i$*, alors :*

$$\lim_n \mathbb{P}\left(a \leq \frac{S_n - \mathbb{E}(S_n)}{\sqrt{\mathrm{Var}(S_n)}} \leq b \right) = \Phi(b) - \Phi(a).$$

À dire vrai, Laplace ne considérait pas encore des conditions aussi générales : les Y_i devaient être bornées et ne prendre que des valeurs qui soient des multiples entiers d'un certain nombre fixé. Mais peu importe, ces restrictions seront faciles à surmonter. Ce qui compte, c'est qu'on a échappé au cadre limité de la loi binomiale, sans que la validité du résultat ait été mise en péril. Quelle que soit la loi retenue pour les Y_i, on peut maintenant espérer que *la loi limite soit toujours la même*. Si S_n est l'erreur commise dans la mesure expérimentale d'une grandeur, et si cette erreur a pu être analysée comme somme d'erreurs partielles $Y_1, Y_2, \ldots, Y_n$ dues à des causes indépendantes très nombreuses, on peut considérer la loi de cette erreur comme pratiquement connue (aux deux paramètres près $\mathbb{E}(S_n)$ et $\mathrm{Var}(S_n)$). De plus, la méthode de Laplace est encore celle que nous suivons, les fonctions *génératrices* qu'il emploie se généralisant tout naturellement en fonctions *caractéristiques*, de mêmes propriétés opératoires[1].

---

1. Si X est une v.a.r. à valeurs naturelles, sa fonction génératrice est $f(s) = \mathbb{E}(s^X)$, qui est définie au moins pour $|s| \leq 1$; sa fonction caractéristique est $\varphi(t) = f(e^{it})$, définie au moins pour t réel.

L'École de Saint-Pétersbourg

L'École russe de mathématiques qui, à la différence de l'École française, a toujours classé le calcul des probabilités dans le cursus de base de tout étudiant en mathématiques, a connu sans discontinuer une succession de probabilistes théoriciens extrêmement brillants. L'initiateur en fut P.L. Chebyshev[1] (1821-1894), qui, le premier, va reprendre le problème de Laplace avec des Y_i ne suivant plus la même distribution, mais restant encore mutuellement indépendantes. Cette hypothèse, qu'à aucun moment il n'envisage de poser, lui semble aller de soi. Son approche repose sur la méthode des moments ; elle sera poursuivie et complétée par son élève A.A. Markov (1856-1922), lequel atteindra par ailleurs la plus grande célébrité avec l'étude de certaines suites de v.a.r. non indépendantes maintenant appelées « chaînes de Markov ». L'inconvénient de cette méthode est de requérir l'existence de tous les moments des Y_i, et que, en plus, ils soient uniformément bornés. Puis un autre élève de Chebyshev, A.M. Lyapunov (1857-1918), utilisera en 1900-1901 des fonctions caractéristiques, et il affaiblira considérablement les hypothèses requises, en n'imposant que l'existence des moments d'ordre 3 et la condition :

$$\lim_n \frac{K_n}{D_n} = 0,$$

avec des D_n et K_n définis par :

$$(D_n)^2 = \sum_{i=1}^{n} \text{Var}(Y_i), \quad (K_n)^3 = \sum_{i=1}^{n} \mathbb{E}(|Y_i - \mathbb{E}(Y_i)|^3).$$

Sous ces hypothèses, le théorème asymptotique de Laplace est encore vrai. Ensuite, 20 ans vont encore s'écouler. En 1922, J.W. Lindeberg (1876-1932), d'Helsinki, obtiendra une nouvelle condition suffisante dont, en 1935, W. Feller établira la nécessité. On aboutit ainsi au théorème suivant, qui pour les v.a.r. indépendantes est définitif.

Théorème de la limite centrée (*conditions de Lindeberg-Feller*).

Soit $(Y_i)_i$ *une suite de v.a.r. stochastiquement indépendantes*, Y_i *étant de moyenne* μ_i *et de variance* σ_i^2. *On note :*

$$S_n = \sum_{i=1}^{n} Y_i,$$

---

1. En français, son nom est souvent rencontré avec d'autres orthographes, par exemple Tchebychev, ou avec ff à la place du v.

de moyenne $m_n = \mu_1 + \ldots + \mu_n$, *et variance* $s_n^2 = \sigma_1^2 + \ldots + \sigma_n^2$. *Alors* :

$$\lim_n \mathbb{P}\left(a < \frac{S_n - m_n}{s_n} < b\right) = \Phi(b) - \Phi(a),$$

à condition que, pour $\varepsilon > 0$ *arbitraire, en posant* :

$$U_k = \begin{cases} Y_k - \mu_k & \text{quand } |Y_k - \mu_k| \leq \varepsilon s_n, \\ 0 & \text{quand } |Y_k - \mu_k| > \varepsilon s_n, \end{cases}$$

on ait :

$$\lim_n \frac{1}{s_n^2} \sum_{k=1}^n \mathbb{E}(U_k^2) = 1 \quad et \quad \lim_n s_n = \infty.$$

Des tentatives furent ensuite faites pour étendre le théorème au cas de v.a.r. non indépendantes, mais c'est une tout autre histoire.

D'où vient l'appellation de « *théorème de la limite centrée* » ? Elle semble venir de l'allemand « *zentralen Grenzwertsatz* », expression utilisée par G. Polya (1887-1985) en 1920, et qui indique bien que c'est le théorème qui est central, pas du tout la limite. Par le mystère des traductions, en français aussi bien qu'en anglais, un glissement sémantique s'est effectué, et c'est maintenant non plus le théorème qui est central, mais la limite qui est devenue centrée !

Si on veut être juste, il faut ajouter que, même si l'École russe occupait tout le terrain laissé libre par les autres, des mathématiciens appartenant à d'autres contrées ont pu épisodiquement s'intéresser à la généralisation du théorème de Laplace. Dans un contexte peu favorable, comme c'était le cas en France, leurs travaux sont restés dans l'ombre et n'ont pas fait école. L'exemple le plus surprenant est celui de Cauchy qui, dans un cadre un peu plus restreint que celui choisi par Chebyshev, mais dès 1853, avait déjà donné pour ce théorème une démonstration rigoureuse. On trouve aussi des travaux sur les théorèmes asymptotiques, également restés sans écho, dans l'œuvre de J.-I. Bienaymé, un précurseur oublié dont on aura, ainsi que d'A. Markov, à reparler longuement.

* Comparaison des deux théorèmes asymptotiques

Une croyance répandue est que le Théorème de la limite centrée *impliquerait nécessairement* la loi des grands nombres. C'est vrai dans le cas i.i.d., car alors évidemment le Théorème de Khinchin s'applique ; mais *cela est faux* en dehors du cas i.i.d.. Voici donc un exemple où la loi des grands nombres est fausse, bien que le théorème de la limite centrée soit vrai.

Exemple. Soit $(Y_i)_i$ une suite de v.a.r.s.i., Y_k de distribution uniforme sur $\{-k^\lambda, k^\lambda\}$, $\lambda > 0$. Il est clair que $\mu_k = \mathbb{E}(Y_k) = 0$, $\sigma_k^2 = \text{Var}(Y_k) = k^{2\lambda}$. En utilisant la formule évidente :

$$0^{2\lambda} + 1^{2\lambda} + 2^{2\lambda} + \ldots + (n-1)^{2\lambda} < \int_0^n x^{2\lambda}\,dx < 1^{2\lambda} + 2^{2\lambda} + \ldots + n^{2\lambda},$$

on obtient, pour n tendant vers l'infini :

$$s_n^2 = 1^{2\lambda} + 2^{2\lambda} + \ldots + n^{2\lambda} \sim \int_0^n x^{2\lambda}\,dx = \frac{n^{2\lambda+1}}{2\lambda+1}.$$

Il s'ensuit que :

a) *Les conditions de Lindeberg sont remplies pour tout* $\lambda > 0$.

D'abord : $\lim_n s_n = \infty$. Ensuite : pour $k = 1, 2, \ldots, n$, $|Y_k| \leq n^\lambda$; si $n > \frac{2\lambda+1}{\varepsilon^2}$, on obtient $\frac{n^{2\lambda}}{n^{2\lambda+1}} < \frac{\varepsilon^2}{2\lambda+1}$, soit $n^\lambda < \varepsilon\sqrt{\frac{n^{2\lambda+1}}{2\lambda+1}} \sim \varepsilon s_n$, lorsque n tend vers l'infini ; on est donc sûr d'avoir $U_k = Y_k$ dès que n sera suffisamment grand. De ce fait :

$$\frac{1}{s_n^2}\sum_1^n \mathbb{E}(U_k^2) = \frac{1}{s_n^2}\sum_1^n \mathbb{E}(Y_k^2) = \frac{1}{s_n^2}\sum_1^n \sigma_k^2 = 1.$$

b) Le théorème de la limite centrée donne, pour des nombres a et b arbitraires, $a < b$:

$$\mathbb{P}\left(a < \sqrt{\frac{2\lambda+1}{n^{2\lambda+1}}}\,S_n < b\right) \to \Phi(b) - \Phi(a),$$

lorsque n tend vers l'infini. Asymptotiquement, S_n *restera donc de l'ordre de grandeur de* $n^{\lambda+1/2}$.

c) Pour $\lambda < \frac{1}{2}$, la loi des grands nombres s'applique puisqu'alors $\frac{\text{Var}\,S_n}{n^2} = \left(\frac{s_n}{n}\right)^2$ tend vers 0 si n tend vers l'infini ; il suffit pour le voir de reprendre la démonstration générale donnée au chapitre précédent dans le cas i.i.d. ; elle s'adapte immédiatement.

d) *Pour $\lambda \geq \frac{1}{2}$, la loi des grands nombres ne peut s'appliquer,* puisque S_n/n va rester asymptotiquement de l'ordre de grandeur de $n^{\lambda - 1/2}$.

Annexe

Démonstration de la formule $\mathbb{E}(|X_n - np|) = 2vqb(v; n, p)$ dans laquelle $X_n \rightsquigarrow B(n,p)$, $p + q = 1$, $b(k; n, p) = \binom{n}{k} p^k q^{n-k}$, v entier unique vérifiant $np < v \leq np + 1$.

On s'appuie sur le lemme suivant.

Lemme. *Pour $0 \leq \alpha \leq \beta \leq n$, α et β étant des entiers :*

$$\sum_{k=\alpha}^{\beta} (k - np) b(k; n, p) = \alpha q b(\alpha; n, p) - (n - \beta) p b(\beta; n, p).$$

Démonstration. En posant $k - np = kq - (n-k)p$, le membre de gauche s'écrit :

$$\sum_{k=\alpha}^{\beta} kq b(k; n, p) - \sum_{k=\alpha}^{\beta} (n-k) p b(k; n, p),$$

ce qui s'explicite en :

$$\alpha q b(\alpha; n, p) - (n - \beta) p b(\beta; n, p)$$
$$+ \sum_{k=\alpha+1}^{\beta} kq b(k; n, p) - \sum_{k=\alpha}^{\beta-1} (n-k) p b(k; n, p). \qquad (12)$$

Puis, à cause de :

$$kq b(k; n, p) = kq \binom{n}{k} p^k q^{n-k}$$
$$= (n - k + 1) p \binom{n}{k-1} p^{k-1} q^{n-k+1}$$
$$= (n - k + 1) p b(k-1; n, p), \qquad (13)$$

dans (12), la différence des deux $\sum$ est nulle car elles renferment les mêmes termes. Le lemme en résulte immédiatement.

L'établissement de la formule repose alors sur :

$$\mathbb{E}(|S_n - np|) = \sum_{k=v}^{n}(k-np)b(k;n,p) - \sum_{k=0}^{v-1}(k-np)b(k;n,p)$$
$$= vqb(v;n,p) - 0 - \{0 - (n-v+1)pb(v-1;n,p)\}$$
$$= 2vqb(v;n,p),$$

en utilisant d'abord le lemme, puis la formule (13).

CHAPITRE 6

Marches aléatoires et ruine des joueurs

De la ruine des joueurs à la théorie du risque

Nous abordons ici toute une série de problèmes, résolus au cours du XVIIIe siècle à l'occasion d'études sur les jeux de hasard, et qui vont être à l'origine, d'une part de la théorie du risque, d'autre part de celle des marches aléatoires. Cette dernière sera elle même la source d'un grand nombre de modèles physiques, introduira à la théorie de la diffusion, au mouvement brownien, et plus généralement initiera la théorie des processus stochastiques.

Intéressons-nous à deux joueurs A et B, qui jouent encore et encore, toujours au même jeu, et demandons-nous ce qui va finalement advenir. Le jeu aura-t-il une fin, l'un des joueurs ruinant l'autre ? Dans ce cas combien de parties seront nécessaires pour parvenir à cette décision ? Et quelles seront les chances que le gagnant soit le joueur A ? Ou bien le jeu se déroulera-t-il sans fin ? L'archétype de ces questions est l'exercice proposé par Pascal, que nous étudierons plus loin, et dont Huygens avait fait son Problème V.

Comme on le verra, un cas particulièrement signifiant sera celui *dans lequel l'un des joueurs a une fortune infinie, et ne peut donc être ruiné*. C'est très loin d'être un cas d'école, car on connaît deux situations réelles qui y correspondent. D'abord, le cas d'un casino ou d'une maison de jeux ; ensuite, celui d'une compagnie d'assurances. En principe, ces deux organismes ont des réserves importantes, mais loin d'être infinies, alors que, en face d'eux, se trouve le public. Or celui-ci est formé de tous les joueurs et assurés potentiels. Un de ceux-ci peut disparaître, il sera remplacé par un autre, puis un autre, et un autre encore. On peut ruiner un joueur, *on ne peut pas ruiner le public* ; il sera toujours présent, désireux de jouer, et avec des réserves renouvelées. En face de cet adversaire protéiforme, le casino ou la compagnie d'assurances sont donc dans une position fragile. Par le raisonnement simple suivant, Bertrand montre qu'un joueur de fortune finie, qui, à un jeu équitable, joue contre un joueur de fortune infinie, ne peut que faire pâle figure en face d'un tel adversaire.

Exemple. Au jeu de pile ou face avec une pièce sans biais, si ma fortune est m et que je mise m, mon adversaire de fortune infinie pourra également miser m ; je perdrai avec probabilité 1/2 et gagnerai avec probabilité 1/2 ; dans le 2e cas je disposerai de $2m$. Si je mise alors $2m$ et suis imité par mon adversaire, je perdrai avec probabilité 1/2, et, avec probabilité 1/2, je gagnerai et disposerai de $4m$. Si à nouveau je mise $4m$, et mon adversaire également $4m$, ou bien je perdrai avec probabilité 1/2, ou bien, avec probabilité 1/2, je gagnerai $4m$ et disposerai de $8m$, etc. Certes je semble pouvoir m'enrichir indéfiniment, mais cela est vraiment très peu probable. Si on fait le compte, on voit que, au total, avec cette stratégie, je suis certain de perdre avec la probabilité :

$$\frac{1}{2} + \frac{1}{2}\frac{1}{2} + \frac{1}{2}\frac{1}{2}\frac{1}{2} + \ldots = 1.$$

Ma ruine est donc, sinon certaine, du moins presque sûre, ce qui est pratiquement équivalent. L'étude de la théorie des martingales montrera qu'adopter des stratégies plus subtiles, en ne misant pas à chaque fois la totalité du capital disponible et en variant les montants des enjeux, influerait certes sur la durée du jeu, mais ne changerait rien au résultat final. Et à un jeu défavorable, ma ruine serait évidemment tout aussi certaine, mais bien plus rapide !

Ainsi, un casino ou une compagnie d'assurances ne peuvent pratiquer leur activité qu'en biaisant les règles du jeu, de façon que celui-ci leur devienne favorable. Quelle doit être l'importance de ce biais ? Clairement, plus il sera important, plus la stabilité de l'organisme sera grande, mais plus grand aussi sera le risque de perdre des parts de marché, le public se tournant vers des concurrents offrant de meilleures conditions. Il y a donc un moyen terme à trouver.

Ce biais établi, s'ensuit-il que le casino ou la compagnie d'assurances soient sûrs de leur avenir ? Il n'en est rien ! La théorie mathématique établit que, *même à un jeu qui lui est favorable, le joueur de fortune finie conservera une probabilité de ruine, certes maintenant inférieure à 1, mais toujours positive.* Les compagnies d'assurances ne peuvent être mieux loties, et pour pouvoir faire face à leurs engagements, elles ont dû mettre en place le système de la *réassurance*, qui établit entre elles une solidarité de fait. D'ailleurs, la situation n'est guère différente dans les autres activités humaines, puisque la sécurité à 100 % n'existe dans aucune d'entre elles. Les différences sont donc de degré, plus que de nature.

Pour traiter de ces problèmes, on préfère aujourd'hui utiliser un langage plus physique, celui des marches aléatoires, que l'on va définir, et qui est formellement équivalent à celui des jeux, mais semble plus expressif et s'est ainsi prêté à de multiples extensions.

Le langage des marches aléatoires

Définitions

On considère sur l'axe réel les points d'abscisse entière (positive, négative ou nulle). À l'instant 0, on place en z entier une particule qui, à l'instant 1, fera un saut de grandeur X_1, à l'instant 2 un saut de grandeur X_2, ..., à l'instant n un saut de grandeur X_n, etc. Les X_n, $n = 1, 2, \ldots$ sont supposées être des v.a.r.i.i.d., ne prenant que les valeurs ± 1, avec les probabilités :

$$\mathbb{P}(X_n = 1) = p, \quad \mathbb{P}(X_n = -1) = q, \text{ où } p + q = 1.$$

Posons $S_0 = 0$, $S_n = \sum_{i=1}^{n} X_i$ pour $n > 0$. À la date n, une fois le n^e saut effectué, la particule se trouvera en $z + S_n$.

```
 -2  -1   0   1   2        z-1  z  z+1              a
  •   •   •   •   •    •    •   •   •    •    •    •
       ←——  ——→             ←——  ——→
        q    p               q    p
```

On appelle *marche aléatoire de Bernoulli* le mouvement de la particule au cours du temps ; on peut y voir le plus ancien exemple de *processus stochastique*. Sans sortir du cadre général des marches aléatoires, on connaît de nombreuses extensions de ce cas simple. Par exemple, la marche pourrait être à 2 ou plusieurs dimensions ; ou bien on pourrait autoriser la particule à rester momentanément sur place en choisissant $p + q < 1$ et prenant $\mathbb{P}(X_n = 0) = 1 - p - q$; ou encore accepter des sauts d'ampleur supérieure à 1 ou de valeur non entière ; ou abandonner l'indépendance entre les sauts successifs ; ou faire varier la loi des sauts au cours du temps, etc. Cependant, il suffit de travailler avec le cas le plus simple, celui de Bernoulli, car il illustre parfaitement le type de problèmes que l'on peut rencontrer dans le cadre de cette théorie.

Précisons que ce qui vient d'être décrit, c'est le *mouvement libre* ; en général, *des contraintes sont surajoutées au mouvement de la particule, sous forme de frontières à ne pas franchir*. Se posent alors les questions suivantes. La particule va-t-elle atteindre l'une des frontières ? Avec quelle probabilité cela aura-t-il lieu ? Quelle durée sera requise pour ce faire ? Les interprétations en langage des jeux redeviennent alors possibles.

Probabilités d'absorption avec deux barrières absorbantes

Expressions générales pour $0 \leq z \leq a$, $a > 0$ entier, 0 et a absorbants

On impose donc à la particule de se mouvoir dans l'intervalle $[0, a]$; si elle parvient en 0 ou en a, elle y est absorbée et la marche aléatoire est stoppée.

Posons $q_z = \mathbb{P}$ (absorption en 0, quand le départ est en z).

Comme 0 et a sont absorbants, on sait donc déjà que $q_0 = 1$ et $q_a = 0$.

En *langage des jeux*, nous aurons deux joueurs, l'un de fortune z, l'autre de fortune $a - z$, qui jouent à pile ou face avec une pièce pouvant être biaisée ; à chaque partie celui qui perd cède une unité monétaire à l'autre[1] ; quand la particule vient en 0, le 1er joueur (le joueur A) est ruiné ; quand elle vient en a, c'est le 2e joueur (le joueur B) qui l'est ; q_z donne la *probabilité de ruine* du 1er joueur (le joueur A).

Pour $0 < z < a$, une analyse en fonction des résultats possibles lors du premier saut, donne :

$$q_z = p q_{z+1} + q q_{z-1} \tag{1}$$

équation dite « de récurrence » ou « aux différences finies », linéaire, homogène, à coefficients constants. On a donc à résoudre le système :

$$\begin{cases} q_0 = 1, \\ p q_{z+1} - q_z + q q_{z-1} = 0, & \text{pour } 0 < z < a, \\ q_a = 0. \end{cases}$$

Le XVIIIe siècle nous a munis de deux méthodes pour l'étude de tels systèmes. L'une consiste à utiliser des fonctions génératrices, l'autre, que nous suivrons, se base sur les solutions particulières linéairement indépendantes qui peuvent être formées pour (1), et la solution générale qu'elles engendrent[2]. Commençons donc par former la solution générale de (1).

---

1. Pratiquement, avant chaque partie chaque joueur mise l'enjeu 1 et le vainqueur de la partie ramasse les deux mises.
2. Les fonctions génératrices sont surtout connues par l'œuvre de Laplace, mais elles remontent à A. de Moivre. L'introduction des équations de récurrence est due à P. de Montmort et leur étude sera développée par de Moivre, Euler, Lagrange et Laplace.

Si $p \neq q$, on l'obtient sous la forme :

$$q_z = A r_1^z + B r_2^z, \text{ pour } 0 \leq z \leq a, \tag{2}$$

où A et B sont des constantes arbitraires, et r_1 et r_2 sont les racines (elles sont distinctes, puisque $p \neq q$) de l'équation déterminante :

$$p r^2 - r + q = 0. \tag{3}$$

En effet, $q_z = r^z$ sera une solution particulière de (1) si $r = r_i$, $i = 1, 2$, et la linéarité de cette équation impliquera pour sa solution générale la forme (2). Naturellement, $r_1 = 1$, $r_2 = q/p$ et, en satisfaisant aux « conditions aux limites » $q_0 = 1$, $q_a = 0$, il viendra l'unique solution :

$$q_z = \frac{\left(\frac{q}{p}\right)^a - \left(\frac{q}{p}\right)^z}{\left(\frac{q}{p}\right)^a - 1}. \tag{4}$$

Quand $p = q = 1/2$, alors $r_1 = r_2 = 1$, la solution générale sera remplacée par :

$$q_z = A + Bz$$

d'où, en utilisant les conditions aux limites :

$$q_z = 1 - \frac{z}{a}. \tag{5}$$

Pour former *la probabilité d'absorption en* a (la ruine du deuxième joueur), il suffit, dans q_z, de remplacer z par $a - z$, et d'échanger p et q. On obtient donc, quand $p \neq q$, pour la probabilité de ruine de B :

$$\frac{\left(\frac{p}{q}\right)^a - \left(\frac{p}{q}\right)^{a-z}}{\left(\frac{p}{q}\right)^a - 1} = \frac{1 - \left(\frac{q}{p}\right)^z}{1 - \left(\frac{p}{q}\right)^a}$$

qui, sommée avec q_z, redonne 1, ce qui montre que p.s. la particule sera absorbée en 0 ou en a et *le jeu aura donc une fin*. On obtient un résultat similaire quand $p = q$.

L'influence du montant des enjeux

Si l'enjeu est divisé par deux, tout se passe comme si z et a étaient multipliés par 2. La probabilité q_z devient alors q_z^* telle que :

$$q_z^* = \frac{\left(\dfrac{q}{p}\right)^{2a} - \left(\dfrac{q}{p}\right)^{2z}}{\left(\dfrac{q}{p}\right)^{2a} - 1} = q_z \frac{\left(\dfrac{q}{p}\right)^{a} + \left(\dfrac{q}{p}\right)^{z}}{\left(\dfrac{q}{p}\right)^{a} + 1}.$$

Si $q > p$, c'est-à-dire le jeu défavorable pour A, alors $q_z^* > q_z$. Donc à un jeu défavorable, en divisant par deux le montant des enjeux, on accroît les risques de ruine, tandis que, à un jeu favorable, on les diminuerait. Cela s'explique aisément :

- *À un jeu, qui est pour lui défavorable,* un joueur sait que le temps, et les théorèmes asymptotiques du calcul des probabilités travaillent contre lui. Son intérêt est de jouer le moins longtemps possible, donc, *à chaque fois, de miser le plus fort possible.*

- Au contraire, à un jeu favorable, pour bénéficier de l'appui des théorèmes asymptotiques, qui travaillent en sa faveur, le joueur doit pouvoir jouer longtemps, et donc réduire autant que possible le montant de chaque mise.

À propos du Problème V de Huygens

Énoncé, solution et premiers résultats

Ce problème, dû à Pascal, nous est connu dans sa version initiale, en français, par la lettre de Carcavi à Huygens datée du 28 septembre 1656 :

> « *Deux joueurs jouent à cette condition que la chance du premier soit 11 et celle du second 14 ; un troisième jette les trois dés pour eux deux et, quand il arrive 11, le premier marque un point et, quand il arrive 14, le second de son coté en marque un. Ils jouent en 12 points...* »

La suite de la lettre fait comprendre que la partie sera terminée quand les points accumulés par l'un des joueurs dépasseront de 12 ceux accumulés par l'autre. Cela est formellement équivalent à une marche aléatoire ou à un problème de ruine, dans lequel chacun des joueurs posséderait initialement 12 pièces, le gagnant recevant du perdant une pièce après chaque partie. Pour résoudre ce problème, il nous suffit, après avoir évalué p et q, d'appliquer la formule (4) avec $z = 12$ et $a - z = 12$, c'est-à-dire $a = 24$. Or, il y a :

- *27 façons d'obtenir 11* (à savoir : d'abord, 1 + 5 + 5, 3 + 4 + 4 et 5 + 3 + 3, chaque décomposition comptant triple ; puis, 1 + 4 + 6, 2 + 3 + 6 et 2 + 4 + 5, chacune comptée 6 fois) ;

- *15 façons d'obtenir 14* (à savoir : d'abord, 6 + 4 + 4, 4 + 5 + 5 et 2 + 6 + 6, chaque décomposition comptant triple ; ensuite, 6 + 5 + 3 comptée 6 fois) ;
- 216 − 27 − 15 = 174 *situations entraînant indécision.*

Dans l'énoncé retenu par Huygens, le joueur A reçoit 1 quand 14 sort, il donne 1 quand 11 sort, la marche aléatoire associée à ce joueur est donc telle que $p/q = 15/27 = 5/9$ et on tirera de la formule (4), dans laquelle q_{12} sera la probabilité de ruine de A :

$$\frac{\mathbb{P}(B \text{ gagne})}{\mathbb{P}(A \text{ gagne})} = \frac{q_{12}}{1-q_{12}} = \frac{\left(\frac{q}{p}\right)^{24} - \left(\frac{q}{p}\right)^{12}}{\left(\frac{q}{p}\right)^{12} - 1}$$

$$= \left(\frac{q}{p}\right)^{12} = \left(\frac{9}{5}\right)^{12} = \frac{282\,429\,536\,481}{244\,140\,625} = 1156{,}8314.$$

Dans son texte, Huygens annonçait que le sort de A était à celui de B comme 244 140 625 à 282 429 536 481 et nous savons par Carcavi que Pascal lui avait transmis les nombres 150 094 635 296 999 121 et 129 746 337 890 625, c'est-à-dire 27^{12} et 15^{12}. Ces résultats sont donc tous deux en accord avec ceux tirés de (4). Quant à Fermat, lapidaire à son habitude, il s'était contenté d'énoncer :

> « *Celui qui a la chance de 11, contre celui qui a la chance 14, peut parier 1156 contre 1, mais non pas 1157 contre 1.* »

La solution de Bernoulli

Les démonstrations par lesquelles Pascal, Fermat et Huygens ont obtenu leurs résultats ne nous sont pas parvenues. En 1665, Hudde donna une solution pour le cas où chaque joueur disposerait, non de 12 pièces, mais seulement de 3, à la suite de quoi Huygens remarqua, en 1676, que le cas à 6 pièces pourrait se déduire du cas à 3 pièces, et de même, le cas à 12 pièces se déduire du cas à 6 pièces, et qu'ensuite on pourrait passer au cas à 24 pièces… mais tout cela est loin de conduire à une solution générale. Les seules démonstrations anciennes dont nous ayons le détail sont celles de Bernoulli, Montmort et Moivre.

Suivons Bernoulli. Dans ses carnets de notes, il donne une solution laborieuse mais complète. Il considère successivement les diverses situations dans lesquelles, au cours du jeu, peuvent se trouver les deux joueurs, suivant les nombres de pièces que chacun d'eux possède alors, à savoir :

« 24 et 0 », « 23 et 1 », « 22 et 2 », ..., « 3 et 21 », « 2 et 22 », « 1 et 23 », ce qui représente 24 situations différentes. Utilisant *toutes* les lettres de l'alphabet *à l'exception* de *o* et de *j*, donc 24 lettres, il nomme $a, b, c, d, ..., w, x, y, z$ les montants correspondants de l'espérance du joueur A dans ces 24 situations. En raisonnant comme pour la proposition XIV que nous avons donnée au chapitre 3, il peut donc écrire :

$$b = \frac{15a + 174b + 27c}{216},$$

$$c = \frac{15b + 174c + 27d}{216},$$

et ainsi de suite jusqu'à :

$$y = \frac{15x + 174y + 27z}{216};$$

autrement dit, en simplifiant :

$$\frac{5a + 9c}{14} = b, \quad \frac{5b + 9d}{14} = c, \quad ..., \quad \frac{5x + 9z}{14} = y,$$

soient 22 relations, auxquelles il faut adjoindre la relation finale :

$$\frac{5y}{14} = z.$$

On *reconnaît des équations de récurrence* mais avec des notations encore inadaptées, qui ne permettent pas de les traiter avec généralité. De fait, la méthode appliquée par Bernoulli, qui avance pas à pas de l'une à l'autre, va être lourdement calculatoire. De ces relations il tire une relation entre x et y, puis entre w et x, puis entre v et w, ..., finalement entre a et b. En redescendant la chaîne des relations, il obtiendra ensuite c en fonction de a, puis d en fonction de a, ..., et finalement n en fonction de a. Comme n correspond à la situation « 12 et 12 », il n'est nul besoin d'aller plus loin et Bernoulli, après avoir aussi évalué $a - n$, peut conclure que :

$$\frac{n}{a-n} = \frac{244\,140\,625}{282\,429\,536\,481},$$

qui est le résultat annoncé par Huygens.

Une telle démonstration, si elle est complète, n'est certes pas généralisable, et Bernoulli ne la donnera pas dans *Ars Conjectandi*. Il remarque en effet, par un calcul de proche en proche, que $9y < 5x$, $9x < 5w$, $9w < 5v$, ..., avec un écart de plus en plus faible entre les deux membres de ces inégalités, ce qui le conduit à pratiquer des approximations. Ainsi accepte-t-il de poser $9n = 5m$, $9m = 5l$, $9l = 5k$, ... jusqu'à $9b = 5a$, ce qui, ensuite, par redescente, le conduira à $9^{12} n = 5^{12} a$ et le convaincra que le résultat exact devrait être :

$$\frac{n}{a-n} = \left(\frac{5}{9}\right)^{12}.$$

Il essaye alors une démarche inductive pour justifier ce dernier résultat. Désignant les nombres des cas favorables à A et à B (respectivement) dans un même jet, non plus par 27 et 15, mais par b et c, il calcule les espérances qu'auront A et B quand chaque joueur possèdera successivement 1, 2, ou 3 pièces. Cela le conduira, pour ces trois cas, à b/c, b^2/c^2 et b^3/c^3 d'où, *par induction*, il va conclure, *sans démonstration formelle*, que, en général, le résultat sera une puissance de b/c, la puissance étant donnée par le nombre de pièces, donc, pour le problème de Huygens, sera $(5/9)^{12}$. Pour ceux auxquels cette induction ne suffirait pas, Bernoulli argumente, comme Huygens l'avait fait en 1676, que, à partir du cas à 3 pièces on peut passer au cas à 6 pièces et de celui-ci au cas à 12 pièces. Finalement, encore par une induction correcte, Bernoulli proposera une formule pour le cas où les joueurs n'auraient pas initialement le même nombre de pièces, formule équivalente à notre formule (4), et dont il laissera la démonstration au lecteur.

Dans la première édition de son livre, Montmort avait déjà publié une solution du problème, équivalente à celle trouvée dans les carnets de Bernoulli. Dans la deuxième édition, il ne l'améliore qu'en ajoutant :

« ... *les sorts de Pierre et de Paul sont comme les douzièmes puissances des nombres 9 et 5, ainsi qu'il a été observé par Messieurs Bernoulli qui m'en ont averti dans leurs lettres du 17 mars 1710, et 26 février 1711, et depuis par M. Moivre dans son Traité « de Mensura Sortis », qui parut l'année passée.* »

La solution imaginée par de Moivre, telle qu'elle se présente dans sa dernière rédaction, est d'une surprenante habileté.[1]

L'étonnante solution d'A. de Moivre

A. de Moivre ne va pas se contenter de résoudre le problème de Huygens, il va donner directement l'équivalent de notre formule (4). Dans sa démons-

---

1. Dans *de Mensura Sortis*, il s'agit du Problème IX, repris ensuite comme Problème VII dans *The Doctrine of Chances*, pp. 51-53.

tration, on voit à nouveau à l'œuvre la notion d'équité sur laquelle Huygens avait bâti son exposé.

Cette notion permet d'établir très rapidement la formule (5), lorsque $p = q$, si on admet que, chaque partie étant équitable, l'ensemble des parties le sera également[1]. De ce fait, l'espérance de gain global du premier joueur étant nulle, on peut écrire :

$$(1 - q_z)(a - z) + q_z(-z) = 0,$$

ce qui conduit à :

$$q_z = 1 - z/a,$$

comme attendu.

Pour traiter le cas $p \neq q$, de Moivre considère que, à la place de z pièces de monnaie, le joueur A va disposer de z jetons ayant les *valeurs fictives* M_1, M_2, ..., M_z, tandis que B disposera de $a - z$ jetons de valeurs fictives respectives M_{z+1}, M_{z+2}, ..., M_a. On choisit $M_i = (q/p)^i$, de sorte que la relation :

$$pM_{i+1} = qM_i$$

vaut pour tout i. Chaque jeton est nommé par sa valeur fictive. Lors de la première partie, A va miser M_z et B miser M_{z+1}. La relation qui précède montre que, pour les valeurs fictives, la partie sera équitable. Si A gagne, à la partie suivante il misera M_{z+1}, qu'il aura gagné à la première partie et, pour rendre cette partie équitable, B misera M_{z+2}. Au contraire, si A perd, il misera M_{z-1}, tandis que B misera M_z, qu'il aura gagné précédemment ; la partie sera donc équitable pour les valeurs fictives. En procédant ainsi, A et B *ne feront que des parties équitables pour les valeurs fictives*. En considérant que l'ensemble du jeu est alors équitable, on va pouvoir écrire que l'espérance de gain fictif du joueur A sera nulle, autrement dit que :

$$(1 - q_z) \sum_{i=z+1}^{a} M_i + q_z\left(-\sum_{i=1}^{z} M_i\right) = 0.$$

Mais ceci s'écrit :

---

1. Même si chaque partie est équitable, est-il encore équitable de faire jouer ensemble, jusqu'à ruine de l'une d'elles, deux personnes de fortunes différentes ? Cela peut se discuter et, sur ce point, les moralistes peuvent ne pas être en accord avec les juristes. On voit bien l'*élément subjectif* qui a été ainsi introduit en théorie des probabilités par la notion d'*équité*.

$$\frac{1-q_z}{q_z} = \frac{\sum_{i=1}^{z}\left(\frac{q}{p}\right)^i}{\sum_{i=z+1}^{a}\left(\frac{q}{p}\right)^i} = \frac{\left(\frac{q}{p}\right)\left(1-\left(\frac{q}{p}\right)^z\right)}{\left(\frac{q}{p}\right)^{z+1}\left(1-\left(\frac{q}{p}\right)^{a-z}\right)} = \frac{1-\left(\frac{q}{p}\right)^z}{\left(\frac{q}{p}\right)^z - \left(\frac{q}{p}\right)^a},$$

qui est bien en accord avec (4).

Le cas d'une seule barrière absorbante

En langage des jeux, c'est le cas où le joueur A a en face de lui un adversaire de fortune infinie, ou bien accepte de jouer sans restriction contre toute personne se présentant. On se contentera de faire tendre a vers l'infini dans les formules (4) et (5), ce qui donnera :

$$\text{Pour } q < p, \qquad q_z = \left(\frac{q}{p}\right)^z.$$

$$\text{Pour } q \geqslant p, \qquad q_z = 1.$$

C'est dans la première situation que casinos et compagnies d'assurances vont se trouver. Pour ne pas courir rapidement à la ruine, ils sont dans la nécessité de rendre $(q/p)^z$ le plus faible possible, ou tout au moins suffisamment faible pour que leur risque de ruine soit tolérable. Il y a trois possibilités sur lesquelles ils peuvent alternativement ou simultanément agir :

- *Rendre* q/p *petit*. Pour un casino c'est rendre le jeu plus défavorable aux joueurs, en diminuant les chances de gagner. Pour une compagnie d'assurances, cela pourra se traduire par l'introduction de clauses de non-indemnisation des sinistres dans certains cas, ou de franchises sur les petits sinistres. Ce n'est possible que dans une certaine mesure, le risque de faire fuir les joueurs ou les clients étant grand.
- *Accroître* z. Autrement dit, réunir des capitaux plus importants.
- *Réduire les enjeux*. Si on modifie le montant de l'enjeu en le passant, par exemple, de 1 à 1/2, la fortune initiale z, qui représentait z fois l'enjeu, le représentera maintenant $2z$ fois. La probabilité de ruine passera donc de $(q/p)^z$ à $(q/p)^{2z}$; autrement dit, sera élevée au carré, ce qui la rendra considérablement plus petite. C'est en se basant sur ce fait que les maisons de jeu sont amenées à fixer une limite au montant des enjeux acceptés, et les compagnies d'assurances à celui des capitaux qu'elles acceptent de couvrir.

*Vers des marches aléatoires plus complexes

Un traitement similaire peut être appliqué. Par exemple, supposons que *la seule position absorbante soit 0, la particule ayant des sauts d'amplitude − 1 ou 2*, avec respectivement les probabilités :

$$\mathbb{P}(X_i = -1) = q, \quad \mathbb{P}(X_i = 2) = p, \quad p + q = 1.$$

L'analyse en fonction du premier saut va conduire à :

$$q_z = p q_{z+2} + q q_{z-1},$$

soit :

$$p q_{z+2} - q_z + q q_{z-1} = 0, \tag{6}$$

équation linéaire aux différences finies à coefficients constants d'ordre 3, dont l'équation déterminante :

$$p r^3 - r + q = (r-1)(p r^2 + p r - q) = 0,$$

admet les racines :

$$r_1 = 1, \quad r_2 = \sqrt{\frac{1}{4} + \frac{q}{p}} - \frac{1}{2}, \quad r_3 = -\sqrt{\frac{1}{4} + \frac{q}{p}} - \frac{1}{2},$$

avec $|r_3| > \max\{1, r_2\}$. Si $q \neq 2p$, ces trois racines sont distinctes et la solution générale de (6) sera de la forme :

$$q_z = A + B r_2^z + C r_3^z,$$

tandis que, si $q = 2p$, alors $r_1 = r_2 = 1 \neq r_3$, ce qui impose l'expression :

$$q_z = A + Bz + C r_3^z.$$

Dans les deux cas, pour que q_z reste bornée lorsque z tend vers l'infini, on devra choisir $C = 0$.

Pour $q > 2p$, comme $r_2 > 1$, il faut aussi choisir $B = 0$ pour la même raison, et alors $q_0 = 1$ entraîne $A = 1$, d'où $q_z = 1$ pour tout $z \geq 0$.

Pour $q = 2p$, également $B = 0$, puis $A = q_0 = 1$ et finalement $q_z = 1$.

Pour $q < 2p$, alors $0 < r_2 < 1$, mais $q_\infty = 0$ impose $A = 0$, donc $q_0 = 1$ donnera $B = 1$, et finalement $q_z = r_2^z$.

Ces résultats se résument en :

$$q_z = \begin{cases} \left(\sqrt{\dfrac{1}{4} + \dfrac{q}{p}} - \dfrac{1}{2}\right)^z & \text{si} \quad q < 2p, \\ 1 & \text{si} \quad q \geq 2p. \end{cases} \tag{7}$$

Application. Considérons une suite de *tirages de Bernoulli* $B(1,p)$. Demandons-nous avec quelle probabilité le nombre cumulé des échecs pourra dépasser le double du nombre cumulé des succès. La dernière marche aléatoire donne la réponse. Pour une particule initialement en 1, le nombre cumulé des sauts vers la gauche dépassera le double du nombre cumulé des sauts vers la droite, si elle réussit à passer dans la région négative ou nulle ; autrement dit la probabilité cherchée est la probabilité de ruine q_1 dans cette marche aléatoire. En particulier, on voit que, si $p = q$, cette probabilité vaut $\dfrac{\sqrt{5}-1}{2} \approx 0{,}618$.

* Utilisation de la théorie de la ruine pour l'étude de marches libres

Revenons à une marche aléatoire de Bernoulli standard, et soit $a > 0$ un entier quelconque. Notons les résultats auxiliaires suivants.

Une particule *partant de* 0 a la probabilité $p(1 - q_1)$ *d'aller en* a *sans repasser auparavant par* 0 (car elle doit aller en 1 au premier saut, puis elle doit aller se faire absorber en a, ce qui équivaut à non absorption en 0).

Une particule *partant de* a, a la probabilité qq_{a-1} *d'aller en* 0 *sans repasser auparavant par* a (car partant de a elle doit aller en $a-1$ au premier saut, puis à partir de $a-1$ elle doit aller se faire absorber en 0, ce qui assurera son non passage en a avant qu'elle n'atteigne 0). Elle a donc aussi la probabilité $1 - qq_{a-1}$ *partant de* a *de revenir en* a *avant d'être passée par* 0.

Si on suppose $q \geqslant p$, de façon que, à partir de a, p.s. la particule passe en 0 (voir plus loin l'étude sur la probabilité de passer d'une position à une autre), le nombre N de visites en a, avant premier retour en 0, pour une particule initialement en 0, vérifiera :

$$\mathbb{P}(N = n) = p(1 - q_1)(1 - qq_{a-1})^{n-1} qq_{a-1},$$

pour tout entier $n \geqslant 1$ (on impose à la particule d'abord d'aller de 0 en a sans repasser par 0, puis de revenir $n-1$ fois en a sans passage par 0, et finalement d'aller en 0 sans nouveau passage par a). On en déduit que :

$$\mathbb{E}(N) = p(1-q_1) qq_{a-1} \sum_{n=1}^{\infty} n(1-qq_{a-1})^{n-1} = \frac{p(1-q_1)qq_{a-1}}{(1-(1-qq_{a-1}))^2}$$

$$= \frac{p(1-q_1)}{qq_{a-1}} = \frac{p}{q} \frac{\frac{q}{p}-1}{\left(\frac{q}{p}\right)^a - \left(\frac{q}{p}\right)^{a-1}} = \left(\frac{p}{q}\right)^a.$$

Se trouve donc établie la proposition suivante.

Proposition. *Le nombre moyen de passages en $a > 0$, avant retour en 0, pour une particule initialement en 0, est $(p/q)^a$.*

Durée de la marche aléatoire avec barrières absorbantes (durée du jeu)

Historique

Des résultats exacts mais sans démonstrations

P. de Montmort semble être le premier à s'être intéressé à la durée effective du jeu. Des études précédentes l'avaient conduit à considérer la série :

$$\frac{1}{4} + \frac{3^1}{4^2} + \frac{3^2}{4^3} + \frac{3^3}{4^4} + \ldots$$

dans laquelle il avait noté que, lorsque $p = q$, les joueurs disposant initialement de 3 pièces, le 1er terme, qui vaut 1/8 + 1/8, donne la probabilité que l'un des joueurs soit ruiné lors de la 3e partie, le terme suivant, qui vaut :

$$\left(1 - \frac{1}{4}\right)\frac{1}{4},$$

donnant celle que le jeu se termine à la 5e partie[1]. Il crut être sur la voie de résultats facilement généralisables, mais il se trompait. Cependant, le 15 novembre 1710 il écrivit à Johann Bernoulli :

> « *C'est un Problème qui pourroit exciter votre curiosité, que celui où il s'agit de déterminer combien doit durer la partie lorsqu'on joue en rabattant... j'ai la solution generale de ce Problême. Je vous l'envoirois si je croyois qu'elle vous fist plaisir. Monsieur votre neveu, qui me paroît capable par son habileté des choses les plus difficiles, et qui par dessus cela est jeune et a peut-être du loisir, devroit en chercher la solution qui est assurément digne de lui.* »

Dès le 26 février 1711, Niklaus Bernoulli adressa en réponse à de Montmort une formule donnant, dans le cas général ($p \neq q$, $z \neq a/2$), la probabilité de voir B perdre la partie au moins en h coups (probabilité qu'on peut noter pour un moment $Q_{B,h}$). Même écrite en notations modernes

---

1. Le premier facteur donne la probabilité que, à la 3e partie, personne ne soit ruiné, donc qu'un joueur ait gagné 2 parties, l'autre 1, ce qui aura conduit à l'une des situations « 4 et 2 » ou « 2 et 4 » ; ensuite, dans chacun de ces cas, la probabilité d'avoir ruine d'un joueur à la 5e partie sera 1/4.

cette formule n'est pas très simple, car elle se présente comme la différence de deux sommes doubles ; nous ne la reproduisons donc pas. Elle est fournie *sans démonstration*, elle est cependant *correcte*.

De manière similaire, de Moivre, dont on sait que sur ce problème de la durée du jeu il fut en conflit de priorité avec de Montmort, n'hésite pas à donner *sans démonstration* des résultats obtenus par simple induction. Dans la dernière édition de son livre, il explique en détail les étapes de ce raisonnement inductif[1]. Supposant que chaque joueur dispose initialement de n pièces et qu'on souhaite voir le jeu ne pas se terminer pendant les $n + d$ premières parties, il considère $n = 2$ et $n = 3$, pour de faibles valeurs de d. Puis il énonce sans démonstration son résultat général sous forme d'un algorithme qui va permettre d'évaluer la probabilité recherchée, algorithme qui sera appliqué dans les deux exemples $n = 4$, $d = 6$ et $n = 5$, $d = 5$. Un peu plus loin, supposant que A soit *de fortune infinie*, B étant toujours de fortune n, et d pair, il donnera pour $Q_{B, n+d}$ l'expression suivante :

$$p^n \left\{ 1 + npq + \frac{n(n+3)}{2!} p^2 q^2 + \frac{n(n+4)(n+3)}{3!} p^3 q^3 + \ldots \right.$$
$$\left. + \frac{n\left(n + \frac{d}{2} + 1\right)\ldots(n + d - 1)}{(d/2)!} p^{d/2} q^{d/2} \right\}.$$

Pour d impair, la formule est la même, à condition de changer d en $d - 1$. On voit donc que, si d est pair :

$$Q_{B, n+d} - Q_{B, n+d-1} = Q_{B, n+d} - Q_{B, n+d-2}$$
$$= \frac{n}{n+d} \binom{n+d}{d/2} p^{n+d/2} q^{d/2}, \tag{8}$$

le résultat étant remplacé par 0 si d est impair. Ces résultats sont encore donnés *sans démonstration*, mais ils sont toujours *corrects* ; nous pourrions assez facilement établir (8) par des raisonnements combinatoires, mais nous obtiendrons cette formule un peu plus loin par des méthodes analytiques.[2]

---

1. *Doctrine of Chances*, Problem LVIII, pp. 191-196.
2. Bien que l'origine de ces méthodes analytiques puisse être retrouvée chez P. de Montmort et A. de Moivre, elles ne seront vraiment mises en œuvre de façon efficace que par Lagrange et Laplace dans la deuxième partie du XVIIIe siècle.

Deux caractéristiques de l'époque

Retrouver chez A. de Moivre, comme on l'a déjà rencontré chez Jakob Bernoulli, des formules exactes non démontrées et obtenues simplement par induction, n'est pas exceptionnel. Il est clair que, en ces débuts du XVIIIe siècle, si on est parfaitement apte à analyser les situations particulières, *on manque encore par trop du symbolisme requis*, pour pouvoir généraliser les démonstrations élaborées dans ces cas particuliers. Mais comme dans les autres disciplines, plutôt que de s'efforcer à démontrer des résultats dont la validité leur semble générale, les mathématiciens préfèrent aller de l'avant. D'ailleurs, les exigences intellectuelles qu'ils pensaient devoir s'imposer en probabilités n'étaient peut-être pas celles que nous imaginons. Elles pouvaient être plus souples que celles traditionnellement requises en géométrie, et s'apparenter à ce qui se pratiquait dans les diverses sciences de la nature.

Un autre point intéressant à noter concerne le langage. Alors que nous essayons de nous exprimer de la façon la plus objective possible, au début du XVIIIe siècle les auteurs avaient la préoccupation inverse. Tandis que nous voyons dans la suite des parties un fait de la nature, et dans la ruine de B, un événement dont on peut évaluer la probabilité, Niklaus déclarait que $Q_{B,h}$ « *exprimera le sort de celui qui parieroit que Pierre* (le joueur A) *gagnera la partie au moins en* h *coups* ». De Moivre fera encore mieux ! Dans son premier théorème sur la durée du jeu, il introduira deux spectateurs R et S, le premier pariant que ce jeu ne durera pas plus qu'un nombre de parties qu'il énonce, et le deuxième soutenant le contraire. Et ce qui est alors demandé, c'est de trouver la probabilité que S gagne son pari, non celle d'un événement concernant le jeu. L'heure d'appliquer les probabilités aux phénomènes de la nature, à la façon que tentera Buffon, n'a sans doute pas encore sonné !

Avant de donner pour la durée du jeu, les démonstrations élaborées à la fin du XVIIIe siècle, commençons par traiter un problème un peu plus simple.

Durée moyenne de la marche aléatoire (du jeu)

Notons D_z cette durée moyenne, les deux barrières étant toujours en 0 et a. D'abord $D_0 = D_a = 0$ et, pour $0 < z < a$, une analyse en fonction du premier saut donne :

$$D_z = p(1 + D_{z+1}) + q(1 + D_{z-1}). \qquad (9^\infty)$$

Il est clair qu'une solution de (9^∞) consiste à prendre D_z infini pour tous les z différents de 0 et a, mais nous allons supposer, pour le moment, que ce n'est pas une solution acceptable pour notre problème.

En supposant donc les D_z *tous finis,* on peut mettre (9^∞) sous la forme équivalente :

$$pD_{z+1} - D_z + qD_{z-1} + 1 = 0. \qquad (9)$$

Si $p \neq q$, on se ramène à l'étude d'une équation homogène à l'aide d'une solution particulière de la forme cz, c étant choisi tel que :

$$pc(z+1) - cz + qc(z-1) + 1 = 0,$$

donc $c = \dfrac{1}{q-p}$. La solution générale de (9) est alors de la forme :

$$D_z = \frac{z}{q-p} + A + B\left(\frac{q}{p}\right)^z,$$

qui, avec les conditions aux limites, donne :

$$D_z = \frac{z}{q-p} - \frac{a}{q-p} \frac{1-\left(\dfrac{q}{p}\right)^z}{1-\left(\dfrac{q}{p}\right)^a}.$$

Une expression plus symétrique, faisant intervenir les probabilités de ruine des deux joueurs, q_z et $1 - q_z$, sera :

$$D_z = \frac{(a-z)(1-q_z) - zq_z}{p-q}, \qquad (10)$$

formule qui peut déjà être trouvée chez de Moivre.

Si $p = q = 1/2$, la solution générale de (9) est obtenue sous la forme :

$$D_z = -z^2 + A + Bz,$$

puis les conditions aux limites conduisent à :

$$D_z = z(a-z), \qquad (11)$$

une formule assez surprenante, car on y voit que, pour $z = a - z = 100$, déjà $D_z = 10^4$, et quand $z = 1$, alors que, avec probabilité $1/2$, le jeu peut se terminer dès la première partie, néanmoins $D_z = a - 1$, dont la valeur peut être très grande si a l'est.

Lorsque a *devient infini,* D_z n'a d'intérêt que si $p \leq q$, puisque pour $p > q$, on a $q_z < 1$ et la marche aléatoire n'aura une durée finie qu'avec une probabilité inférieure à 1. Si $p < q$, on trouve comme limite $D_z = \dfrac{z}{q-p}$, et si $p = q$, $D_z = \infty$.

** Notations complémentaires

Posons :

$$u_{z,n} = \mathbb{P} \text{ (la marche, initialisée en } z \text{, se termine en 0, à l'étape } n). \quad (12)$$

Il est clair que, en particulier :

$$\begin{aligned}
u_{z,z} &= q^z \quad \text{si } 0 \leq z < a, \\
u_{0,n} &= \delta_{0,n} \text{ et } u_{a,n} = 0 \quad \text{pour tout } n, \\
u_{z,0} &= 0 \quad \text{si } 0 < z \leq a.
\end{aligned} \quad (13)$$

Introduisons la fonction génératrice :

$$U_z(s) = \sum_{n=0}^{\infty} u_{z,n} s^n, \text{ pour } |s| \leq 1 \; ; \quad (14)$$

elle vérifiera :

$$U_0(s) = 1 \quad \text{et} \quad U_a(s) = 0. \quad (15)$$

Une analyse suivant le premier saut donne, pour $n \geq 0$, $0 < z < a$:

$$u_{z,n+1} = p u_{z+1,n} + q u_{z-1,n} \quad (16)$$

d'où, après multiplication par s^{n+1} puis sommation en n :

$$U_z(s) = ps U_{z+1}(s) + qs U_{z-1}(s),$$

équation aux différences finies dépendant du paramètre s et admettant pour $0 \leq z \leq a$ la solution générale :

$$U_z(s) = H(s) r_1^z(s) + K(s) r_2^z(s),$$

dans laquelle $r_1(s)$ et $r_2(s)$ sont racines de l'équation en r :

$$ps r^2 - r + qs = 0,$$

et $H(s)$, $K(s)$ sont des fonctions arbitraires en s. En tenant compte des conditions aux limites (15), on parvient, avec des notations simplifiées ignorant la dépendance en s, à :

$$U_z = \frac{r_1^a r_2^z - r_1^z r_2^a}{r_1^a - r_2^a} = (r_1 r_2)^z \frac{r_1^{a-z} - r_2^{a-z}}{r_1^a - r_2^a} = \left(\frac{q}{p}\right)^z \frac{r_1^{a-z} - r_2^{a-z}}{r_1^a - r_2^a}. \quad (17)$$

** Expression de Lagrange

Puisque :

$$r_1 r_2 = \frac{q}{p}, \quad r_1 + r_2 = \frac{1}{ps},$$

on peut poser :

$$r_1 = \sqrt{\frac{q}{p}}\, e^{i\phi} \quad \text{et} \quad r_2 = \sqrt{\frac{q}{p}}\, e^{-i\phi},$$

à condition que soit vérifiée la relation :

$$\cos\phi = \frac{1}{2\sqrt{pqs}}. \quad (18)$$

Naturellement, ϕ *n'est pas réel*, puisque $2\sqrt{pqs}$ est en général de module inférieur à 1, mais cela est sans impact sur les développements qui suivent. Comme, d'après la formule classique d'Euler :

$$r_1^a - r_2^a = 2i\left(\frac{q}{p}\right)^{a/2} \sin a\phi,$$

une formule similaire étant disponible quand a est changé en $a-z$, (17) donne :

$$U_z = \left(\sqrt{\frac{q}{p}}\right)^z \frac{\sin(a-z)\phi}{\sin a\phi}. \quad (19)$$

Par ailleurs (avec un choix convenable des signes − et + devant la racine carrée) :

$$r_1^a - r_2^a = \left(\frac{1 - \sqrt{1 - 4pqs^2}}{2ps}\right)^a - \left(\frac{1 + \sqrt{1 - 4pqs^2}}{2ps}\right)^a$$

$$= (2ps)^{-a} \sqrt{1 - 4pqs^2}\, R_a(s),$$

où $R_a(s)$ est un polynôme en s dont le degré peut être $a-1$ ou $a-2$. En plus de l'expression (19), (17) donne donc pour U_z une deuxième expression sous forme de fraction rationnelle en s :

$$U_z = \left(\frac{q}{p}\right)^z \frac{(2ps)^{-(a-z)}R_{a-z}(s)}{(2ps)^{-a}R_a(s)} = (2qs)^z \frac{R_{a-z}(s)}{R_a(s)}, \qquad (20)$$

qu'on pourra décomposer en éléments simples. Compte tenu de l'incertitude sur le degré des polynômes, et des expressions de U_z fournies en (19) et (20), on est certain de pouvoir écrire :

$$U_z = \left(\sqrt{\frac{q}{p}}\right)^z \frac{\sin(a-z)\phi}{\sin a\phi} = L + Ms + \sum_{v=1}^{a-1} \frac{\rho_v}{s_v - s}, \qquad (21)$$

où L, M et les ρ_v sont des constantes, et les pôles s_v, tous distincts, sont fournis par la condition $\sin a\phi = 0$, jointe à (18). Ces pôles sont donc de la forme :

$$s_v = \frac{1}{2\sqrt{pq}\cos\frac{\pi v}{a}}, \quad \text{avec } v = 1, 2, \ldots, a-1. \qquad (22)$$

Pour obtenir les $u_{z,n}$ quand $n > 1$, il suffit de s'appuyer sur le développement en série géométrique :

$$\frac{\rho_v}{s_v - s} = \frac{\rho_v}{s_v} \sum_{n=0}^{\infty} \left(\frac{s}{s_v}\right)^n,$$

en prenant $|s| < \min_v |s_v|$. On obtient donc :

$$u_{z,n} = \sum_{v=1}^{a-1} \rho_v s_v^{-n-1}. \qquad (23)$$

Reste à évaluer les ρ_v. D'après la règle de l'Hospital appliquée dans (21) et, en notant que faire tendre s vers s_v revient à faire tendre ϕ vers $\pi v/a$:

$$\rho_v = \lim_{s \to s_v} \left(\sqrt{\frac{q}{p}}\right)^z \frac{\sin(a-z)\phi}{\sin a\phi}(s_v - s)$$

$$= \left(\sqrt{\frac{q}{p}}\right)^z \frac{\sin\left((a-z)\frac{\pi v}{a}\right)(-1)}{\lim\limits_{s \to s_v}\left\{\cos a\phi \cdot \left(a\frac{d\phi}{ds}\right)\right\}}.$$

Or, d'après (18), $s\cos\phi$ étant une constante, sa dérivée en s doit être nulle, et donc :

$$\frac{d\phi}{ds} = \frac{\cos\phi}{s\sin\phi},$$

ce qui donne :

$$\rho_v = a^{-1}\left(\sqrt{\frac{q}{p}}\right)^z \sin\left(\frac{z\pi v}{a}\right) \frac{s_v \sin\left(\frac{\pi v}{a}\right)}{\cos\left(\frac{\pi v}{a}\right)},$$

d'où finalement, en revenant dans (23) :

$$\boxed{u_{z,n} = a^{-1} 2^n p^{\frac{n-z}{2}} q^{\frac{n+z}{2}} \sum_{v=1}^{a-1} \cos^{n-1}\left(\frac{\pi v}{a}\right) \sin\left(\frac{\pi v}{a}\right) \sin\left(\frac{\pi z v}{a}\right)}. \quad (24)$$

Ceci pour $n > 1$; naturellement, $u_{z,1} = q\delta_{z,1}$.

On vérifie facilement que $\sum_n n u_{z,n}$ sera finie, ce qui assure que les D_z, introduits précédemment, sont bien finis comme cela a été supposé.

Ces développements de Lagrange montrent avec quelle rapidité les mathématiques se sont développées au cours du XVIIIe siècle.

* Cas à une seule barrière

De (24) on déduit, en envoyant a à l'infini :

$$u_{z,n} = 2^n p^{\frac{n-z}{2}} q^{\frac{n+z}{2}} \int_0^1 \cos^{n-1}\pi x \cdot \sin\pi x \cdot \sin\pi z x \cdot dx, \quad (25)$$

mais on connaît également une autre expression plus simple, qui pour $n > 0$, est :

$$\mu_{z,n} = \frac{z}{n}\binom{n}{(n+z)/2} p^{(n-z)/2} q^{(n+z)/2}, \quad (26)$$

le coefficient binomial étant annulé pour n et z de parités différentes, et en prenant $\mu_{z,0} = \delta_{z,0}$. En fait, après échange de p et q, (26) est la formule proposée par de Moivre et citée en (8).

Vérifions qu'on pourra satisfaire à (13) et (16) en prenant $u_{z,n} = \mu_{z,n}$. Pour la deuxième vérification, après simplification par les puissances de p et q, il reste :

$$\frac{z}{n+1}\binom{n+1}{(n+1+z)/2} = \frac{z+1}{n}\binom{n}{(n+1+z)/2} + \frac{z-1}{n}\binom{n}{(n-1+z)/2},$$

soit, en notant $n + 1 + z = 2\alpha$ et en utilisant la formule bien connue $\binom{n+1}{\alpha} = \binom{n}{\alpha} + \binom{n}{\alpha - 1}$:

$$\frac{z}{n+1}\left(\binom{n}{\alpha} + \binom{n}{\alpha-1}\right) = \frac{z+1}{n}\binom{n}{\alpha} + \frac{z-1}{n}\binom{n}{\alpha-1}.$$

Ceci équivaut à :

$$\left(\frac{z}{n+1} - \frac{z+1}{n}\right)\binom{n}{\alpha} + \left(\frac{z}{n+1} - \frac{z-1}{n}\right)\binom{n}{\alpha-1} = 0,$$

donc à :

$$(z+n+1)\binom{n}{\alpha} = (n+1-z)\binom{n}{\alpha-1},$$

qui se ramène à l'identité $2\alpha\binom{n}{\alpha} = 2(n+1-\alpha)\binom{n}{\alpha-1}$.

Pour les conditions aux limites, on retrouve bien $\mu_{z,z} = q^z$ et donc $\mu_{0,0} = 1$, $\mu_{0,n} = 0$ pour $n > 0$, $\mu_{z,0} = 0$ si $z > 0$. On peut donc identifier $u_{z,n}$ et $\mu_{z,n}$.

Les temps d'atteinte remarquables

Les joueurs s'intéressent peu aux problèmes de ruine, situation que, par superstition, ils ne veulent pas envisager, mais ils se sentent très concernés par les problèmes de gain, ou tout au moins, à défaut, par celui de l'élimination des pertes subies. En langage des marches aléatoires, cela nous conduit à étudier, d'une part, le premier passage par la position immédiatement voisine de la position initiale et à sa droite, et, d'autre part, le retour à la position initiale. Ce second problème est facile à traiter.

Retour et premier retour à la position initiale

Un tel retour ne peut se présenter qu'à une date paire. Posons :

$$u_{2n} = \mathbb{P} \text{ (retour à la position initiale à date } 2n\text{)} ; \qquad (27)$$

clairement :

$$u_{2n} = \binom{2n}{n} p^n q^n,$$

car, sur $2n$ sauts, n doivent avoir lieu vers la droite, n vers la gauche, et il y a $\binom{2n}{n}$ façons de choisir les sauts vers la droite (et en même temps ceux vers la gauche). On note ensuite que :

$$\binom{2n}{n} = \frac{(2n)!}{n!\,n!} = \frac{(2n)!}{n!} \frac{2^n}{2 \cdot 4 \cdot 6 \ldots (2n)}$$

$$= 2^n \frac{1 \cdot 3 \cdot 5 \ldots (2n-1)}{n!} = 4^n \frac{\frac{1}{2}\frac{3}{2}\frac{5}{2}\ldots\frac{2n-1}{2}}{n!}$$

$$= (-4)^n \frac{\left(-\frac{1}{2}\right)\left(-\frac{3}{2}\right)\left(-\frac{5}{2}\right)\ldots\left(-\frac{1}{2}-n+1\right)}{n!} = \binom{-\frac{1}{2}}{n}(-4)^n,$$

autrement dit :

$$u_{2n} = \binom{-\frac{1}{2}}{n}(-4pq)^n. \qquad (28)$$

On peut donc facilement obtenir la fonction génératrice des u_{2n} sous la forme condensée suivante :

$$U(s) = \sum_{n \geq 0} u_{2n} s^{2n} = \sum_{n \geq 0} \binom{-\frac{1}{2}}{n}(-4pqs^2)^n = (1 - 4pqs^2)^{-1/2}. \qquad (29)$$

Attention ! Les divers é.a. « *retour à la position initiale à l'étape* $2n$ » n'étant pas incompatibles entre eux :

$$\sum_n u_{2n} = U(1) = (1-4pq)^{-1/2} = ((p+q)^2 - 4pq)^{-1/2}$$

$$= ((p-q)^2)^{-1/2} = |p-q|^{-1} > 1.$$

Les u_{2n} ne constituent donc aucunement une distribution de probabilité. Il faut donc compléter cette étude par celle des é.a. de la forme « *premier retour à la position initiale à l'étape* $2n$ ». Définissons donc, pour $n > 0$:

$$f_{2n} = \mathbb{P} \text{ (le premier retour a lieu à la date } 2n), \qquad (30)$$

où la famille des f_{2n} constitue bien une distribution de probabilités, qui peut cependant être *défective* (c'est-à-dire de somme totale < 1). En effet, il n'est pas certain qu'un premier retour ait lieu et dans ce cas :

$$f = \sum_{n=1}^{\infty} f_{2n} = \mathbb{P} \text{ (le premier retour a lieu à date finie)} < 1.$$

Si on essaie de relier les u_{2n} et les f_{2k}, on voit facilement que, si $n > 0$:

$$u_{2n} = f_{2n} + f_{2n-2} u_2 + f_{2n-4} u_4 + \ldots + f_2 u_{2n-2}, \qquad (31)$$

car le *retour* de la particule à sa position initiale à la date $2n$, peut s'analyser en fonction de la date de *premier retour* à une date $2k \leq 2n$ suivi d'un retour ultérieur en $2n - 2k$ unités de temps. Comme (31) se met sous la forme générale :

$$u_{2n} = \sum_{k=1}^{n} f_{2k} u_{2n-2k}, \qquad (32)$$

introduisons la fonction génératrice $F(s) = \sum_{k=1}^{\infty} f_{2k} s^{2k}$. On tirera de (32) :

$$U(s) = u_0 + \sum_{n=1}^{\infty} u_{2n} s^{2n} = 1 + \sum_{n=1}^{\infty} \left(\sum_{k=1}^{n} f_{2k} u_{2n-2k} \right) s^{2n}$$

$$= 1 + \sum_{k=1}^{\infty} f_{2k} s^{2k} \sum_{n=k}^{\infty} u_{2n-2k} s^{2n-2k}$$

$$= 1 + \sum_{k=1}^{\infty} f_{2k} s^{2k} U(s) = 1 + F(s) U(s),$$

qui entraîne :

$$F(s) = 1 - \frac{1}{U(s)} = 1 - \sqrt{1 - 4pqs^2}. \qquad (33)$$

On voit donc que :

$$f = \sum_{n} f_{2n} = F(1) = 1 - \sqrt{1 - 4pq} = 1 - \sqrt{(p+q)^2 - 4pq} = 1 - |p - q|,$$

ce qui permet de conclure que :

- si $p = q$, *le premier retour au point de départ est p.s.*, mais comme alors $F'(1) = \sum_{k=1}^{\infty} 2kf_{2k} = \infty$, ce retour réclame *en moyenne un temps infini* ;
- si $p \neq q$, *avec probabilité* $|p - q|$, *ce retour n'a jamais lieu*.

Le temps requis pour un premier passage de 0 en 1

Il est clair qu'il suffit de considérer ce cas, car un premier passage de 0 en $a > 0$, pourra toujours être analysé comme constitué d'un premier passage de 0 en 1, suivi d'un premier passage de 1 en 2, puis d'un premier passage de 2 en 3…

La polémique entre Le Dantec et Borel

Sur cette question deux brillants normaliens, le mathématicien Émile Borel et le biologiste Frédéric Le Dantec, vont s'opposer publiquement. Le second, après des débuts à l'institut Pasteur, avait abandonné le travail de laboratoire pour se tourner vers la spéculation philosophique ; il avait alors écrit nombre d'ouvrages traitant du déterminisme ou de la théorie de Lamarck, et était devenu un scientiste militant. Les échanges entre eux deux sur l'aléatoire duraient sans doute depuis longtemps, lorsqu'advint, en 1909, la publication par Borel de ses *Eléments de la Théorie des Probabilités* lesquels comportaient une section intitulée *Remarques sur quelques paradoxes*. Il y déclarait notamment :

> « *J'ai eu récemment l'occasion de constater cette tendance* (à préférer des raisons de sentiment à des raisonnements logiques) *chez un des esprits les plus distingués de notre temps, bien connu par ses publications scientifiques et philosophiques, et dont l'éducation mathématique a été très sérieuse.* »

S'étant sans doute reconnu dans ce portrait, Le Dantec publia, en 1911, *Le Chaos et l'Harmonie universelle*, ouvrage dans lequel il fit la critique de certains passages du livre de Borel. Celui-ci répliqua la même année par un article dans *La Revue du Mois*[1]. Le débat est intéressant parce qu'il porte la marque de son époque, et que nous avons l'impression qu'il serait maintenant sans objet. Le Dantec en est encore à croire que, dans les questions de probabilités, on peut se contenter du bon sens et du langage usuel, alors que Borel a au contraire la conviction que :

---

1. « Les probabilités et M. Le Dantec », *Rev. Mois*, t. 12, 1911, pp. 77-91.

> « ... *dès que les problèmes de probabilité deviennent tant soit peu complexes, le bon sens, même servi par une intelligence claire et profonde, ne peut se passer de l'aide du calcul : il conduit tout au plus à des résultats non inexacts, mais incomplets et flous.* »

Cependant, au début du XXe siècle, si on savait évaluer des probabilités, le symbolisme permettant de dire les choses avec toute la précision requise faisait souvent défaut. Comme celles de Le Dantec, les explications apportées par Borel restaient donc très littéraires et pouvant prêter sans fin à des interprétations discordantes. Il n'y avait aucun espoir que Borel, puisse se rallier aux vues de Le Dantec, mais ce dernier ne fut pas non plus convaincu par les arguments qui lui étaient opposés, et on peut se demander ce que les lecteurs de la revue ont bien pu tirer de ces débats. En lisant les arguments échangés, le lecteur moderne a d'ailleurs parfois du mal à comprendre de quels faux problèmes on est en train de débattre[1].

La polémique a pour objet des points en soi nullement mineurs, mais que nous passons ici sous silence, tels que le sens à donner à l'expression « *probabilité d'un coup isolé* » ou la distinction à faire entre un événement certain et un événement de probabilité extrêmement voisine de un[2], mais porte avant tout sur *les successions infinies de tirages à un jeu de pile ou face équitable.*

Borel avait écrit dans son ouvrage que, si Paul, qui joue indéfiniment contre Pierre[3], appelle *bonne série* une série de parties dans laquelle il gagne une fois de plus qu'il ne perd, rien ne l'empêchera après une bonne série d'enchaîner une autre bonne série, puis encore une autre et ainsi (à ses yeux) de paraître s'enrichir indéfiniment, les pertes au cours d'une bonne série lui apparaissant comme momentanées et donc rapidement oubliées. Si on lui reconnaissait le droit d'arrêter le jeu à l'instant choisi par lui, il pourrait se retirer avec tel gain qu'il lui aurait plu de fixer à l'avance. Et Borel de présenter cet apparent paradoxe :

> « *Mais, sur la même succession de parties, Pierre peut faire le même raisonnement ; son gain est donc aussi illimité, à condition que l'on puisse jouer assez longtemps ; telle est la conséquence à laquelle on aboutit : chacun des joueurs réalise un gain qui croît proportionnellement au temps.* »

---

1. Cet échange rappelle de façon frappante le dialogue de sourds, qui aura lieu un peu plus tard de façon similaire entre Einstein et Bergson, à propos du temps.
2. Le Dantec croit souvent, à tort, que son différent avec Borel est causé par la confusion entre ces deux types d'événements.
3. Il s'agit d'un jeu dans lequel on se contente de compter des points, sans échange de monnaie, la ruine de l'un des joueurs ne peut donc intervenir pour arrêter le jeu.

C'est de ce dernier point que Le Dantec va s'emparer pour expliquer, sans calculs et avec beaucoup de mots, que chacun des deux joueurs pourra gagner autant que l'on voudra, mais *pas aux mêmes moments*[1], et que sûrement la succession des parties nous amènera aussi à des instants où les deux joueurs seront à égalité, de tels instants revenant régulièrement. Borel répondra qu'il en sera bien ainsi en ce qui concerne le retour de tels événements, mais que leur régularité est autre chose, seul le calcul pouvant nous renseigner sur ce point. Justement ce calcul nous réserve quelques surprises, car il montre que, même si les événements attendus vont sûrement (en fait p.s.) se manifester, ils pourront se faire attendre fort longtemps et non, comme le croyait Le Dantec, pendant seulement quelques milliers de parties.

On a l'impression que, actuellement, grâce au symbolisme précis dont nous disposons sur les v.a.r., Borel pourrait immédiatement empêcher le débat de s'amorcer en répondant ce qui suit :

« Nous nous intéressons à la suite des v.a.r. $(S_n)_n$ cependant nous pouvons très bien observer cette suite, non pas pour toutes les valeurs entières de n, mais seulement de temps en temps, *aux dates aléatoires* $T_1, T_2, ..., T_i,$ ..., autrement dit, ne travailler qu'avec la suite $(S_{T_i})_i$. Cette suite semble être extraite de la suite initiale, mais c'est une erreur, car les objet utilisés dans les deux cas sont tout à fait différents. On le voit clairement si on utilise l'expression des v.a.r. en tant que fonctions. Dans la première suite, il s'agit des :

$$\omega \mapsto S_n(\omega),$$

et dans la deuxième, des :

$$\omega \mapsto S_{T_i(\omega)}(\omega).$$

Par exemple, rien n'empêche de choisir la suite $(T_i)_i$ de telle façon que $S_{T_i} = i$ pour tout i, ou au contraire $S_{T_i} = -i$ pour tout i, ou encore $S_{T_i} = 0$ pour tout i. »

L'exemple donné par Borel avec ses « bonnes séries » correspond exactement au cas où Paul (resp. Pierre) n'observe la suite $(S_n)_n$ qu'aux instants T_i pour lesquels $S_{T_i} = i$ (resp. $S_{T_i} = -i$) pour tout i.

Avec les notations modernes la distinction à faire entre les deux suites de v.a.r. $(S_n)_n$ et $(S_{T_i})_i$ saute aux yeux, mais dans le passé ce n'était absolument

---

[1]. Une remarque mal ressentie par Borel, qui aura le sentiment qu'on lui impute une contradiction grossière, que bien sûr aucun mathématicien ne saurait commettre.

pas le cas, et on pourrait citer d'autres paradoxes historiques trouvant leur origine dans une confusion similaire.

Les calculs que Borel déclarait indispensables

Un premier passage de 0 en 1 peut effectivement avoir lieu ou non ; dans le deuxième cas, il est commode de dire qu'il faut un temps infini pour que ce passage se réalise. On peut donc, en toutes circonstances, noter N le temps requis pour réaliser ce premier passage, seulement N sera une variable aléatoire à valeur éventuellement infinie. Si on note :

$$a_n = \mathbb{P}(N = n), \tag{34}$$

clairement $a_0 = 0$, $a_1 = p$, $a_{2j} = 0$ pour tout j, et il est possible que l'on rencontre :

$$\sum_{n=0}^{\infty} a_n < 1,$$

cas dans lequel :

$$\mathbb{P}(N = \infty) = 1 - \sum_{n=0}^{\infty} a_n > 0. \tag{35}$$

De façon générale, pour $n > 1$, on parvient par analyse à la relation :

$$a_n = q \sum_{k=1}^{n-2} a_k a_{n-1-k} \tag{36}$$

car, pour avoir $N = n > 1$, au 1er saut la seule possibilité est de passer d'abord de 0 en -1, puis il faut revenir une première fois en 0 en (disons !) k étapes (ce qui se fait avec la même probabilité que pour le passage de 0 en 1 en k étapes), et, finalement, il faut réaliser un premier passage de 0 en 1 en $n - 1 - k$ étapes. Les relations (36) prennent une expression très simple si on introduit la fonction génératrice :

$$A(s) = \sum_{1}^{\infty} a_n s^n, \tag{37}$$

qui est sûrement convergente quand s, réel ou complexe, est de module inférieur ou égal à 1. On tire donc de (36) :

$$A(s) - ps = \sum_{2}^{\infty} a_n s^n = \sum_{n=2}^{\infty} s^n q \sum_{k=1}^{n-2} a_k a_{n-1-k}$$

$$= qs \sum_{k=1}^{\infty} a_k s^k \sum_{n=k+2}^{\infty} a_{n-k-1} s^{n-k-1}$$

$$= qs \sum_{k=1}^{\infty} a_k s^k \sum_{r=1}^{\infty} a_r s^r = qsA^2(s)$$

d'où :

$$qsA^2(s) - A(s) + ps = 0, \tag{38}$$

qui entraîne :

$$A(s) = \frac{1 \pm \sqrt{1 - 4pqs^2}}{2qs}.$$

Pour que $A(s)$ reste bornée lorsque s tend vers 0, on doit prendre le signe moins, d'où :

$$A(s) = \frac{1 - \sqrt{1 - 4pqs^2}}{2qs} = \frac{1}{2qs}\{1 - (1 - 4pqs^2)^{1/2}\} = \frac{F(s)}{2qs}. \tag{39}$$

Pour $s = 1$:

$$A(1) = \sum_{1}^{\infty} a_n = \frac{1 - \sqrt{(p+q)^2 - 4pq}}{2q} = \frac{1 - |p-q|}{2q},$$

et donc :

$$\mathbb{P}(N < \infty) = \begin{cases} \dfrac{1 - (p-q)}{2q} = \dfrac{2q}{2q} = 1, & \text{si } p \geq q, \\ \dfrac{1 - (q-p)}{2q} = \dfrac{2p}{2q} = \dfrac{p}{q} < 1, & \text{si } p < q. \end{cases}$$

Ainsi, *lorsque $p < q$, $\mathbb{P}(N = \infty) = 1 - p/q > 0$; le passage de 0 en 1 n'est pas p.s.*.

De plus, en développant (39) en série suivant les puissances de s, on obtient :

$$A(s) = \frac{1}{2qs}\left\{1 - \sum_{j=0}^{\infty}\binom{\frac{1}{2}}{j}(-4pqs^2)^j\right\} = -\sum_{j=1}^{\infty}\binom{\frac{1}{2}}{j}\frac{(-4pq)^j s^{2j-1}}{2q}$$

et, de ce fait :

$$\mathbb{P}(N = 2j-1) = \frac{-1}{2q}\binom{\frac{1}{2}}{j}(-4pq)^j$$

$$= -\frac{\left(\frac{1}{2}\right)\left(-\frac{1}{2}\right)\left(-\frac{3}{2}\right)\cdots\left(\frac{1}{2}-j+1\right)}{2q \cdot j!}(-4pq)^j$$

$$= \frac{1 \cdot 3 \ldots (2j-3)}{2 \cdot 4 \ldots (2j)}\frac{(4pq)^j}{2q}. \qquad (40)$$

Par ailleurs, en dérivant en s l'équation (38) qui fournit $A(s)$, on obtient :

$$2qs A(s) A'(s) + q A^2(s) - A'(s) + p = 0,$$

d'où :

$$A'(s) = \frac{p + q A^2(s)}{1 - 2qs A(s)}. \qquad (41)$$

Donc, pour $p \geq q$, quand s tend vers 1, comme $A(1) = 1$, il vient :

$$\mathbb{E}(N) = \sum_n n a_n = A'(1) = \frac{p+q}{1-2q} = \begin{cases} \dfrac{1}{1-2q} & \text{si} \quad p > q, \\ \infty & \text{si} \quad p = q. \end{cases}$$

L'extension au cas du premier passage de 0 en $a > 0$ se fait aisément. Un tel résultat exige d'abord le passage de 0 en 1, puis le passage de 1 en 2, etc., ce qui aura lieu p.s. quand $p \geq q$. Mais quand $p < q$, ce ne sera réalisable qu'avec la probabilité $(p/q)^a$.

Retour à la polémique Le Dantec – Borel

S'agissant de jeux équitables, $p = q$; on sait donc déjà que les événements « *retour à l'équilibre* » et « *obtention d'une bonne série* » sont des é.a.p.s. mais que le temps aléatoire s'écoulant entre deux tels événements est d'*espérance infinie*. Cette information reste un peu abstraite, car il est facile de constater expérimentalement que les bonnes séries très courtes sont fréquentes. En particulier, une fois sur deux, un joueur peut commencer avec un gain et donc avec une telle bonne série, ce qui renforçait Le Dantec dans sa croyance au retour régulier et rapide à une situation d'équilibre entre les joueurs. Le calcul montre au contraire que, lorsqu'une bonne série n'est pas très rapidement obtenue, elle a alors toutes les chances de se faire attendre très longtemps.

Partons de la formule (40) qui, par application de la formule de Stirling, donne :

$$\mathbb{P}(N = 2n-1) = \frac{1 \cdot 3 \cdot 5 \ldots (2n-3)}{2 \cdot 4 \cdot 6 \ldots (2n)} = \frac{(2n)!}{(2n-1)(2^n n!)^2}$$

$$= \frac{1}{2n-1} \binom{2n}{n} \frac{1}{4^n} \sim \frac{1}{2n\sqrt{\pi n}}$$

dès que *n sera grand*. On en déduit que, dans les mêmes conditions :

$$\mathbb{P}(N \geq 2n-1) = \sum_{k=n}^{\infty} \mathbb{P}(N = 2k-1) \sim \int_n^{\infty} \frac{\mathrm{d}x}{2\sqrt{\pi}\, x^{3/2}} = \frac{1}{\sqrt{\pi n}}.$$

Par exemple :

$$\mathbb{P}(N \geq 200) \approx \frac{1}{10\sqrt{\pi}} \approx 5{,}6\,\%,$$

et on a donc déjà à peu près 1 chance sur 20 de devoir jouer au moins 200 fois pour obtenir une bonne série. Vraisemblablement, il faudra souvent le faire bien plus longtemps, puisque :

$$\mathbb{P}(N \geq 4n-1 \mid N \geq 2n-1) = \frac{\mathbb{P}(N \geq 4n-1)}{\mathbb{P}(N \geq 2n-1)} \sim \sqrt{\frac{n}{2n}} = \frac{1}{\sqrt{2}},$$

et donc :

$$\mathbb{P}(N \geq 400 \mid N \geq 200) \approx 1/\sqrt{2} \approx 0{,}71.$$

De façon similaire :

$$\mathbb{P}(N \geq 40\,000 \mid N \geq 400) \approx 10\,\%$$

et $\mathbb{P}(N \geq 4\,000\,000 \mid N \geq 400) \approx 1\,\%.$

* Tous les chemins mènent-ils à Rome ?

Comme l'étude des marches aléatoires multidimensionnelles va le montrer, *c'est bien le cas en dimension 2 pour les marches symétriques*, mais de façon surprenante cela cesse d'être vrai en dimension supérieure à 2.

* Généralités

Construisons des marches aléatoires simples *symétriques* sur le réseau défini par $\mathbb{Z}^d$ (ensemble des point de $\mathbb{R}^d$ à coordonnées entières) pour $d = 2$ ou $d = 3$. Dans le premier cas, une particule étant placée en un site (en un nœud du réseau), elle aura pour son prochain saut à choisir entre 4 sites voisins possibles, chacun étant offert avec la probabilité 1/4. Dans le deuxième cas, les sites voisins seront au nombre de 6, les probabilités correspondantes valant 1/6. Dans les deux cas, on peut définir :

$u_n = \mathbb{P}$ (la particule se retrouve à la date n en sa position initiale) ;

$f_n = \mathbb{P}$ (1er retour de la particule en position initiale à la date n) ;

$f = \sum_{n=1}^{\infty} f_n = \mathbb{P}$ (la particule reviendra un jour à sa position initiale).

Les relations entre les u_n et les f_n sont *indépendantes du nombre des dimensions* et, de ce fait, les formules (31) et (32) peuvent être conservées ainsi que la partie gauche de (33), soit :

$$F(s) = 1 - \frac{1}{U(s)}. \qquad (42)$$

En faisant tendre s vers 1, on obtient le lemme qui suit.

Lemme. $f < 1$ *si et seulement si* $\sum_n u_n$ *converge.*

* En dimension 2

Il est facile de constater que :

$$u_{2n} = \binom{2n}{n} \sum_{k=0}^{n} \binom{n}{k}\binom{n}{k} 4^{-2n}. \qquad (43)$$

En effet, un parcours assurant retour en la position initiale à la date $2n$ s'analyse d'abord en une partition de $2n$ pas entre n pas nous éloignant de cette position, et n pas nous y ramenant. Ensuite, il faut choisir parmi les premiers, et de même parmi les seconds, ceux des pas (par exemple k d'entre eux, avec k quelconque entre 0 et n) qui seront horizontaux, les $2n - 2k$ autres pas étant alors des pas verticaux, $n - k$ ascendants et $n - k$ descendants.

Comme $(1 + t)^{2n} = (1 + t)^n (1 + t)^n$ entraîne :

$$\sum_r \binom{2n}{r} t^r = \sum_k \binom{n}{k} t^k \sum_j \binom{n}{j} t^j,$$

et donc, en identifiant les coefficients de t^n :

$$\binom{2n}{n} = \sum_k \binom{n}{k}\binom{n}{n-k} = \sum_{k=0}^{n} \binom{n}{k}^2,$$

la formule (43) s'écrit :

$$u_{2n} = \left\{ \binom{2n}{n} \frac{1}{4^n} \right\}^2 \sim \left\{ \frac{\sqrt{4\pi n}}{2\pi n} \frac{e^{-2n}(2n)^{2n}}{(e^{-n} n^n)^2} \frac{1}{4^n} \right\}^2 = \frac{1}{\pi n}, \qquad (44)$$

si on utilise la formule de Stirling. La série des u_n étant ici divergente, on voit que $f = 1$.

La particule revient ainsi p.s. à sa position initiale. Après cela, elle reviendra à nouveau p.s. en cette même position, puis à nouveau encore une fois, ... et ainsi de suite. Finalement, on voit qu'elle y reviendra p.s. infiniment souvent.

Il s'ensuit qu'*elle passera aussi p.s. infiniment souvent en n'importe quel autre site.*

** En dimension 3

Tout point aura 6 points voisins. En utilisant les mêmes raisonnements, on peut montrer que :

$$u_{2n} = \binom{2n}{n} \sum_{j,k} \left\{ \binom{n}{j}\binom{n-j}{k} \right\}^2 6^{-2n}$$

$$= 2^{-2n} \binom{2n}{n} \sum_{j,k} \left\{ \frac{n!}{j! k! (n-j-k)!} \frac{1}{3^n} \right\}^2 = \frac{1}{2^{2n}} \binom{2n}{n} \sum_{j,k} (p_{j,k})^2,$$

en posant :

$$p_{j,k} = \frac{n!}{j! k! (n-j-k)!} \frac{1}{3^n}.$$

On reconnaît dans les $p_{j,k}$ les diverses probabilités de la *distribution trinomiale uniforme*. Leur plus grande valeur M_n est obtenue pour j et k très voisins de $n/3$, de ce fait :

$$u_{2n} \leq \left\{ \frac{1}{2^{2n}} \binom{2n}{n} \right\} M_n \sum_{j,k} p_{j,k}$$

où, comme on l'a vu en (44), l'accolade est équivalente à $1/\sqrt{\pi n}$, la somme vaut évidemment 1, et M_n, à cause de la formule de Stirling, est de l'ordre de $1/n$. Finalement les u_{2n} sont au plus de l'ordre de $n^{-3/2}$ et donc, la série des u_n étant convergente, $f < 1$. En fait :

$$f = 1 - \frac{1}{\sum_n u_n} \approx 0{,}35,$$

le nombre moyen des retours au point de départ étant :

$$\sum_k k(1-f)f^k = \frac{f}{1-f} \approx 0{,}54.$$

POSTFACE

Sur quelques points d'histoire des mathématiques

La subjectivité historique

La prise de conscience des difficultés méthodologiques soulevées par l'histoire des mathématiques, semble être une conquête relativement récente. En Europe, dans un passé pas si lointain, dans le domaine des sciences tout comme dans celui des humanités, l'activité intellectuelle se bornait au commentaire indéfiniment répété des œuvres des anciens. Les mathématiques se développant avec beaucoup de lenteur, les auteurs d'ouvrages se contentaient de reproduire ceux de leurs prédécesseurs, complétés à leur idée, et suivaient donc obligatoirement une démarche historique. Exposer la science et en faire l'histoire étaient donc deux activités fondues en une même démarche.

Plus tard le développement impétueux de la science imposera de faire un choix parmi les connaissances du passé, dont la conservation intégrale dans le corpus de la science vivante ne pourra plus être envisagée. Et, simultanément, il conduira à la présentation des matières dans un ordre didactique s'écartant de l'ordre historique, dès que celui-ci ne se trouvera plus être en phase avec les développements récents. Par là s'introduira une *double subjectivité*, dans le choix de ce qui sera retenu, et dans l'ordre d'exposition à adopter. D'ailleurs, subjectivité d'époque plus que d'individus, et éminemment temporaire, chacun des siècles ultérieurs ayant sa propre vision des choses. Et du coup, faire avancer la science et en faire l'histoire, deviendront des activités distinctes, que d'ailleurs la communauté des mathématiciens ne valorisera pas de façon égalitaire.

Pour donner un exemple de cette double subjectivité, reprenons le théorème de la limite centrée. Au chapitre 5, nous avons affirmé une continuité allant de Bernoulli à de Moivre, puis de celui-ci à Laplace et à l'école de Saint-Pétersbourg. Dans cette perspective, de Moivre approfondit Bernoulli et annonce Laplace. Mais quelle est *la réalité de cette construction intellectuelle* ?

D'abord, le temps de l'histoire n'est pas le temps usuel ; hautement subjectif, il dépend de l'observateur et de ce qui est observé. Il peut être différent en analyse, en algèbre ou en probabilités, si ces trois branches ne se développent pas au même rythme. Plutôt que de parler du temps de l'histoire, il vaudrait donc mieux parler *des temps des historiens*. Suivant les cas, ils coulent lentement parce que nombreux sont les faits à enregistrer, ou tout à coup s'accélèrent et galopent parce que, apparemment (?), plus rien d'intéressant ne se passe, un siècle devenant comme une minute. Après le livre de Huygens, le temps des probabilistes nous paraît se dérouler comme le temps physique. Dans les années 1685-1705, il tombe presque en arrêt, parce que tout semble suspendu dans l'attente du théorème de Bernoulli. Vers 1710, au contraire, les événements se précipitent et trois textes majeurs sont publiés. Puis le temps pourra reprendre un cours plus calme.

Ensuite, dirons-nous que de Moivre connaissait le théorème de Bernoulli ? Tout au plus en avait-il une certaine idée, largement différente de la nôtre, puisque basée sur une tout autre perspective. Il ne pouvait en effet avoir du concept de convergence qu'une conception assez fruste. De plus, ne songeant à annoncer, ni Laplace, ni les théorèmes asymptotiques futurs, il n'avait en vue qu'un problème assez limité d'approximation numérique. La problématique que nous croyons voir à l'œuvre chez lui devait donc lui être assez étrangère.

Dans la plupart des exposés modernes, suite à l'emploi des fonctions caractéristiques, on passera directement de Bernoulli, qu'on ne saurait ignorer, à Laplace, sans s'attarder sur la contribution d'A. de Moivre. Son nom sera brièvement mentionné et son œuvre abandonnée aux historiens. Il n'est en effet plus possible d'enseigner utilement ses méthodes, tandis que ses résultats, comparés à ceux de Laplace, paraissent vraiment trop particuliers. L'historien jugera sans doute injuste un tel oubli. Sur cette voie ascendante que nous dessinons à partir de Bernoulli et en direction des théorèmes asymptotiques, de Moivre a simplement la malchance de se trouver par hasard au mauvais endroit, là où la fonction d'oubli sélectif, si nécessaire à l'humanité, va justement s'exercer.

L'existence de ces temps divers, largement subjectifs et dépendant des histoires spéciales considérées, est facile à illustrer. Un mathématicien du Moyen Âge pouvait considérer Euclide ou Archimède presque comme des contemporains, parce qu'entre eux et lui, même en mille ans, il ne s'était passé aucune rupture, et presque rien de vraiment décisif concernant l'étendue des mathématiques ou la vision globale qu'on pouvait avoir d'elles. À l'opposé, un chercheur contemporain, attelé à un problème sur lequel des équipes performantes sont en compétition, pourra considérer que des travaux datant de seulement quinze ans, n'ont plus qu'un intérêt historique. Une histoire que d'ailleurs il pourrait écrire sans la moindre difficulté, puisque, connaissant tous les intervenants et leurs contributions exactes, il n'aurait à traiter que d'un monde pour lui totalement familier. Tout comme le monde d'Archimède semblait familier à notre mathématicien du Moyen Âge, la distance les séparant, grande si on la mesure par le temps physique, se réduisant à peu de chose dans le temps propre quasi stationnaire des mathématiques médiévales.

Problèmes matériels et difficultés méthodologiques

Lorsque nous abandonnons les époques récentes, pour nous tourner vers des périodes éloignées, les difficultés ne peuvent manquer de surgir. Matérielles d'abord, car on ne peut constituer d'histoire, sans commencer par disposer de documents, qu'il faut savoir trouver, reconnaître, reconstituer et lire, activités qui supposent parfois une extraordinaire technicité, mais aussi comprendre, interpréter, la distance intellectuelle[1] nous séparant de la période étudiée jouant alors un rôle décisif. Ceci posé, être aujourd'hui historien d'un siècle passé, le XVIIe par exemple, c'est tenter d'obtenir des archives (limitées) qu'il nous a laissées, des réponses à certaines questions.

Celles-ci peuvent être *purement chronologiques* et suffisamment simples et précises pour que les archives sachent répondre avec certitude. Par exemple, si nous les interrogeons sur les origines de la théorie de la ruine. Dans d'autres cas, leur réponse peut être hésitante. Ainsi en est-il de la contribution réelle de Spinoza au calcul des probabilités. Par la lecture de l'*Éthique*, nous savons combien il était familier du langage mathématique, et nous possédons une lettre[2] dans laquelle il traite d'un problème de calcul des chances. Faut-il de plus lui attribuer, comme cela a été proposé, l'opuscule *Reekening van Kanssen* paru à La Haye en 1687, et qui contient une solution du Problème I de Huygens ? Les spécialistes se sont partagés sur ce point ; ils semblent maintenant répondre par la négative.

La situation devient plus délicate lorsque nos interrogations portent sur *des sujets dont les mathématiciens du XVIIe siècle n'avaient pas la moindre idée*, mais qui actuellement nous passionnent, tels que : origine de la convergence en probabilité, connexion entre espérance mathématique et espérance condi-

---

1. Dans le monde des sciences, celle-ci reste faible pour toutes les périodes postérieures à Galilée et Descartes, périodes avec lesquelles la littérature et la philosophie nous ont de plus permis d'acquérir une grande familiarité. Pour les sciences (nombreuses) que ces périodes ont vu naître, la constitution d'une histoire ne devrait donc soulever que des difficultés mineures.
2. *Œuvres*, Tome IV, Lettre XXXVIII, pp. 252-253. Cette lettre est adressée à J. van de Meer, un personnage que l'on situe mal.

tionnelle, étude des suites infinies de tirages d'urnes, etc. Poser ces questions, c'est tenter de replacer une époque révolue dans la perspective de siècles futurs, et spécifiquement du nôtre, alors que les contemporains ne pouvaient se situer que par rapport à leur propre passé, d'où nécessairement un dialogue de sourds. C'est encore en ce sens que l'histoire est subjective, fille de son époque, toujours à recommencer, car les questions que nous posons n'intéresseront peut-être plus nos successeurs.

C'est lorsqu'on en vient à se demander, non ce que faisaient les anciens auteurs, *mais comment ils concevaient les choses*[1], que les difficultés deviennent maximales. Si on ne veut pas multiplier les contresens, il faudra impérativement réussir à se replonger dans le climat intellectuel de la période étudiée, ce qui n'est jamais aisé, en oubliant le nôtre, ce qui dans certains cas paraît presque impossible. Si dans beaucoup d'histoires spéciales portant sur des arts ou des techniques particulières, telles que : agriculture, architecture, métallurgie, céramique, etc., ou traitant des sentiments, des mœurs ou des institutions, cet effort ne semble pas hors d'atteinte, dans le domaine des mathématiques, *l'omniprésence des notations* l'élève à un niveau réellement impressionnant.

Le problème du symbolisme

On sait que les mathématiques ne progressent que par la définition de nouveaux concepts, ceux-ci étant toujours accompagnés de notations qui les symbolisent et leur permettent de devenir opérationnels. Toutes les disciplines procèdent de même, mais les mathématiques, c'est la rançon de la précision qu'elles prônent, le font avec une frénésie, une constance, une intensité, dont on retrouverait difficilement l'exemple ailleurs. C'est d'ailleurs l'obstacle majeur à leur vulgarisation. Tout au moins est-ce le cas pour les mathématiques contemporaines. Dans le passé, les mathématiciens étaient souvent fluctuants dans leurs systèmes de notations et, en remontant assez loin dans le temps, on verrait le véritable langage symbolique s'évanouir au profit de simples abréviations de la langue courante.

Les notations ont d'ailleurs une vie propre, certaines étant rapidement abandonnées, d'autres jouissant d'un succès universel. Lorsque c'est le cas, cela signifie qu'elles ont des vertus mnémotechniques ou qu'elles traduisent si habilement certaines propriétés opératoires, qu'elles en ont rendu la mani-

---

1. Questions, par contre, non spécifiques à notre époque, nos successeurs devant les poser dans les mêmes termes. Seules les modes de recherche des réponses peuvent nous séparer d'eux.

pulation aisée et naturelle. Il est même fréquent que des obstacles, insurmontables avec certaines notations, soient changés en trivialités dans des notations mieux adaptées. Ainsi en a-t-il été lors de l'introduction du calcul indien ou avec l'invention des v.a.r. et des suites de v.a.r.. Voici un autre exemple tout aussi frappant.

Dans son traité sur les combinaisons, Pascal énonce plusieurs propositions générales, dont il ne peut guère donner la démonstration que dans des cas particuliers, faute de symbolisme convenable, et qui devaient paraître profondes à son époque. Exprimées avec nos notations, les démonstrations générales sont si aisées que les propositions elles-mêmes s'évanouissent, car nous n'éprouvons nul besoin d'énoncer et de mémoriser de simples évidences. Ainsi, considérons les énoncés compliqués[1] :

Proposition VII. *La somme de toutes les combinaisons que l'on peut faire dans un nombre, augmentée d'une unité, se trouve égale à celui des termes de la progression double commençant par 1 dont l'exposant est immédiatement supérieur au nombre proposé.*

Proposition VIII. *La somme de toutes les combinaisons que l'on peut faire dans un nombre, augmentée d'une unité, donne le double de la somme de toutes les combinaisons que l'on peut faire dans le nombre immédiatement inférieur, augmentée elle-même d'une unité.*

Ils se traduisent (respectivement) par les évidences suivantes :

$$1 + \sum_{i=1}^{n} \binom{n}{i} = 2^n \quad \text{et} \quad 1 + \sum_{i=1}^{n} \binom{n}{i} = 2\left\{1 + \sum_{i=1}^{n-1} \binom{n-1}{i}\right\},$$

puisque 2^n est bien le terme de rang $n+1$ dans la progression $1, 2, 4, \ldots, 2^n$, tandis que $(1+1)^n = 2 \cdot (1+1)^{n-1}$. Il en va de même avec :

Proposition X. *La somme de toutes les combinaisons que l'on peut faire dans un nombre, diminuée de ce même nombre, égale la somme de toutes les combinaisons que l'on peut faire dans l'ensemble des nombres inférieurs au nombre proposé.*

Cette proposition se traduit par :

$$\sum_{i=1}^{n} \binom{n}{i} - n = \sum_{r=1}^{n-1} \sum_{i=1}^{r} \binom{r}{i},$$

dont le second membre est pour nous clairement égal à :

---

1. *Œuvres complètes*, pp. 80-81, ici encore en version française, le texte original étant en latin.

$$\sum_{r=1}^{n-1}\{(1+1)^r-1\} = \sum_{r=0}^{n-1}\{2^r-1\} = \frac{2^n-1}{2-1} - n = (2^n-1) - n$$

$$= \sum_{i=1}^{n}\binom{n}{i} - n.$$

Si nous nous contentions d'étudier ce traité des combinaisons en usant de nos notations et non du langage de Pascal, nous serions d'une grande injustice à son égard, car jamais nous ne prendrions la mesure exacte de sa contribution. Pour agir en véritables historiens, il nous faudrait donc intégrer son système de pensée, ce qui paraît bien difficile, puisque ce qui lui demandait effort est devenu pour nous trivialité. Par comparaison, rien ne nous empêche de lire encore *Les Provinciales*, *Les Pensées* ou *Le Traité du Vide* en imaginant que leur auteur soit l'un de nos contemporains. On touche là du doigt la difficulté exceptionnelle présentée par l'histoire des mathématiques, comparée à d'autres histoires, celles de la littérature ou de la philosophie par exemple.[1]

L'importance du rôle qu'un symbolisme judicieusement choisi peut jouer dans le développement des mathématiques, avait déjà été fortement affirmée par Laplace, il y a 200 ans, à propos de la notation des exposants. C'est elle qui lui permit de faire de la notion de fonction génératrice le puissant outil que l'on voit à l'œuvre dans sa *Théorie Analytique des Probabilités*. Cependant, en 1812, cette notation ne lui semblait pas encore assez connue du lecteur moyen, pour qu'il puisse s'en servir sans revenir longuement en préliminaires sur le calcul des exposants. Il lui consacra donc 7 pages introductives, dont voici quelques extraits significatifs :

« *La position d'une grandeur à la suite d'une autre suffit pour exprimer leur produit. Si ces grandeurs sont la même, ce produit est le carré ou la seconde puissance de cette grandeur. Mais au lieu de l'écrire deux fois, Descartes imagina de ne l'écrire qu'une fois, en lui donnant 2 pour exposant ; et il exprima des puissances successives, en augmentant successivement cet exposant d'une unité ; cette notation, en ne la considérant que comme une manière abrégée de représenter ces puissances semble peu de chose ; mais, tel est l'avantage d'une langue bien faite, que ses notations les plus simples sont devenues souvent la source des théories les plus profondes ; et c'est ce qui a eu lieu pour les exposants de Descartes.* »

---

1. La notion de progrès, qui structure ces disciplines de façons différentes, mériterait un long commentaire. Omniprésente en mathématiques, elle est presque dénuée de signification en littérature ou en philosophie.

« ... On voit la notation des puissances radicales, par les exposants fractionnaires, employée pour la première fois dans les lettres de Newton à Oldembourg...; ces divers résultats, fondés sur la notation de Descartes, montrent l'influence d'une notation heureuse sur toute l'analyse. »

« ... Cette notation a encore l'avantage de donner l'idée la plus simple et la plus juste des logarithmes...Mais l'extension la plus importante que cette notion ait reçue est celle des exposants variables ;... »

L'histoire et ses limites

L'exemple donné à propos de Pascal le montre bien, si nous visons à une restitution du passé, ce qui est bien l'un des buts de l'histoire, et que nous tentons de retrouver l'environnement intellectuel qui était celui des mathématiques à une certaine époque, en tout premier lieu il nous faudra renoncer à tout symbolisme moderne que cette époque n'aurait pas connu. *Renoncement non seulement pratique*, ce qui est chose facile, *mais surtout psychologique*, en chassant de notre mémoire tout ce que ce symbolisme porte en lui comme allusions à des propriétés opératoires ou comme puissance de généralisation, ce qui est bien plus difficile.

Ainsi, supposons qu'il nous faille nous séparer de la notation des exposants. Décider d'écrire systématiquement :

$$yyyy + \frac{1}{\sqrt[3]{xx}} \text{ à la place de } y^4 + x^{-2/3},$$

sera complètement insuffisant ; il nous faudra surtout nous contraindre, à tout moment, à imaginer que rien de ce qui a été construit sur cette notation n'existe, que ce soit la formule du binôme, le calcul des primitives ou les règles de dérivation. Une ascèse qu'il peut être bien difficile de réaliser.

Heureusement, elle ne sera pas constamment exigée, pour la raison simple que les questions que se pose une époque, sont uniquement celles qu'elle est capable d'imaginer, et donc qui peuvent s'exprimer dans son langage. Face à des problèmes particuliers, il n'est pas certain qu'un symbolisme élaboré pour traiter des situations générales puisse nous assurer un avantage insurmontable. Par exemple, on ne voit guère les arithméticiens de l'antiquité se poser des questions sur les systèmes de numération, et en quoi notre habileté à calculer en base deux pourrait nous donner sur eux une supériorité quelconque. De même, si, dans l'étude de Bernoulli ou de Moivre, nous devons faire effort pour mettre entre parenthèses notre connaissance des théorèmes asymptotiques, celle-ci se trouve *de facto* hors jeu lorsque nous lisons Pascal ou Fermat. C'est plutôt dans les zones frontières, lorsqu'un symbolisme est proche de s'établir sans exister encore réellement, qu'il faudra procéder avec la plus grande prudence.

Tout ceci nous entraîne assez loin du rêve de Michelet, la résurrection intégrale du passé, car la connaissance que nous pourrons obtenir d'anciens travaux, entachée comme elle risque de l'être par les modernismes que nous n'aurons pas su éliminer, a bien des chances de rester très extérieure. À défaut d'une Histoire aussi ambitieuse, on pourra envisager de se tourner vers des histoires partielles à visées plus modestes. Par exemple, celle des mathématiciens, ou du système éducatif les ayant formés, ou des programmes qui leur ont été enseignés. Ou bien celle des relations des mathématiques avec l'astronomie ou la philosophie, avec la physique ou la biologie, avec la musique, l'économie, le dessin, l'architecture, les arts mécaniques, que sais-je encore.

Excursion dans le monde des notations anciennes

Pour finir en donnant une idée plus précise des difficultés pratiques que les notations peuvent susciter, difficultés toujours occultées dans ce livre, commençons par feuilleter l'œuvre de Laplace, dont environ 200 ans nous séparent. On y rencontre le nombre i toujours noté par $\sqrt{-1}$ tandis que e^x l'est par c^x ; à part cela, nous retrouvons bien nos notations. Remontons donc encore plus loin dans le passé, de cent années au moins, nombre de surprises nous attendent.

Dans les carnets de notes de Jakob Bernoulli, on peut le voir écrire :

$$\frac{aa + ab + \frac{1}{4}bb}{a} \text{ hoc est } \square \frac{\overline{a + \frac{1}{2}b}}{a},$$

et on croit alors comprendre qu'il veut dire que le membre de gauche peut s'écrire $\{(a+b/2)/a\}^2$, mais c'est une erreur.

En fait, il pense à $(a+b/2)^2/a$. Ailleurs, il écrit :

$$xlc - xla = \overline{lmc^n + \overline{1-m}a^n} - nla$$

comme résultat du passage aux logarithmes dans les deux membres de l'égalité :

$$\frac{c^x}{a^x} = \frac{mc^n}{a^n} + 1 - m.$$

Cette fois, c'est très facile à comprendre : Bernoulli emploie notre notation des exposants, l représente log, et le surlignement remplace nos parenthèses.

En fait, sous l'influence de Leibniz,[1] l'usage du surlignement pour agréger des termes, que Descartes avait popularisé, va bientôt céder la place aux parenthèses.

Mais voici plus troublant. Dans *Ars Conjectandi*, dès la Proposition III de Huygens, Bernoulli écrit :

$$\frac{p^{a-n} + q^{b-n}}{p+q} = \frac{pa+qb}{p+q} - n \quad \text{et} \quad \frac{p^{a:2} + q^{-a:2}}{p+q} = \frac{\overline{p-q}^{a:2}}{p+q}$$

et ce n'est plus du tout la notation des exposants qu'il utilise alors. Heureusement le contexte nous fait comprendre que, dans les deux cas, il s'agit de l'évaluation d'une espérance mathématique. La 1re formule correspond au cas où, avec probabilité $p/(p+q)$, on gagne $a-n$ et, avec probabilité $q/(p+q)$, on gagne $b-n$, ce qui donne l'espérance $(p(a-n) + q(b-n))/(p+q)$. La deuxième formule correspond à celui où, avec probabilité $p/(p+q)$, on gagne $a/2$ et, avec probabilité $q/(p+q)$, on gagne $-a/2$, l'espérance étant $\frac{a}{2}(p-q)/(p+q)$.

Ce n'est pas le seul exemple donné par Bernoulli d'*usage à contre-emploi de symboles* qui sont pour nous parmi les plus familiers. Ainsi :

$$\overline{a+1}^c \cdot \bar{a}^c :: \overline{a-1} \times b \cdot 1 \quad \text{doit être lu} \quad (a+1)^c : a^c \geqslant (a-1)b : 1$$

on y apprend donc que :: est notre symbole =, ⊏ représente >, × la multiplication, mais *le point est le symbole de la division*. Une fois ceci noté, les formules :

$$a \cdot b :: b-c \cdot \frac{bb-bc}{a} \quad \text{et} \quad a \cdot b :: \frac{bb-bc-ac}{a} \cdot \frac{b^3-bbc-abc}{aa}$$

présentées comme des identités, deviennent limpides si, dans la première, on rajoute le surlignement de $b-c$. Il nous faut les lire comme :

$$\frac{a}{b} = (b-c) : \frac{b^2-bc}{a} \quad \text{et} \quad \frac{a}{b} = \frac{b^2-bc-ac}{a} : \frac{b^3-b^2c-abc}{a^2},$$

et ce sont donc bien des identités.

---

1. Leibniz n'est pas l'inventeur des parenthèses, car elles apparaissaient déjà, en 1544, dans un manuscrit de Stifel. Par ailleurs l'usage du surlignement n'a pas aujourd'hui totalement disparu, car nous le retrouvons, sous forme déguisée, dans le symbole de la racine carrée.

Voici une dernière formule :

$$c \underset{\sqsubset}{=} \frac{\text{Log:}\overline{a-1 \times b}}{\text{Differ}:\text{Log}:\overline{a+1}\,\&\,a} \quad \text{qu'il faut traduire par} \quad c \geqslant \frac{\log(a-1)b}{\log(a+1)-\log a}$$

et donc $\underset{\sqsubset}{=}$ et $\underset{\sqsubset}{::}$ tous deux représentent $\geqslant$, le double point : n'étant pas ici un signe d'opération, tandis que Differ : Log : $\overline{a+1}\,\&\,a$ est simplement une abréviation.

Un lecteur néophyte aura de grandes chances d'être perdu dans ces notations, ainsi que dans les textes de Bernoulli où se mélangent parfois latin, allemand et français. Cependant, après une préparation suffisante, ceux-ci ne devraient pas lui rester hermétiques. Au moins le symbolisme est-il partout présent, et nous avons eu plusieurs occasions de vérifier avec quelle habileté Bernoulli savait introduire ses notations. Certainement, il nous faut le considérer comme un moderne, presque un contemporain.

Dans des passés plus lointains, on pourrait par contre voir la situation évoluer rapidement vers la disparition de tout symbolisme. Sa rareté chez Pascal a déjà été notée. Dans les textes de Fermat, nous pourrons trouver pour la formule :

$$\sqrt[3]{2a^2 - a^3} + \sqrt[3]{a^3 + b^2 a} = d,$$

l'écriture :

Lat.cub.(2.in a.qu–a cub.) + L.cub.(A.C + Bq,in A)aequari d

Ici, a et A désignent donc la même grandeur ; C doit être lu comme « cub. » ; « Bq » et « B.qu » auront même signification ; L.cub. et Lat.cub. représentent tous deux la racine cubique. Il faut noter la présence des symboles + et −, déjà apparus en Allemagne entre 1481 et 1486, mais l'absence du signe =, comme de celui de multiplication, lequel est remplacé par *in*. À ces exceptions près, le véritable symbolisme a donc disparu, pour faire place à un discours dans lequel des abréviations non encore codifiées sont introduites.

La situation serait similaire dans l'œuvre de Viète (1540-1603), lequel est souvent présenté comme le premier algébriste moderne. Ainsi, ce que nous écrivons :

$$x^3 - 3Bx^2 + (3B^2 + D)x = C + DB + B^3,$$

se retrouverait dans ses mains sous la forme :

$$\left.\begin{array}{r} E \text{ cubus} \\ -B \text{ in } E \text{ quadr.ter} \\ \left.\begin{array}{r} +B \text{ quadrato ter} \\ +D \text{ plano} \end{array}\right\} \text{ in } E \end{array}\right\} \text{ aequabitur } \left\{\begin{array}{l} C \text{ solido} \\ +D \text{ plano in } B \\ +B \text{ cubo} \end{array}\right.$$

Il est naturellement possible de s'entraîner à traduire de telles expressions, mais pratiquer sur elles des transformations algébriques serait tout autre chose. Nous serions certainement bien incapables d'y parvenir, sans que, de façon plus ou moins déguisée, un symbolisme moderne ait été utilisé.

Dans les textes encore plus anciens, cette immersion du langage mathématique dans le langage usuel ne pourrait que devenir pratiquement totale. Chez Fra Luca, avec lequel nous avons commencé sur le problème des partis et que nous retrouvons ici pour finir, la méthode de résolution des diverses équations du 2e degré se trouve exprimée par trois quatrains en bas latin. À titre d'exemple, pour l'équation $x^2 + mx = a^2$, elle consiste en[1] :

> « *Si res et census numero coequantur, a rebus*
> *Dimidio sumpto, censum producere debes,*
> *Addereque numero, cujus a radice totiens,*
> *Tolle semis rerum, census latusque redibit.* »

---

1. Pour reconnaître dans ce texte notre formule familière : $\frac{1}{2}(-m + \sqrt{m^2 + 4a^2})$, il nous faudra d'abord l'écrire : $\sqrt{\left(\frac{m}{2}\right)^2 + a^2} - \frac{m}{2}$.

Appendice 1

À propos de certains des personnages cités

Nous rassemblons ici des informations de nature biographique, qui, insérées dans le texte des chapitres précédents, les auraient par trop alourdis. Informations naturellement non exhaustives. En cas d'absence de notice, seuls sont cités les noms des auteurs et les numéros des pages où leur œuvre intervient. L'ordre lexicographique paraissant trop arbitraire, nous avons préféré adopter (approximativement) l'ordre chronologique.

Les Philosophes antiques :

Pour **Leucippe** (ve siècle av. J.-C.), **Démocrite** (vers 460-vers 370 av. J.-C.), **Épicure** (vers 341-270 av. J.-C.) et **Lucrèce** (vers 98-55 av. J.-C.), *voir* pp. 40-41. Pour **Platon** (427-347 av. J.-C.), *voir* pp. 27, **41-42**, 47. Pour **Aristote** (384-322 av. J.-C.), *voir* pp. **42-43**, 211. Pour **Arcésilas de Pitane** (316-vers 241 av. J.-C.) et **Carnéade de Cyrène** (215-129 av. J.-C.), *voir* pp. 43-44, **48-50**.

Ulpien (Domitius Ulpianus dit) (Tyr-Rome 228).

Jurisconsulte romain très célèbre, il fit partie (avec Gaius, Papinien, Paul et Modestin) de ces 5 grands jurisconsultes dont, en vertu de la « *loi des citations* » de Théodose en 426, l'opinion s'imposait aux juges romains, avec force de loi. On doit à Ulpien la plus ancienne table d'annuités connue. Celle-ci est naturellement reprise dans le Digeste (*Digesta sive Pandecta juris*) rendu exécutoire par l'empereur Justinien en 533. (*voir* p. 37)

Boèce (Anitius Manlius Severinus Boethius dit) (Rome vers 480-524).

D'illustre famille romaine, fils et père de consuls, consul lui-même, il fut haut fonctionnaire à la cour de Théodoric, roi des Ostrogoths, avant de mourir en prison sous l'accusation de complot en faveur de l'empereur d'Orient. Tenu pour « le dernier des romains » et « le premier des philosophes médiévaux », il est souvent cité par Thomas d'Aquin. Surtout connu comme traducteur et commentateur des œuvres logiques d'Aristote, on lui doit notre vocabulaire logique (genre, espèce, propriété…) et l'appellation de *Quadrivium* pour le groupe des études préparatoires : arithmétique, musique, géométrie, astronomie. Son arithmétique, simple version abrégée de l'introduction à la mathématique du grec Nicomaque de Gerasa (IIe siècle), influencera tous les textes mathématiques du haut Moyen Âge. (*voir* p. 43)

Al-Khwārizmī (Muḥammad ibn Mūsā) (Khiva vers 780-Bagdad 850).

Membre éminent de la « Maison de la Sagesse » à Bagdad, il écrivit son livre d'algèbre *Kitāb al-jabr wa al-muqābala* (Abrégé du calcul par la restauration et la comparaison) entre 813 et 830. Cet ouvrage, le premier du genre, conservé dans une version arabe, semble concrétiser tout un courant de pensée remontant à la fin du VIIIe siècle, et il sera à l'origine de nombreuses recherches. Al-Khwārizmī écrira ultérieurement deux traités d'arithmétique exposant le « Calcul indien », qui sont perdus dans leur langue d'origine, mais qu'on retrouve dans des textes latins du XIIe siècle les reflètant (4 textes différents sous forme de quelques 24 manuscrits). Parmi eux, *Dixit Algorizmi* trahit son origine par la multiplicité des expressions inusitées en latin et issues de l'arabe, mais incorpore aussi des sources latines dans la tradition de Boèce, et *Liber Alchorismi*, presque sûrement rédigé à Tolède vers 1143, est de loin la présentation la plus élaborée du calcul indien à la disposition de l'Europe avant l'apparition, au XIIIe siècle, du *Liber Abaci* de Léonard le Pisan. Dans ces manuscrits, les formes latinisées : alchorismus, alchoarismus, alghoarismus, algoriamus, alchoismi, peuvent désigner aussi bien l'auteur Al-Khwārizmī, que déjà un algorithme ou une étape du calcul indien.

Al-Karajī (m. 1023).

Dans ses livres, où figure la règle de formation du triangle arithmétique, et qui seront étudiés jusqu'au XVIIe siècle, al-Karajī étudie systématiquement l'application des lois de l'arithmétique et de certains de ses algorithmes aux expressions algébriques, telles que des polynômes. (*voir* p. 21)

Léonard le Pisan (vers 1170-après 1240) (dit Fibonacci).

C'est essentiellement par lui que les connaissances des Arabes furent diffusées en Europe. Son livre *Liber Abaci* (1202, puis 1228), qui empruntait à Al-Khwārizmī, Abū Kāmil et Al-Karajī, pour lequel il semble avoir utilisé la traduction latine de Gérard de Crémone, servit d'arithmétique commerciale aux marchands pendant plus de deux siècles, et fit pratiquement connaître en Europe le calcul indien et les chiffres arabes d'Occident ; il présente également la résolution d'équations du premier degré. Sa *Practica Geometriae* (1220) contient des rudiments de trigonométrie. Il reste surtout cité pour la suite de Fibonacci (0, 1, 1, 2, 3, 5, 8, 13…) dans laquelle chaque terme, à partir du 3e, est la somme des deux précédents. (*voir* p. 51)

Lulle (ou Ramón Llull) (Palma de Majorque vers 1235-vers 1315).

D'abord homme de cour, il quitta femme et enfants à 30 ans, pour se consacrer à ce qu'il considérait comme sa mission : travailler à l'unité des cultures et des croyances (conversion des infidèles). Après 9 années d'étude de la science arabe, il multipliera voyages et écrits, réalisant une œuvre gigantesque. À côté de ses écrits mystiques, il est célèbre pour son *Ars Magna*, tentative de création d'un art du raisonnement universel, propre, pensait-il, à assurer l'unité des esprits en leur transmettant la Vérité, et son idée de mécaniser les opérations logiques aura un bel avenir. Cette algèbre théologique éveillera aussi bien la moquerie que l'intérêt et influencera Giordano Bruno, Pic de la Mirandole, Lefèvre d'Etaples, Raimond de Sebonde (et donc Montaigne), Nicolas de Cusa et surtout Gottfried Leibniz. (*voir* p. 20)

Chuquet (Nicolas) (Paris 1445-1500).

Médecin à Lyon, il y rédigea vers 1484 son *Triparty en la science des nombres*, qui est tenu pour le plus ancien traité d'algèbre écrit en français. Pour la partie arithmétique, *Triparty*… pourrait dériver, directement ou non, du *Compendion del art de algorisme* rédigé en langue occitane, à Pamiers, dès 1435. La partie algébrique domine largement ce qui est alors connu. On y trouve déjà les signes algébriques, avec la règle des signes, ainsi que la notation cartésienne des exposants, les principes de leur calcul, et le germe des logarithmes. Chuquet est l'un des premiers à exprimer isolément un nombre négatif dans une équation algébrique, lorsqu'il écrit « 4^1 egaulx a $\overline{m}\ 2^0$ » ($4x = -2$ en notations modernes). Son manuscrit ne sera imprimé qu'en 1880, mais un ouvrage en grande partie copié sur lui fut publié à Lyon dès 1520. (*voir* p. 13)

Paccioli (Luca) (Borgo San Sepolcro vers 1445-Rome vers 1514).

On rencontre son nom avec les orthographes Paciolo, ou Paciuoli, et comme membre de l'ordre franciscain, il est souvent appelé Fra Luca di (ou dal) Borgo. Son célèbre portrait par Jacopo de Barbari (musée national de Capodimonte à Naples) a été maintes fois reproduit en symbole du « *mathématicien de la Renaissance* ». Ayant enseigné les mathématiques à Pérouse, Rome, Naples, Pise, Venise, il trouvera une position officielle à Milan à la cour de Ludovic Sforza, où il rencontrera Léonard de Vinci dès 1482. Après l'entrée des troupes de Louis XII à Milan, tous deux se retrouveront ensuite à Florence. Sa *Summa de arithmetica, geometria, proportioni e proportionalità* (Venise, 1494) compte parmi les premiers traités de mathématiques imprimés. Reprenant presque totalement le Liber Abaci de Léonard de Pise, cet ouvrage traite complètement de la résolution des équations du 2e degré et expose la comptabilité en parties doubles. *De Divina Proportione* (Venise, 1509), où est tentée la combinaison de l'algèbre et de l'analyse et où est introduit le nombre d'or, sera illustré par Léonard de Vinci. On dit même que ce dernier aurait fait plus que les figures ; mais on ne prête qu'aux riches ! De même d'autres auteurs ont cru reconnaître dans l'œuvre de Carpaccio l'influence de Paccioli, qui avait lui-même été formé par Pierro Della Francesca ! L'ouvrage sera sûrement à la mode pendant plus d'un siècle. (*voir* pp. 13, **51-52**, **183**)

Ferro (Scipione dal) (1465-1526).

Professeur à Bologne, il fut le premier, vers 1510, à résoudre l'équation $x^3 + px = q$, $p > 0$, $q > 0$. Peu avant sa mort, il confia sa solution à son élève et successeur Fior (Antonio Maria) lequel, en 1535, mit Tartaglia au défi de répondre à 30 questions posées et conduisant à une telle équation. Huit jours avant le terme du défi, le 12 février 1535, ce dernier réussit, non seulement à résoudre cette équation, et donc à répondre aux 30 questions posées, mais aussi à résoudre les équations $x^3 = px + q$, $x^3 = px^2 + q$ et $x^3 + px^2 = q$, $p > 0$, $q > 0$, ce qui lui permit de l'emporter sur Fior en posant à son tour des questions conduisant à ces dernières équations. (*voir* la notice sur Tartaglia)

Tartaglia (ou Tartalea), c'est-à-dire « le bègue » (Brescia vers 1500-Venise 1557).

Son vrai nom est Fontana (Niccolò). Vainqueur contre Antonio Maria Fior, élève de Scipione dal Ferro, lors d'un tournoi mathématique (Venise, 1535) dans lequel il montra sa capacité à résoudre des équations du 3e degré, il fut pressé de questions sur sa méthode par Cardano. En 1537, ce dernier obtint de lui, sous le sceau du secret, une énigme où se cachait cette méthode. Ferrari, l'élève de Cardano, ayant décrypté l'énigme, réussit alors à résoudre les équations du 4e degré. La publication par Cardano de tous ces résultats entraîna une violente polémique avec Tartaglia. Comme ouvrages de ce dernier, on cite en autres *Nova Scientia* (1537), traité d'artillerie où sont étudiées les lois de la chute des corps, *Quesiti e invenzioni diverse* (1546), qui traite des équations du 3e degré, de balistique, de levée de plans, de fabrication d'explosifs et *Generale Trattato di numeri e misure* (1551, puis 1556) inachevé, vaste compilation des ouvrages précédents, qui est autant un traité de commerce, de comptabilité, de pratique cambiaire que d'arithmétique. (*voir* pp. 13, 14, 17, 23, **52** et les notices sur dal Ferro et Cardano)

Cardano (Girolamo) (Pavie 1501-Rome 1576).

Médecin, astrologue, et mathématicien, c'est un personnage hautement extravagant et controversé. Dans tous les domaines où il a touché, il alterna les succès temporaires et les échecs retentissants. Commençant par des débuts difficiles en médecine, il acquerra 10 ans plus tard une énorme réputation en basant la médecine sur l'astrologie. Alors appelé en Grande Bretagne, il soignera heureusement l'archevêque écossais John Hamilton en 1552, mais promettra également longue vie au jeune roi d'Angleterre Edouard VI, lequel mourra l'année suivante.

En mathématiques, sa période d'activité, une quinzaine d'années, coïncidera étrangement avec la présence dans sa maison du jeune Ludovico Ferrari, entré chez lui comme coursier en novembre 1536. À ce moment, Cardano, qui n'avait pas encore réussi comme médecin, s'était tourné vers l'enseignement des mathématiques. Son 1er ouvrage de mathématique *Practica Arithmetica et Mensurandi Singularis* (Venise, 1539), simple reprise améliorée de Paccioli, lui ayant rapporté 10 couronnes d'or, il décida de continuer dans cette voie. Ayant pu lire à Bologne des documents laissés par dal Ferro, il se considéra comme délié de sa promesse faite à Tartaglia de ne pas dévoiler ce que ce dernier lui avait confié concernant les équations du 3e degré. Sa publication de *Artis Magnae Liber* (1545), où il indiquait les méthodes de résolution de ces équations et de celles du 4e degré, reste une étape importante de l'histoire de l'algèbre, mais déclencha l'animosité de Tartaglia. Malgré les efforts de ce dernier, devenu son implacable ennemi, Cardano ne se mesura jamais publiquement avec lui, laissant en 1548 au jeune Ferrari le soin d'affronter cet adversaire redoutable.

On rapporte que le père de Cardano était déjà un homme étrange qui fascina Léonard de Vinci. Son fils Giam-battista (1534-1560), qui avait épousé une prostituée, l'empoisonna trois ans plus tard et fut exécuté comme meurtrier. Lui-même écrivant sa biographie *De Vita Propria* eut soin de contribuer à sa légende. Juger Cardano est difficile. Si Leibniz écrivait : « *Il était effectivement un grand homme avec tous ses défauts et aurait été un homme incomparable sans ses défauts* », les historiens actuels tendent à être moins indulgents.

Joueur invétéré, Cardano a laissé à sa mort sous forme de manuscrit un *Liber de Ludo Aleae*, qui ne sera publié qu'en 1663, à Bâle et à Lyon. (*voir* pp. 52-53, **54-55** et les notices sur Tartaglia et Ferrari)

Ferrari (Ludovico) (Bologne 1522-*id*. 1565).

Entré à 15 ans au service de Cardano, qui le formera et l'utilisera comme copiste et archiviste, on suspecte qu'il a été l'auteur véritable de presque tout ce que l'œuvre mathématique de ce dernier contient d'original. Ayant décrypté l'énigme où Tartaglia avait caché la formule de résolution de l'équation du 3e degré, il résolut les équations générales du 4e degré. Une polémique avec Tartaglia s'ensuivit. S'éloignant ensuite de Cardano, Ferrari fut alors nommé professeur de mathématiques à Bologne, en 1565, mais mourut cette même année (empoisonné par sa sœur, dit-on !). On sait très peu de choses sur lui, à part ce que Cardano veut bien en dire dans sa propre biographie. (*voir* les notices sur Cardano et Tartaglia)

Galilei (Galileo) (1564-1642) (*voir* pp. 13, 23, 36, **55-56**, 175).

Képler (Johannes) (1571-1630) (*voir* p. 56).

Mersenne (Marin) (Oizé, près de la Flèche 1588-1648).

Précédant Descartes comme élève au collège des Jésuites de la Flèche, il rejoignit l'ordre des frères mineurs en 1611. Il va alors jouer un rôle considérable en tant qu'animateur, éditeur, diffuseur des connaissances, tout en apportant aussi sa contribution personnelle à nombre des travaux de ses amis. La liste de ses correspondants est proprement fabuleuse. Dès 1619, sa cellule du couvent de la place royale à Paris, devint l'un des centres majeurs de l'activité scientifique et philosophique européenne. Esprit universel, modèle achevé du public cultivé de son temps, il apparaît à bien des égards comme un précurseur des encyclopédistes. (*voir* pp. 12, 13, 23)

Le Pailleur (m. fin 1653 ou début 1654).

Ami intime d'Étienne Pascal, c'est lui qui maintiendra après 1648 l'activité de l'Académie Mersenne devenue Académie Parisienne, et à laquelle Blaise Pascal soumit sa fameuse Adresse. (*voir* p. 12)

Pascal (Étienne) (1588-1651).

Père de Blaise et inventeur de la conchoïde du cercle ou « *limaçon de Pascal* ». Après 1631, il se consacrera à l'éducation de ses enfants et a des opérations financières. On le suspecte d'avoir été pour beaucoup dans les premiers travaux de son fils. Dans la controverse entre ce dernier et le P. Noël au sujet du vide, c'est lui qui, en 1648, répondra à ce dernier à la place de Blaise. (*voir* pp. 12, 14, 36)

Fermat (Pierre de) (Beaumont-de-Lomagne 1601-Castres 1665).

Avocat puis conseiller au Parlement de Toulouse, homme d'une grande gentillesse, il est, comme mathématicien, d'une exceptionnelle inventivité. Toute son œuvre est disséminée dans ses lettres dont une partie a été perdue. Son écriture est elliptique et, la plupart du temps, il se contente d'esquisser les démonstrations, estimant que son correspondant le comprendra à demi-mot. Sous prétexte que, en théorie des nombres, il fut un maître indépassable, on a eu trop tendance à minimiser gravement ses autres contributions, en géométrie analytique, en probabilités et surtout en calcul infinitésimal. (*voir* pp. 11, **13-16**, 25, 36, 40, 56-58, 63-64, **65-66**, 67-68, 70-71, 75, 77, 91, 110, 145, 179, **182**, 214, **216-217**, et la notice sur Carcavi)

Carcavi (Pierre de) (Lyon 1603-Paris 1684).

Ami de Fermat, Pascal, Roberval, il fut aussi proche de Descartes. D'abord Conseiller au Parlement de Toulouse en même temps que Fermat, il sera par la suite son correspondant, son intermédiaire avec les milieux parisiens, et le légataire d'un grand nombre de ses manuscrits. Ayant dû, en 1648, vendre ses charges pour régler les dettes de son père, il se tourna vers le commerce des livres rares, activité où il excella et qui le mit en contact avec Colbert. En 1663, ce dernier lui confia la garde de la Bibliothèque Royale, garde qui ne lui fut retirée que par Louvois, en 1683, à la mort de Colbert. Fermat avait songé un moment à le charger, conjointement avec Pascal, de s'occuper de l'édition de ses œuvres mathématiques. La lettre de Fermat à Carcavi, datée du 9 août 1654, dans laquelle ce projet est esquissé, suggère que Pascal pourrait rédiger, mettre en forme et développer les textes succincts que Fermat lui adresserait. Il semble donc bien que, à cette date, Fermat considérait Pascal comme un brillant espoir, mais pas encore comme véritablement un maître. (*voir* pp. 11, 14-15, 16, 68, 70, 144-145)

Schooten (Frans van) (1615-1660).

Professeur de mathématiques à Leyde, il aura Huygens et de Witt comme élèves. (*voir* pp. 67-68, 214)

Graunt (John) (1620-1674).

Commerçant de Londres, on sait fort peu de chose sur lui. Son mince ouvrage *Natural and Political Observations on the Bills of Mortality* (1662), sur lequel Huygens, consulté à ce sujet par la Royal Society, avait porté un jugement très favorable, inaugura les études de statistique inférentielle et de biométrie ; il lui ouvrit aussi les portes de la Royal Society fondée l'année précédente. Après 1666, son nom disparaît des registres de la société. Certains conjecturent qu'il fut ruiné par le grand incendie de Londres en 1666, lequel détruisit d'ailleurs la plupart des données sur lesquelles il avait travaillé. (*voir* p. 39)

Pascal (Blaise) (Clermont-Ferrand 1623-Paris 1662).

Écrivain et moraliste exceptionnellement célèbre en France, où il est entouré d'une légende, son œuvre scientifique n'y a jamais été analysée avec autant d'objectivité et de rigueur que celle des autres savants. Ce que sa sœur a raconté sur son enfance est très sujet à caution (nombre de mathématiciens célèbres ont également été présentés comme ayant, dans leur enfance, réinventé spontanément les premiers résultats d'Euclide), et on ne sait guère dans quelle mesure son *Essai pour les Coniques* ne fut pas amélioré par son père. En tout cas, Descartes se refusait à y voir l'œuvre du jeune Blaise. Le travail sur la pesanteur de l'air entraîna également une violente controverse avec Descartes, lequel avait déjà écrit au père Mersenne sur ce sujet, ce que Pascal ne pouvait ignorer. Dans l'*Encyclopædia Universalis*, le R.P. François Russo S.J. appelle à une réévaluation sereine de l'œuvre scientifique de Pascal, tandis qu'une historienne britannique, F.N. David, écrit pour sa part[1] :

« ... *On the whole it would seem that Pascal's reputation as a mathématicien is greater than he deserved, although there is no doubt that he was very competent... How far he was pushed by his father, how far his father's insistence gave him the feeling that he must excel, it would be difficult to evaluate. But on several occasions Blaise seems to have appropriated as his own, mathematical ideas which belonged to other scientists, ...* » (*voir* pp. **11-17**, 25, 30, 36, 40, 45, **57-64**, 67-68, 82, 91, 144-145, **177-178**, 182, 207, **213**, 216)

Witt (Johan de) (Dordrecht 1625-La Haye 1672).

D'une famille opposée au Stathouder Guillaume II, il entra en politique à la mort de ce dernier. Grand Pensionnaire de Hollande en 1653, il fut pendant 22 ans le chef du gouvernement des Sept Provinces Unies, mais l'invasion de la Hollande par les armées de Louis XIV le força à la démission en 1672. Peu après il sera, avec son frère, massacré par la foule. Il est l'auteur de *Waerdye van Lyf-Renten* (1671), la plus ancienne étude mathématique consacrée aux rentes viagères, qui soit basée sur le nouveau calcul des probabilités, et dans laquelle il soit question de loi de mortalité. Ce document, publié à très peu d'exemplaires, sera désespérément recherché par Jakob Bernoulli. (*voir* pp. 39, 95)

Hudde (Johannes) (Amsterdam 1628-1704).

Comme de Witt et Huygens, il commença par des études de droit et de mathématiques aux Pays-Bas et en France. À partir de 1672, il sera 21 fois réélu bourgmestre d'Amsterdam. Sur la question des rentes viagères, il collaborera avec de Witt, lui apportant sa caution scientifique tout en servant d'intermédiaire entre celui-ci et Huygens. Lui-même s'occupera des rentes viagères sur plusieurs têtes. Dès 1665, il avait fait observer à Huygens que, en matière de tirages d'urnes, il fallait distinguer entre tirages sans remplacements et tirages avec remplacements. (*voir* pp. 39, 67, 71, 145)

---

1. *Games, Gods and Gambling*, p. 97.

Huygens (Christiaan) (La Haye 1629-*id.* 1695).

Fils de Constantijn Huygens, secrétaire des Princes d'Orange, il est surtout connu comme astronome (découverte de l'anneau de Saturne et du satellite Titan) et comme physicien (théorie ondulatoire et polarisation de la lumière). Il s'est aussi intéressé épisodiquement au calcul des probabilités, en particulier à la suite des travaux de Graunt et de ceux de ses compatriotes de Witt et Hudde, après en avoir donné, en 1657, le premier texte imprimé ne contenant que des énoncés corrects. Nommé par Colbert à l'Académie des Sciences dès sa fondation, et généreusement pensionné par Louis XIV, il vécut presque constamment à Paris de 1666 à 1681. À cette date, il retournera aux Pays-Bas malgré les efforts faits pour le retenir, et en 1685, à la révocation de l'Édit de Nantes, cessera ses contacts avec la France. (*voir* pp. 11, 13, 14, 16, 36, 39, 54, 58, **67-73**, 76, 91, 94, 110, 124, 139, 144-147, 174, 175, 181, **214-217**)

Spinoza (Baruch) (1632-1677). (*voir* pp. 67, 175, **209**).

Leibniz (Gottfried) (1646-1716). (*voir* pp. 20, 67, **82-84**, 93, **95-96**, 213, **216**).

Kangxi (1654-1722).

Empereur de Chine de la dynastie Qing, monté à sept ans sur le trône pour un règne de 61 ans. Le jésuite Joachim Bouvet (sous son nom chinois Bai Jin), l'un des cinq missionnaires envoyés en 1687 en Chine par Louis XIV, nous l'a fait connaître par son *Portrait historique de l'Empereur de Chine*. Cet empereur à l'esprit curieux, exemple unique dans le monde des souverains par l'intérêt qu'il porta aux mathématiques, et auquel Bouvet enseignait la géométrie d'Euclide, relisait jusqu'à 12 fois les énoncés et démonstrations des théorèmes, prenant ensuite plaisir à les enseigner lui-même à ses enfants. Quand Mei Wending lui présenta son ouvrage *Doutes à propos de la science calendaire* l'empereur annota le texte de son propre pinceau. (*voir* p. 84)

Halley (Edmund) (Haggerston, près de Londres 1656-1742).

Astronome, connu pour avoir dressé le premier catalogue des étoiles du ciel austral et mis en évidence le mouvement propre des étoiles, il est surtout célèbre pour ses études sur le mouvement des comètes. Il nous intéresse ici pour ses contacts avec A. de Moivre et son étude de 1693, *An estimate of the Degrees of Mortality of Mankind, drawn from curious Tables of the Births and Funerals at the City of Breslau ; with an Attempt to ascertain the Price of Annuities upon Lives*. On conjecture que c'est par le canal de Leibniz qu'il a disposé des données numériques provenant de Breslau (ville de Silésie, actuellement appelée Wrocław). Il est ainsi l'auteur de la première table de mortalité construite sur des bases statistiques sérieuses. Par comparaison, de Witt n'avait pu disposer que d'observations peu nombreuses, qu'il avait dû compléter par des hypothèses simplement vraisemblables. (*voir* la notice sur A. de Moivre)

La famille **Bernoulli** (*voir* pp. 91-94) ; **Jakob** (*voir* pp. 13, 36, 58, 67-69, **70-75**, 84, **91-98**, 101, 105, 109-110, **115-117**, 123-125, 145-147, 154, 173-174, **180-182**, 215-216) ; **Niklaus** (*voir* pp. 91, **93**, **97-98**, **107-109**, 110, 111-113, 123-125, 152, 154, 215-216) ; **Johann** (*voir* pp. **82-84**, 91, **93**, **96-98**, 107, 124-125, 152) ; **Daniel** (*voir* pp. 91, **93**, 107, **113**, 129).

Chronologie des événements concernant les Probabilités au début du XVIIIe siècle

Rappelons le contexte européen à cette époque. La révocation de l'Édit de Nantes a lieu en 1685. La guerre de succession d'Espagne se déroule de 1701 à 1713/14 et, pendant l'hiver 1709, la France connut la famine. Les hostilités entre la France et l'Angleterre et les oppositions religieuses furent peut-être pour quelque chose dans l'affrontement scientifique qui opposa l'ancien chanoine de Notre-Dame (de Montmort) au protestant français émigré à Londres (de Moivre). C'est aussi l'époque où Newton s'acharna contre Leibniz à propos de priorité dans l'invention du calcul infinitésimal, querelle qui envenima les relations dans la communauté des mathématiciens.

Montmort	Niklaus B.	De Moivre	Jakob B.	Montmort	De Moivre
Essai d'Analyse...	*Thèse de Droit*	*De Mensura Sortis...*	*Ars Conjectandi*	*Essai d'...* 2e édition	*Doctrine of Chances*
1708	1709	1711	1713	1713/1714	1718

Moivre (Abraham de) (Vitry-le-François 1667-Londres 1754).

Protestant, il fut emprisonné à 18 ans lors de la révocation de l'Édit de Nantes. Libéré en 1688, il émigra alors définitivement et débarqua à Londres sans argent, ni amis, ni appuis. Ayant étudié les mathématiques avec un professeur célèbre, Frédéric Ozanam, il essaya de gagner sa vie en donnant des leçons dans de riches familles, et aussi en réalisant des calculs de chances pour le compte de joueurs. Sa rencontre avec Edmund Halley est de 1692, sans que celui-ci réussisse à l'intéresser à l'astronomie. Au moins lui communiquera-t-il son intérêt pour l'assurance-vie (on sait que Halley fut l'auteur d'une table de mortalité) et, en 1697, l'introduira-t-il à la Royal Society de Londres, où il semble que de Moivre ait eu des relations amicales avec Isaac Newton. Néanmoins, toute sa vie resta marquée par l'insécurité de sa situation matérielle. Malgré son désir d'obtenir, *où que ce soit*, une position officielle, *jamais* il ne put y parvenir, et aucun des mathématiciens connus avec lesquels il avait eu des contacts ne fit d'effort pour l'y aider : pas plus les Anglais, que Johann Bernoulli, ou que Leibniz. Alors que pour la majorité des auteurs la vente d'un livre est une question de notoriété, pour lui elle resta avant tout une question financière, et ceci explique ses polémiques contre les personnes qu'il accusait de plagiat, par exemple Simpson. Son premier travail sur les probabilités *De Mensura Sortis, seu de Probabilitate Eventuum in Ludis a Caso Fortuito Pendentibus* prévu pour les *Philosophical Transactions* de 1711, lesquelles ne parurent qu'en 1713, entraînera une polémique avec de Montmort. Son ouvrage principal est *Doctrine of Chances* (1718), republié en 1738 et 1756. La dernière édition de ce livre est le premier traité moderne sur la théorie des probabilités. (*voir* pp. 97, 110, **123-128**, 142, 145, **147-149**, **153-154**, 155, **173-174**, 179, **209**, 210, 215, et aussi les notices sur Halley, de Montmort et Simpson)

Montmort (Pierre-Rémond de) (Paris 1678-*id.* 1719).

Élève du philosophe Malebranche, de famille noble, il se refusa d'abord à devenir magistrat, puis succéda à son frère ainé comme chanoine de Notre-Dame. Finalement, en 1706, il renonça à ces dernières fonctions pour se marier et vivre sur ses terres. Non joueur, par son intérêt purement mathématique pour le calcul des probabilités, il aidera ce dernier calcul à gagner en respectabilité. À plusieurs occasions, alors qu'il était encore chanoine et ne disposait pas lui-même de loisirs pour poursuivre des recherches, il fit imprimer à ses frais divers textes mathématiques. Montmort, qui était venu visiter Newton dès 1700, sera choisi par Leibniz comme représentant à la commission mise en place par la Royal Society pour juger de la controverse de priorité dans l'invention du calcul infinitésimal. Bien qu'utilisant lui-même les notations de Leibniz, il semble s'être prononcé en faveur de Newton. Son *Essai d'Analyse sur les Jeux de Hazard* (1708), que de Moivre avait présenté dans *De Mensura Sortis* en termes peu flatteurs et le commentaire que l'auteur, tout comme Huygens, avait maintenu la théorie des jeux dans un cadre beaucoup trop étroit, fut à l'origine entre eux d'une polémique assez violente. En particulier à propos de priorité sur le problème de la durée d'un jeu. À cette époque, de Moivre n'avait certainement pas encore atteint la maîtrise qu'il montrera plus tard. Son ouvrage semble bien avoir été en partie inspiré par celui de Montmort, comme ce dernier l'avait été par celui de Jakob Bernoulli. (*voir* pp. 36, 78, **96-97**, **107-108**, **123-125**, 142, 145, 147, **152-153**, 215 et la notice sur de Moivre)

Stirling (James) (1692-1770). (*voir* p. 126-127).

Cramer (Gabriel) (Genève 1704-Bagnols 1752).

Auteur de l'un des premiers traités de géométrie analytique, éditeur des œuvres des frères Bernoulli, il sera le correspondant de Niklaus Bernoulli dans l'étude du problème de Saint-Pétersbourg. (*voir* pp. 107, 111-113)

Buffon (Georges Louis Leclerc, comte de) (Montbard 1707-*id.* 1788).

Célèbre pour les 44 volumes de son *Histoire Naturelle*, majoritairement écrits de sa main, il mérite d'être tenu pour bien plus qu'un naturaliste. Précurseur en économie, il le fut également dans l'usage de la quantification dans les sciences de la nature. Père des méthodes de Monte-Carlo, ses remarques judicieuses concernant les probabilités sont nombreuses et ne finissent pas d'étonner. (*voir* pp. 22, 50, **79-80**, **85**, 89-90, 113, 115, 154)

Simpson (Thomas) (Market Bosworth, Leicestershire 1710-*id.* 1761).

Il fut le premier à s'intéresser à une distribution de probabilité à densité. Son livre *The Nature and Laws of Chance* (1740) a un contenu très similaire à celui de la 2e édition (1738) de *Doctrine of Chances*. On retient surtout de lui *An Attempt to show the Advantage arising by taking the Mean of a Number of Observations in Practical Astronomy* (1757) ; travail sur l'utilisation de la moyenne arithmétique en théorie des erreurs, qui sera repris et poursuivi par Lagrange, Gauss et bien d'autres. (*voir* p. 132)

Alembert (Jean Le Rond d') (Paris 1717-1783).

Exemple remarquable (mais non unique) de mathématicien éminent ne comprenant pas le calcul des probabilités. On a par exemple de lui l'article « croix et pile » de l'Encyclopédie, dans lequel, pour obtenir deux fois face en deux jets, il déclare qu'il y a un cas favorable sur 3, puisque, si P apparaît, on est certain de ne pouvoir gagner et on cesse les tirages, ce qui fait qu'il y a seulement à considérer les éventualités P, FP et FF. Pour obtenir au moins une fois face en 3 jets (probabilité $1 - \frac{1}{8} = \frac{7}{8}$), il propose donc la probabilité $\frac{3}{4}$, car il ne retient que les éventualités F, PF, PPF, PPP. Il affirme aussi que, si durant 3 jets, F apparaît toujours, il est plus probable que le prochain jet sera P. (*voir* p. 62, 107, **209**)

Laplace (Pierre Simon, marquis de) (Beaumont-en-Auge 1749-1827).

La carrière de Laplace coïncide pratiquement avec cette surprenante période d'environ 50 ans (1770-1820) durant laquelle la France connut peu d'artistes ou d'hommes de lettres très éminents, mais sur le plan scientifique, domina l'Europe de façon écrasante, tant par le nombre que par la qualité de ses savants. Les succès professionnels de Laplace furent exceptionnels, et il survécut habilement à tous les changements de régime, en parvenant toujours à rester au premier plan de la science officielle. Vers 1800, à Arcueil, avec son voisin le chimiste Bertholet, groupant autour d'eux de jeunes scientifiques, ils constituèrent ce qu'on appela « la société d'Arcueil », qui fut un des hauts lieux de la recherche scientifique.

La contribution de Laplace au calcul des probabilités consiste en un plus haut degré de mathématisation et un intérêt nouveau pour des applications non limitées aux sciences morales et politiques. Publiant dès 1774, dans *Mémoire sur la Probabilité des causes par les événements*, le théorème dit de Bayes, il fera vraiment des méthodes bayesiennes un corps de doctrine, en passant librement du bayesien au non bayesien. En 1782, continuateur d'A. de Moivre, il utilisera des fonctions génératrices pour résoudre des équations différentielles (ou aux différences finies, ou aux différences partielles) et, en probabilités, pour étudier des v.a.r. discrètes, avant de les étendre sous forme intégrale aux v.a.r. continues. *A-t-il inventé la transformation dite de Laplace ?* Pas exactement, puisqu'il ne manipulera que des intégrales indéfinies en connexion avec ses fonctions génératrices. Cependant, en cherchant des équivalents de $\int_0^T e^{-t^2} \, dt$ pour T grand (ou T petit) il obtiendra le résultat :

$$\int_{-\infty}^{\infty} z^{2r} e^{-z^2} \, dz = \frac{(2r)! \sqrt{\pi}}{4^r r!}.$$

Dans les années 1800, il encouragea le travail de Fourier, lequel conduira, en 1811, à la transformation dite de Fourier, sans que la transformation dite de Laplace en résulte avant plusieurs décennies. Le théorème asymptotique de Laplace est de 1810 et sa *Théorie Analytique des probabilités* de 1812, 1814, 1820. Globalement les historiens reprochent à Laplace de surestimer ses propres contributions, en sous-estimant celles de ses prédécesseurs. (*voir* pp. 11, 83, 110, 133, 142, 173-174, **178-179**, 180, **208-209**)

Poisson (Siméon Denis) (Pithiviers 1781-1840).

En probabilités, comme continuateur de Laplace, dont il essayera d'éclaircir et rendre rigoureuse la théorie asymptotique, il sera méconnu par ses contemporains français. Ceux-ci ne verront en lui qu'un vulgarisateur de talent et seul Chebychev saura reconnaître son originalité. Poisson donnera une généralisation du théorème de Bernoulli, pour le cas d'une urne dont le contenu varie de façon déterministe d'un tirage au suivant, et qu'il appellera « *Loi des grands nombres* ». Ce théorème sera ensuite démontré de façon rigoureuse et simple par Chebychev en 1846. Mais Poisson, qui attachait à ce résultat beaucoup d'importance, voulut lui attribuer, avec insistance, une réelle signification philosophique. Cette prétention sera très mal reçue par certains mathématiciens et une polémique s'ensuivra, entraînant, en France, un rejet systématique des probabilités hors du champ des mathématiques. On peut créditer Poisson de plusieurs contributions concernant le calcul des probabilités : la notion de v.a.r. ; celle de fonction de répartition ainsi que celle de densité comme dérivée de la fonction de répartition ; et également d'avoir reconnu la loi dite de Cauchy, peut-être 30 ans avant ce dernier. Par le canal de Chebychev et d'Ostrogradsky, il a exercé une influence certaine sur l'école russe. Il a aussi vraisemblablement influencé Cournot. (*voir* pp. 76, 123)

Bienaymé (Irénée-Jules) (Paris 1796-1878).

De culture universelle, on le connaît comme traducteur et diffuseur de Chebychev. Dès 1853, il avait communiqué à l'Académie des Sciences l'idée de base de la fameuse inégalité de Bienaymé-Chebychev, la version de Chebychev, sans doute plus explicite, étant bien plus tardive, et datée seulement de 1867. Jusqu'à récemment, Bienaymé n'était guère cité que pour son œuvre démographique ou actuarielle, et à propos des fonds de pension. Il semble maintenant que ses autres travaux aient été très fortement sous-estimés. (*voir* p. 104, 135)

Cournot (Antoine-Augustin) (Gray 1801-1877).

Par ses *Recherches sur les principes mathématiques de la théorie des richesses* (1837), ouvrage trop en avance sur son temps pour être reçu avec succès, il inaugura l'utilisation rigoureuse des mathématiques en économie ; certaines pages de Cournot restent encore aujourd'hui enseignées dans les cours d'analyse microéconomique. Revenant aux probabilités, il publiera *Exposition de la théorie des chances et des probabilités* (1843) qui fera référence pendant un siècle. Ses grands ouvrages philosophiques, cités en bibliographie, sont parus entre 1851 et 1875. Leur influence a été surtout posthume, et elle est loin d'être épuisée. On doit à Cournot la définition du hasard comme conjonction des événements dans deux séries causalement indépendantes, des études sur les divers sens philosophiques de la probabilité, et peut-être le plus ancien énoncé de la propriété d'intervalle de confiance pour l'estimation par intervalle. (*voir* pp. 24-25, 43-44, 80, **205-206**, 207-208, **209**)

Chebyshev (Pafnutii Lvovich) (1821-1894).

Son nom est souvent écrit en France Tchébichev ou Tchébicheff. Il est connu pour son intérêt concernant l'approximation polynomiale, la théorie des nombres et les probabilités, ces dernières ne formant qu'une partie mineure de son œuvre. Il eut une influence déterminante sur l'école russe de mathématiques, à laquelle il transmettra son intérêt pour les probabilités. Ayant donné en 1846 une preuve analytique rigoureuse de la loi faible des grands nombres de Poisson, il obtiendra en 1867 l'inégalité de Bienaymé-Chebychev pour la moyenne arithmétique de v.a.r. non i.i.d. (mais cependant s.i.) et ne prenant qu'un nombre fini de valeurs. Cette formule lui permettra de démontrer les théorèmes de Bernoulli et de Poisson. En fait, ces résultats avaient été précédés par ceux de Bienaymé pour une distribution de probabilité générale dès 1853. Il inaugurera ensuite l'usage de la méthode des moments pour démontrer le théorème de la limite centrée pour des sommes de v.a.r. non i.i.d. (mais s.i. cette hypothèse restant implicite), voie dans laquelle il sera complété par Markov en 1898. (*voir* pp. 104, 134-135)

Markov (Andrei Andreevich) (Ryazan, Russie 1856-Saint-Pétersbourg 1922).

Succédant en 1883 à Chebyshev dans l'enseignement des probabilités, on lui doit la poursuite des travaux de ce dernier sur le théorème de la limite centrée. Avec la méthode des moments, Chebyshev avait démontré ce théorème pour des v.a.r. U_i, centrées, munies d'une densité, vérifiant $|\mathbb{E}(U_i^k)| \leq C$ pour tous les i et k, la constante C ne dépendant ni de i ni de k. En 1898, Markov rajoutera comme condition que $\mathbb{E}(U_n^2)$ ne devienne pas arbitrairement petite quand n tend vers l'infini. L'article de Liapunov en 1901 ayant montré que, avec des fonctions caractéristiques, on pouvait obtenir des résultats de plus grande généralité, Markov tenta d'améliorer ses méthodes, ce qui le conduisit à l'invention de la *méthode de troncature*. Pour un nombre N, on définit :

$$U'_k = \begin{cases} U_k & \text{si } |U_k| < N, \\ 0 & \text{si } |U_k| \geq N, \end{cases}$$

ce qui permet de travailler d'abord avec des v.a.r. bornées, l'effet de la troncature étant ensuite éliminé en faisant tendre N vers l'infini de façon judicieuse. (*voir* pp. 104, 134)

Liapunov (Alexander Mikhailovich) (Yaroslav, Russie 1857-Odessa 1918).

Fils d'astronome, élève de Chebyshev comme Markov, il ne s'intéressera au calcul des probabilités qu'épisodiquement. Il semble que ce soit l'article de ce dernier paru en 1898 sur le théorème de la limite centrée, qui soit à l'origine de son travail sur le même sujet, en 1900-1901. À la différence de Markov, qui emploie la méthode des moments, il utilisera des fonctions caractéristiques. Ce n'est pas le premier exemple de démonstration rigoureuse de ce théorème basée sur des fonctions caractéristiques, puisque cela avait été inauguré par Cauchy, mais l'approche de Liapunov présente plus de généralité et surtout elle se situe dans un environnement bien moins défavorable que celui régnant en France vers le milieu du XIXe siècle. Il eut donc beaucoup plus de retentissement ; de nombreux chercheurs reprendront et étendront les résultats de Liapunov. (*voir* p. 134)

Poincaré (Henri) (Nancy 1854-Paris 1912).

Chacun connaît tout sur le mathématicien Poincaré, mais l'on sait moins que, s'il n'avait pas été aussi célèbre mathématicien, il aurait sans doute obtenu le prix Nobel de Physique pour lequel, et par deux fois, son nom a été avancé par les instances préparatoires. Le Comité Nobel n'a pourtant jamais suivi ces propositions, de peur d'être en contradiction avec le testament d'Alfred Nobel, lequel précisait que, aucun des prix institués ne devrait être attribué pour des travaux de mathématiques ou d'astronomie. Il est assez clair que Poincaré était aussi avancé qu'Einstein dans l'édification de la relativité restreinte et que, s'il n'était mort prématurément à 58 ans, compte tenu de l'avance considérable dont il disposait sur ce dernier dans la connaissance de la géométrie riemannienne, il aurait eu de grandes chances de le devancer dans l'édification de la relativité généralisée.

Dans un registre différent, c'est bien grâce à la largeur de vue et à l'autorité de Poincaré que l'on verra, après le décès accidentel de Pierre Curie, Marie Curie être nommée dans la chaire qu'occupait son mari à la Sorbonne. (*voir* pp. **206-209**)

Borel (Émile) (1871-1956). (*voir* pp. 105, **163-165**, 168-169).

Appendice 2

Le langage des probabilités

Assez fréquemment, l'étymologie n'est pas un guide infaillible, car beaucoup de mots ont des origines controversées, et parfois des filiations artificielles ont été forgées de toutes pièces. Cependant, dans le domaine des mathématiques elle se révèle éclairante la plupart du temps.

On voit d'abord que :
- la géométrie parle très majoritairement grec (γεωμετρια ; τραπεζα = table ; κυλινϑρος = corps cylindrique ou arrondi ; πολυεδρος = à plusieurs sièges ou degrés ; παραλληλος = à coté l'un de l'autre…) ;
- l'algèbre nous initie à l'arabe (*al-jabr* = contrainte, restauration ; le nom propre *al-Khwārizmī* nous donne algorithme ; *ṣifr* = vide donne *cifra* en italien et en espagnol, puis *chiffre* en français, *cypher* en anglais, *Ziffer* en allemand…, et aussi nous conduit au *zéro*, à partir de la forme latinisée *zephirum*, et en passant par l'italien.)[1] ;
- mais le calcul des probabilités, lui, va utiliser presque exclusivement des racines latines. Il naît en effet dans une société et à une époque où le latin étant la langue de l'enseignement, les sciences nouvelles se dotent du vocabulaire nécessaire en puisant dans cette langue, lorsque, ni le grec, ni l'arabe ne leur fournissent, déjà élaboré, le vocabulaire dont elles ont besoin.

Faisons la liste des mots usuels spécifiques à cette branche des mathématiques, en débutant par deux exceptions.

a) Venant du grec, nous avons l'unique adjectif **stochastique** (στοχαστιχος = qui vise bien, habile à conjecturer ; στοχασμος = action de viser ; στοχασμα = javelot). On le retrouve bien établi dans : « processus stochastique », « convergence stochastique », « indépendance stochastique », « analyse stochastique », « calcul stochastique », et même « variable stochastique » qui n'est plus d'emploi exceptionnel. C'est un usage plutôt récent, dû à la tendance de la science moderne à prendre ses racines dans la langue

---

1. Signalons que, dans ses notes en latin, Jakob Bernoulli désignait le zéro par *cyphra*.

grecque de préférence à la langue latine. Cependant on pouvait déjà épisodiquement trouver chez Jakob Bernoulli l'usage du terme *stochastice*, comme équivalent à *ars conjectandi*. Dans le passé on disait plutôt « indépendance en probabilité » et on dit toujours « nombre aléatoire », « variable aléatoire » et souvent « processus aléatoire ». Curieusement, nous n'avons absolument aucun mot dérivé de Υυχη = Fortune, la déesse du destin ou de τυχηρος = accidentel, fortuit, ni de αναγκη = fatalité ou Μοιρα = Destin !

b) Venant de l'arabe, également l'unique mot **hasard** dont l'origine n'est pas claire. Est-ce *az-zahr* = jeu de dé ou faut-il suivre Guillaume de Tyr qui rapporte que le jeu de Azar aurait été inventé par les croisés, au château de El Azar, en Palestine ?

c) Suit la cohorte des mots d'origine latine ; donnons-les dans l'ordre lexicographique.

Aléatoire. Le latin connaît *alea* = coup de dé, chance et les mots voisins *aleatorius, aleator* = joueur. On ne peut oublier le « *Alea Jacta Est* » prononcé par Julius Caesar avant de franchir le Rubicon.

Chance. De *cadere* = tomber.

Dé. L'origine est obscure. Ce peut être « *judicium Dei* » ou « *datum* » avec le sens de « pièce », « pion », « chance ».

Destin. De *destinare* = fixer.

Espérance mathématique. C'est l'*expectatio* forgé par van Schooten pour traduire Huygens.

Événement. De *evenire* = advenir, avoir lieu.

Éventualité. De *eventus* = événement, résultat.

Fatalité. De *fatum* = destin.

Fluctuation. De *fluctuare* = flotter.

Fortuit. De *fors* = hasard ou *fortuitus* = accidentel, imprévu.

Fortune. De *fortuna* = destin, sort, lot ou *Fortuna* la déesse.

Probabilité, probable. De *probabilis* = digne d'approbation, plausible, vraisemblable. Voir aussi *probus, probare, probabilia*.

Sort. De *sors* = chance, hasard, destin.

Statistique. De *status* = état par l'allemand Statistik.

Vraisemblance. D'origine évidente.

Ainsi que tous les mots de la langue courante que le calcul des probabilités utilise : densité, distribution, indépendance, médiane, moment, moyenne, variance... et ceux de la logique qui eux, depuis Aristote, ont eu le temps d'être latinisés (à part le mot « logique » lui-même, qui a été conservé sous sa forme grecque).

Une mention spéciale doit être réservée à « probable » et « probabilité » dont les sens ont varié au cours du temps. En calcul des chances, ils n'apparaîtront que vers 1710. Antérieurement, une opinion probable était une opinion en faveur de laquelle des personnalités importantes ou des autorités s'étaient prononcées. (Voir l'appendice 4)

d) Encore à signaler le mot **martingale** qui est lié à l'équitation et aux paris sur les courses de chevaux et semble d'origine géographique. Il viendrait de Martigues commune proche de Marseille.

e) Pour finir, il est bon de jeter un coup d'œil sur les langues voisines. Elles n'ont apporté que peu de choses au français. Nous n'avons rien tiré du « *por casualidad* » des Espagnols, ni de l'italien « *caso* », ni des mots allemands « *Zufall* » ou « *Schicksal* ». On ne trouve que l'anglais « random » à disposer d'une postérité. Il nous a donné « **randomiser** », de plus en plus employé en français, avec le sens de « substituer une v.a.r. à une constante ». Noter aussi le vieux franc *lot* qui, en passant par le néerlandais, a donné **loterie**.

f) De quand date l'appellation **calcul des probabilités** ? Durant environ cent ans, les livres qui traitaient de probabilités faisaient référence aux *jeux de hasard*, aux *lois du hasard*, au *calcul des chances*. Dans l'Encyclopédie, en 1754, l'article de d'Alembert avait pour titre « *croix et pile* », mais moins de 20 ans plus tard, dans la controverse qui l'opposera à Daniel Bernoulli à propos de la variolisation, d'Alembert parlera d'application du calcul des probabilités. Dans la dernière édition du livre de Moivre, si le mot probabilité n'apparaît toujours pas dans le titre, c'est bien par ce mot que commence l'ouvrage.

Appendice 3

Aspects divers du hasard

LE HASARD ou bien « des situations de hasard » ?

Quand nous parlons du Hasard, nous ne pensons naturellement plus à Fortuna, la déesse aux yeux bandés, ni à aucune entité métaphysique lui ayant succédé dans ses fonctions, il s'agit simplement d'une manière commode et anodine de s'exprimer, comme lorsque nous nous référons à la Nature, la Vie ou l'Histoire. Malheureusement, une telle substantification présente au moins le défaut de laisser entendre que le Hasard, à défaut d'avoir une personnalité, aurait tout au moins un caractère unitaire. Or les interprétations contradictoires qu'on en donne, et les difficultés que l'on rencontre à tenter de saisir ses nombreux aspects dans une définition unique, montrent que la réalité est sans doute trop complexe pour qu'on puisse y parvenir sans la mutiler. De fait, le Hasard semble pouvoir jouer dans un cadre complètement anarchique ou, au contraire, fortement régulé, il peut concerner des situations répétitives ou singulières, être ténu ou prépondérant. Le mieux est donc de commencer par des exemples permettant de repérer des situations types.

En suivant Antoine-Augustin Cournot

Les analyses de Cournot sont parmi les plus connues, car il les a reprises et développées tout au long de sa vie dans divers ouvrages. Selon lui, le hasard consiste dans *la rencontre de* (au moins) *deux séries* déterminées de causes et d'effets *mutuellement indépendants*[1] et qui concourent à produire un phénomène ou un événement *dont la raison ne se trouve pas dans les séries* elles-mêmes. L'exemple le plus célèbre est le suivant.

---

1. « *Il faut pour bien s'entendre, s'attacher exclusivement à ce qu'il y a de fondamental et de catégorique dans la notion de hasard, savoir, à l'idée de l'indépendance ou de la non solidarité entre diverses séries de causes...* » (*Essai sur les fondements...* p. 41).
Comme exemples de telles rencontres de séries indépendantes, Cournot propose la chute d'un aérolithe sur une poudrière, ou bien le décès, le même jour presque au même instant, de Desaix à Marengo et de Kléber au Caire.

Un passant est tué dans la rue par une tuile tombée d'un toit, suite à la maladresse d'un couvreur travaillant sur ce toit. La série des causes, qui ont amené le passant à emprunter cette rue, et précisément à la seconde où tombe la tuile, n'a évidemment rien à voir avec celle ayant amené le couvreur à travailler sur ce toit au même moment, et à commettre la maladresse de laisser échapper la tuile. On pourra certes toujours trouver entre ces séries quelque corrélation due à l'environnement commun, par exemple le fait que le couvreur et le passant soient là, au même instant, parce qu'il fait jour et qu'il ne pleut pas, mais, en première approximation, l'indépendance des séries paraît tout à fait acceptable[1], et on peut donner beaucoup d'exemples pouvant être interprétés suivant le même schéma.

L'analyse de Cournot a été contestée par des auteurs trouvant totalement artificiel de décrire les causes et effets comme s'enchaînant de façon linéaire[2] alors que, plus exactement, ils s'emmêlent en un véritable réseau. Cette critique, qui met l'accent sur une difficulté réelle, n'empêche pas la définition de Cournot d'être pratiquement très éclairante, car, dans ce réseau des effets et des causes, il est rare qu'on ne puisse repérer des actions très fortement prépondérantes et d'autres largement secondaires. Et d'ailleurs rien n'empêche dans cette définition de remplacer le mot « *séries* » par celui de « *réseaux* ».[3]

Le point de vue d'Henri Poincaré

Poincaré n'ignore pas la définition de Cournot, mais il préfère présenter les choses différemment. Il pense qu'on se trouve presque toujours dans l'une des trois situations suivantes : *équilibre instable* ; *petitesse et complexité des causes* ;

---

1. « *Personne ne pensera sérieusement qu'en frappant la terre du pied… il ébranle le système des satellites de Jupiter…* » (*Essai sur les fondements…* p. 36.).
2. « *Nous remontons d'un effet à sa cause immédiate ; cette cause, à son tour, est conçue comme effet, et ainsi de suite, … Cette chaîne indéfinie de causes et d'effets qui se succèdent … constitue une série essentiellement linéaire. Une infinité de séries pareilles peuvent coexister dans le temps : elles peuvent se croiser, de manière qu'un même événement, … tienne en qualité d'effet à plusieurs séries distinctes de causes génératrices, ou engendre à son tour plusieurs séries d'effets qui resteront distinctes et parfaitement séparées à partir du terme initial qui leur est commun …* » (*Essai sur les fondements…* p. 36).
Pour mieux faire saisir cette situation, Cournot donne ensuite l'exemple des générations humaines et des familles avec les ascendants et les descendants.
3. On peut signaler que Cournot a eu un prédécesseur, au début du XVIIIe siècle, en la personne de Jean de la Placette, auteur d'un *Traité des Jeux de Hasard* (La Haye 1714). Sa définition du hasard comme étant « *Le concours de deux ou trois événements contingents, chacun desquels a ses causes, en sorte que leur concours n'en a aucun que l'on connaisse* », a été reconnue par Cournot comme ancêtre de la sienne.

incomplétude de notre enquête dans la recherche des causes, cette dernière situation n'étant que subsidiaire.

Dans le premier cas il s'exprime comme suit :

« *Une cause très petite qui nous échappe, détermine un effet considérable que nous ne pouvons pas ne pas voir et alors nous disons que cet effet est dû au hasard... il peut arriver que de petites différences dans les conditions initiales en engendrent de très grandes dans les phénomènes finaux ;... La prédiction devient impossible et nous avons le phénomène fortuit.* »[1]

Un exemple est celui du cône de révolution posé sur son sommet en position d'équilibre. Il n'y a que dans la théorie mathématique que ce cône restera en équilibre ; dans la réalité il basculera immanquablement, sans que nous puissions prédire de quel côté se fera la chute ; on dit donc que le hasard va en décider. Le classique tirage à pile ou face, le lancement des dés ou de la roulette, ou encore l'usage de la planchette de Galton, sont aussi de bons exemples de génération du hasard s'appuyant sur l'action de causes qui sont d'ordre microscopique mais entraînent un effet macroscopique. Il est vrai qu'il serait également possible de les interpréter en s'appuyant sur la définition de Cournot.

Poincaré ne fait naturellement que développer ici un thème qui, loin d'être nouveau, a toujours eu la faveur des moralistes, lesquels se sont souvent extasiés sur les événements historiques ténus pouvant entraîner des conséquences considérables. Qui ne se souvient des remarques de Pascal sur le nez[2] de Cléopatre, qui aurait pu être plus court, ou de Renan sur le boulet de canon[3], qui tua Gustave Adolphe de Suède à la bataille de Lützen et aurait pu passer quelques centimètres plus loin ? Ce thème éternel est récemment revenu sur le devant de la scène sous les appellations médiatiques de chaos déterministe, effet papillon, ou plus modestement de turbulence.

Concernant le cas des causes complexes, une bonne illustration est fournie par les erreurs expérimentales, une fois que les erreurs systématiques auront été éliminées. Ce qui restera alors sera un résidu incontrôlable et inéliminable de causes multiples très faibles et emmêlées de façon complexe. Sur ces erreurs non systématiques, Poincaré écrit :

---

1. *Science et méthode*, pp. 68-69.
2. *Les Pensées*, papiers classés (Lafuma 413 ou Brunschvicg 162) : « *Le nez de Cléopâtre s'il eût été plus court toute la face de la terre aurait changé.* »
3. Dans *L'Avenir de la science* où il précise : « *La direction d'un boulet à quelques centimètres près n'est pas un fait proportionné aux immenses conséquences qui en sortirent.* »

> « ... *nous les attribuons au hasard parce que leurs causes sont trop compliquées et trop nombreuses. Ici encore nous n'avons que de petites causes, mais chacune d'elles ne produirait qu'un petit effet, c'est par leur union et par leur nombre que leurs effets deviennent redoutables.* » (Idem, p. 76).

Comme autres exemples de la même situation, il propose : le battage des cartes, la théorie cinétique des gaz ou la formation des gouttes de pluie dans l'atmosphère.

Enfin relativement au troisième point, il note :

> « ... *Notre faiblesse ne nous permet pas d'embrasser l'univers tout entier, et nous oblige à le découper en tranches... il arrive, de temps en temps, que deux de ces tranches réagissent l'une sur l'autre. Les effets de cette action mutuelle nous paraissent alors dus au hasard.* » (Idem, p. 77).

Poincaré considère à ce propos le fameux exemple du couvreur, et il reconnaît que cette troisième manière de concevoir le hasard se ramène la plupart du temps à l'une des deux autres.

Hasard et aléatoire pur

On notera que les analyses de Cournot ou Poincaré se placent au niveau des observations macroscopiques et que ces auteurs cherchent seulement à expliquer comment il est possible que le hasard naisse dans un monde régi par le déterminisme. Jamais ils ne nous parlent d'aléatoire pur et spontané. Au niveau ultra miscroscopique, la physique moderne décèle maintenant cet aléatoire spontané, mais celui-ci ne requiert alors plus aucune justification, car sa négation serait l'affirmation que le déterminisme devrait, à toutes les échelles, jouer avec une précision infinie. Or un tel cas limite est une pure fiction mathématique tout à fait inconcevable dans un monde physique au sein duquel un mécanisme, quel qu'il soit, ne saurait fonctionner sans que lui soit octroyé un minimum de jeu ou de latitude. Et la rançon de ce jeu, de cette liberté infinitésimale nécessaire, est la possibilité de rencontrer de temps à autre quelques erreurs ou imprécisions, telles celles que les généticiens observent à propos des copies du code génétique.

Le Hasard est-il objectif ou camoufle-t-il notre ignorance ?

Les positions des divers auteurs présentent une assez grande diversité, même quand elles sont énoncées par des tenants du déterminisme universel.

Pour Laplace et les probabilistes qui l'ont précédé, il n'y avait aucune hésitation. Le déterminisme était bien universel et le hasard simplement la traduction de notre ignorance. C'était aussi le point de vue clairement exprimé par Spinoza ou D'Alembert.[1] Notons que le texte de Laplace, si célèbre et si souvent cité, à propos de l'intelligence universelle qui, à un instant donné, connaîtrait tout l'univers, ne figure pas dans sa *Mécanique Céleste* ou son *Exposition du Système du Monde*, mais dans son *Essai Philosophique sur les Probabilités*.

De son côté, A. de Moivre dénonçait avec force notre tendance à croire que les mots ont une signification, simplement parce que nous les utilisons souvent :[2]

> « ... *But Chance, in atheistical writings or discourse, is a sound utterly insignificant : It imports no determination to any mode of Existence ; nor indeed to Existence itself, more than to non-existence ; it can neither be defined nor understood : nor can any Proposition concerning it be either affirmed or denied, excepting this one,* « *That it is mere a word* ».
>
> *The like may be said of some other words in frequent use; as fate, necessity, nature...* »

À l'opposé, pour Cournot l'objectivité du hasard ne faisait aucun doute et c'est un point sur lequel il s'exprime très fermement[3] :

> « ... *l'idée de hasard est l'idée de rencontre entre des faits rationnellement indépendants les uns des autres, rencontre qui n'est elle-même qu'un pur fait, auquel on ne peut assigner de loi ni de raison.* »

Quant à la position de Poincaré, elle est plus nuancée, car il a bien conscience de la relativité des notions de petitesse et de complexité sur lesquelles il s'appuie. Cependant, il pense que, à chaque époque, ce sont l'outillage mental et les possibilités techniques dont dispose la société, qui vont décider de ce qui doit être tenu pour petit ou pour complexe[4]. La relativité ne jouera donc pas trop d'un individu à l'autre, mais plutôt d'une société à l'autre ou d'une époque à l'autre, ce qui correspond à une certaine sorte d'objectivité.

---

1. Par exemple du premier, dans l'*Appendice contenant les Pensées Métaphysiques*, Livre I, chapitre III, p. 347 on lit : « ... *la possibilité et la contingence ... ne sont rien cependant que les défauts de notre entendement ... ces deux choses ne sont que des défauts de notre perception et non quoi que ce soit de réel* » et un siècle plus tard le second écrivait : « *il n'y a point de hasard à proprement parler, mais il y a son équivalent : l'ignorance où nous sommes des vraies causes des événements.* »
2. *The Doctrine of Chances*, 3e éd., 1756, p. 253.
3. *Traité de l'enchaînement...*, p. 67.
4. Il note également que, dans l'antiquité, ce qui était hasard pour l'un, était aussi hasard pour l'autre et même pour les dieux, puisqu'était attribué au hasard tout ce qui ne semblait pas obéir à des lois harmonieuses.

Testons ces points de vue. D'abord, reprenons l'exemple de la chute du cône en équilibre instable sur son sommet. Cette chute est premièrement due à notre incapacité foncière à placer le cône exactement dans la position d'équilibre, mais ceci étant, si nous avions la possibilité d'observer cette position avec suffisamment de précision, nous pourrions parfaitement prédire de quel côté aura lieu la chute. Secondairement, celle-ci est due aux sollicitations de l'environnement (vibrations du sol, pression de l'air ou de la lumière, variation de la température…), toutes causes qu'un peu plus de science nous permettrait d'évaluer pour en prévoir l'impact. Il est ici difficile de voir dans le hasard autre chose que le voile cachant notre ignorance.

Comme second exemple, considérons le cas d'une loterie dont le tirage serait effectué par un mécanisme automatique complexe, les résultats restant ensuite cachés à toutes personnes durant 24 heures. Pendant cette période de temps, la vente et l'achat des billets de cette loterie pourraient continuer comme avant le tirage. Pourtant, il est clair qu'il n'y aurait plus aucun hasard dans les faits, alors que du hasard continuerait à exister sous forme totalement subjective, à cause de l'ignorance commune à tous les protagonistes. Sur le plan pratique, on retrouverait la forme d'objectivité dont parle Poincaré, mais l'analyse du hasard comme un voile cachant l'ignorance semble bien, ici aussi, être la plus pertinente.

Hasard, ordre et finalité

Si certains, comme B. Spinoza ou A. de Moivre, déclarent que le hasard n'existe pas ou n'est qu'un mot, la plupart des auteurs lui reconnaissent une *existence au moins négative*.

L'ordre étant ce que nous recherchons spontanément comme élément de stabilité sur lequel nous appuyer, c'est en périphérie de cet ordre que le hasard peut apparaître, mais uniquement sous forme d'échec à étendre partout l'ordre construit. Il est donc nécessairement un manque, mais un manque par rapport à un système bien défini, car il peut y avoir de nombreux types d'ordre différents. Lachelier citait l'exemple des planètes du système solaire, lequel nous paraît former un ensemble bien organisé. Si la trajectoire d'une planète est perturbée par l'attraction d'une autre planète, nous ne voyons là nul hasard, mais si cette perturbation est due au passage d'une comète, nous serons par contre tentés d'y voir l'action du hasard.

Dans ces conditions, il peut y avoir diverses sortes de hasard, et à chaque fois il faudrait préciser par rapport à quel type d'ordre le hasard se trouve défini. Si l'ordre consiste en la prévisibilité, le hasard se trouvera là où il y aura de l'imprévisibilité ; si l'ordre est causal, sera hasard ce qui sera spontané ; si l'ordre est nécessité, le hasard sera là où il y a indétermination.

Cela dit, les philosophes acceptent les analyses des scientifiques mais, par fidélité à Aristote, ils les trouvent un peu courtes, parce qu'ils n'y retrouvent ni finalité, ni subjectivité. Ainsi le Vocabulaire de Lalande définit le hasard comme :

« ce qui est à la fois matériellement indéterminé et moralement non délibéré. »

Une définition plus ancienne, celle du Dictionnaire des Sciences Philosophiques de Frank était :

« ce qui ne paraît être le résultat ni d'une nécessité inhérente à la nature des choses, ni d'un plan conçu par l'intelligence. »

Ces définitions peuvent très bien s'accorder avec les analyses de Cournot et Poincaré, mais sont trop vagues pour être scientifiquement utilisables. S'il n'est pas imprudent de tenter de résumer la position d'un certain nombre de philosophes, disons que, *en gros*, ils sont d'accord entre eux pour voir dans le hasard un manque d'ordre, mais vont naturellement se séparer lorsqu'il faudra être plus précis. Le manque pourra être relativement à la causalité ou par rapport à la finalité, ou encore traduire la rencontre de la causalité là où la finalité était attendue (ou la situation inverse), ou bien la rencontre de deux finalités, ou la rencontre d'une causalité interne et d'une finalité externe… il peut donc y avoir beaucoup de diversité dans les points de vue.

À titre d'exemple, Henri Bergson ne voyait de hasard que là où un intérêt humain était présent. Ainsi, dans *Les deux sources de la morale et de la religion*, il écrit (p. 155) :

« Le hasard est donc le mécanisme se comportant comme s'il avait une intension… Le hasard est donc une intension qui s'est vidée de son contenu. »,

et dans *L'évolution créatrice* (p. 255) :

« Le hasard ne fait qu'objectiver l'état d'âme de celui qui se serait attendu à l'une des deux espèces d'ordre et qui rencontre l'autre. »

APPENDICE 4

Entre la probabilité et l'espérance

La Probabilité dans le Sens Ancien

On sait qu'originairement le mot probabilité n'avait pas le sens d'évaluation numérique que les mathématiciens lui ont depuis donné et qui a recouvert tous les autres. Naturellement, il a toujours correspondu à un degré de confiance ou d'approbation, mais qui ne reposait aucunement sur les jugements de la raison ou les témoignages des sens.

Les penseurs médiévaux distinguaient nettement la *connaissance* de l'*opinion* et ne leur reconnaissaient aucun statut commun. La science était la connaissance des vérités universelles (ou supposées telles) vraies par nécessité, telles que vérités premières ou produits de démonstrations. L'opinion recouvrait tout ce qui était croyances ou doctrines non obtenues par démonstration et ce n'était qu'à propos d'elles qu'on pouvait parler de probabilité. Cette dernière pouvait croître, conduire une opinion pratiquement jusqu'à la certitude, cela ne lui permettait jamais d'atteindre le statut de la connaissance.

Qu'était alors une opinion probable ? C'était une opinion soutenue par le témoignage des gens raisonnables, des sages, des personnes ayant autorité. Une croyance était très probable, si des personnes de poids étaient en sa faveur. De deux opinions probables, la plus probable était celle disposant du meilleur soutien. De là s'explique *la doctrine des opinions probables*, élaborée par les casuistes, et que Pascal va tourner en dérision dans les *5e* et *6e Lettres à un Provincial*. Dans ces lettres, il fait expliquer par son interlocuteur que, en matière de morale, le tout est de suivre une opinion probable, mais pas nécessairement la plus probable. Si, comme c'est souvent le cas, les théologiens sont en désaccord entre eux, toute opinion qui aura été soutenue par l'un d'entre eux sera donc une opinion probable, ce qui laisse beaucoup de laxisme dans le choix d'une conduite morale. Ces textes sont de 1656, mais longtemps après, alors qu'il parle de probabilités, Leibniz se croira obligé de préciser qu'il ne traite aucunement de casuistique fondée sur le nombre et la réputation des Docteurs, mais de ce qui est dérivé de la nature des choses en fonction de ce que nous savons sur elles.

La Probabilité dans le Sens Moderne

On a déjà noté que, sans la nommer autrement que « *fraction des hazards* », dès 1654, Fermat avait une notion parfaitement claire de la probabilité mathématique.

Bien que Huygens n'ait en apparence utilisé que l'espérance mathématique, il semble pourtant avoir également maîtrisé le concept de probabilité. Il est vrai que celui-ci n'intervient jamais explicitement dans son opuscule en latin, mais, dans la version néerlandaise, on peut voir l'auteur employer de façon répétitive le mot « *kans* » lequel, comme le mot français « *chance* », peut avoir le sens de « *possibilité* » (par exemple dans : « il y a des chances de succès ») ou de « *probabilité* » (par exemple dans : « les deux éventualités ont des chances égales »). À chaque fois il est suffisamment explicite pour qu'il soit possible de distinguer quel sens il entend donner à ce mot. Dans la version en latin, les choses sont moins évidentes. Huygens avait préparé une liste de mots latins utilisables pour la traduction : *alea, sors, fortuna, casus, lusiones*… parmi lesquels van Schooten va choisir « *alea* » pour le titre, « *lusiones* » pour traduire « jeux », « *sors* » pour traduire « hasard » (*geval* en néerlandais) alors que son élève aurait préféré « *fortuna* ». Surtout il ne traduisit jamais le mot « chance » (*kans*) et se contenta de le remplacer dans tout le traité par une périphrase en rendant ainsi plus imprécise la pensée de Huygens. Par contre, alors que ce dernier n'employait pour l'espérance mathématique que des expressions du genre « cela a même valeur pour moi que », c'est lui qui introduisit de façon uniforme le terme « *expectatio* ». Le traducteur semble donc avoir joué un rôle non négligeable dans l'éclipse de 50 ans que le concept de probabilité va connaître face à celui d'espérance.

La *première apparition imprimée* du mot probabilité *avec son sens moderne*, semble remonter à 1662, dans les derniers chapitres de *la Logique* dite *de Port-Royal*. À la IVe partie, chapitres XIII puis XV, il est reconnu que notre esprit :

« … *se doit : même contenter en plusieurs rencontres de la plus grande probabilité* »,

et ensuite que :

« … *le mieux que nous puissions faire quand nous sommes engagés à prendre parti, est d'embrasser le plus probable, puisque ce seroit un renversement de la raison d'embrasser le moins probable.* »

Les exemples numériques présentés attestent que la probabilité dont il est fait ici mention, est bien la probabilité mathématique.

L'un de ces exemples concerne le passé à propos d'un document signé de deux notaires et dont on se demande s'il a ou non été antidaté. L'ouvrage énonce que cela peut être le cas mais que sur 1 000 contrats il en est 999 qui ne sont pas antidatés et donc :

« … il est incomparablement plus probable, que ce contrat que je vois est l'un des neuf cent quatre-vingt-dix-neuf que non pas qu'il soit cet unique qui entre mille se peut trouver antidaté. »

Concernant le futur, un autre exemple sans équivoque est donné sur les jeux de hasard.

Enfin, le chapitre XVI note que :

« Ces réflexions paroissent petites, & elles le sont en effet, si on en demeure là ; mais on les peut faire servir à des choses plus importantes :… Il y a, par exemple, beaucoup de personnes qui sont dans une frayeur excessive lorsqu'ils entendent tonner… elle (la frayeur) n'est pas raisonnable. Car de deux millions de personnes, c'est beaucoup s'il y en a une qui meure en cette manière… la crainte d'un mal doit être proportionnée non seulement à la grandeur du mal, mais aussi à la probabilité de l'événement, comme il n'y a guere de genre de mort plus rare que de mourir par le tonnerre, il n'y en a guere aussi qui nous dût causer moins de crainte, vu même que cette crainte ne sert de rien pour nous le faire éviter. »

Dans tous ces extraits, on voit bien que c'est toujours de la probabilité mathématique qu'il est fait mention.

Celle-ci réapparaîtra à nouveau dans la partie IV du livre de Jakob Bernoulli, où on ne saurait se passer d'elle pour énoncer le grand théorème, ainsi que dans la thèse de son neveu Niklaus. P. de Montmort s'en servira avec aisance et, dès l'époque d'A. de Moivre, elle deviendra le concept de base incontournable à partir duquel l'espérance mathématique sera dérivée.

L'Espérance Mathématique

Alors que *La Logique* l'évoque à peine et laisse plutôt entendre que le concept fondamental serait celui de probabilité, l'espérance mathématique connut le succès que l'on a relaté, à la suite de l'ouvrage de Huygens. De façon étonnante, le calcul des chances naissant va se fonder sur elle ou, si l'on préfère, sur le concept d'équité. Pourquoi en est-il allé ainsi ? Il y a d'abord des raisons assez évidentes.

L'espérance a en sa faveur de nombreux atouts, à commencer par le caractère simple et intuitif de sa définition. Bernoulli donnait l'exemple du marchand de vin qui, mélangeant plusieurs crus à des prix différents, vend le mélange à un prix moyen. Dans ses *Nouveaux essais sur l'entendement humain*[1], Leibniz rappelle à propos du calcul des probabilités :

> « *Le fondement sur lequel on a bâti revient… à prendre un moyen* arithmétique *entre plusieurs suppositions également recevables. Et nos paysans s'en sont servis il y a longtemps suivant leur* mathématique naturelle. *Par exemple, quand quelque héritage ou terre doit être vendue, ils forment trois bandes d'estimateurs… chaque bande fait une estime du bien en question. Supposé donc que l'une l'estime être de la valeur de 1000 écus, l'autre de 1400, la troisième de 1500, on prend la somme de ces trois estimes, qui est 3900, et parce qu'il y a eu trois bandes, on en prend le tiers, qui est 1300 pour la valeur moyenne demandée.* »

La parenté de ce texte avec les premières propositions de Huygens est évidente ; en introduisant l'espérance mathématique, celui-ci n'a fait qu'appliquer au calcul des probabilités des méthodes d'évaluation ayant un usage universel dans le monde économique, où elles sont tenues pour équitables.

Faut-il être plus précis et voir, comme le suggère A. Coumet[2], dans l'intérêt très grand que Pascal et Huygens semblent avoir porté au concept d'équité, l'influence directe et nécessaire des préoccupations de la pratique jurisprudentielle ? Il y a sans doute une grande part de vérité dans cette remarque, tant la logique juridique est proche de la logique probabiliste, toutes deux devant se prononcer en des domaines où beaucoup d'incertitude demeure. C'est le cas dans nombre de procès pénaux ou de contrats aléatoires, tels que la vente ou la mise en gage d'une récolte, non encore effectuée et susceptible d'être anéantie par un prochain orage, sans parler des risques maritimes. La parenté entre les probabilités et le droit est d'ailleurs bien explicitée dans les écrits des deux Bernoulli, l'oncle et le neveu.

Cette interprétation est séduisante puisque Huygens, ayant reçu une formation juridique, devait très bien connaître les préoccupations des juristes en matière d'équité, et cela a pu influencer sa manière de poser les problèmes. En tout cas, il n'y avait certainement aucune nécessité imposant une telle approche, le contre-exemple donné par Fermat le prouve. Voici un juriste professionnel, bien meilleur connaisseur du droit et de la jurisprudence que Pascal et Huygens réunis, et qui pourtant ne songe nullement à baser ses raisonnements sur l'équité ou la pratique des juges. Au contraire, en évaluant les divers hazards, il essaye d'être objectif, de se fonder sur la nature des choses, plutôt que sur les jugements des hommes. Il tente donc de faire du calcul

---

1. Livre IV, Chapitre XVI, p. 413.
2. « La théorie du hasard est-elle née par hasard ? », *Annales ESC*, 1970.

des chances une science de la nature plutôt qu'une science humaine, et à ce titre, à nouveau, peut-être est-il trop en avance sur son temps. En tout cas, si Huygens avait pu rencontrer Fermat avant d'écrire son livre, les débuts du calcul des probabilités auraient très bien pu adopter une présentation assez différente.

Bibliographie

ARISTOTE, *La physique*, Livre II.
ARNAUD (A.) et NICOLE (P.), *La Logique ou l'art de penser*, Paris, Flammarion, 1970.
BARBIN (E.) et LAMARCHE (J.-P.), coordonné par, *Histoire de Probabilités et de Statistique*, Paris, Ellipses, 2004.
BERGSON (H.), *Les Deux sources de la morale et de la religion*, Paris, PUF, 1932.
— *L'évolution créatrice*, Paris, PUF, 1932.
BERNOULLI (Daniel), « *Specimen theoria novae de mensura sortis* », dans Commentarii Academiae Scientiarum Impr. Petropolitanae, *1730-31 (1738), V, pp. 175-192*.
BERNOULLI (Jakob), *Werke*, WAERDEN (B.), VAN DER éd., Bâle, Birkhäuser Verlag, 1975, Band 3.
BERTRAND (J.), *Calcul des probabilités*, Paris, Gauthier-Villars, 1899.
BLAY (M.) et HALLEUX (R.), sous la direction de, *La Science classique – XVIe-XVIIIe siècle, Dictionnaire critique*, Paris, Flammarion, 1998.
BOREL (E.), *Œuvres*, CNRS, 1972, 4 tomes.
BOURSIN (J.-L.) et CAUSSAT (P.), *Autopsie du hasard*, Paris, Bordas, 1970.
BRÉHIER (E.), *Histoire de la philosophie*, Paris, PUF, 1961.
BUFFON (G.), *Essai d'arithmétique morale*, 1777, supplément à *l'Histoire Naturelle*, vol. 4.
BURCKHARDT (Jacob), *La Civilisation de la Renaissance en Italie*, Paris, Éditions GONTHIER, Librairie Plon, 1958, vol. I et II.
CARBONNIER (J.), *Droit civil*, Paris, PUF, coll. « Thémis », 1957, Tome II.
— *Sociologie juridique*, Paris, Armand Colin, 1972.
CHATEAUBRIAND (F.-R.), DE, *Itinéraire de Paris à Jérusalem*, Paris, Garnier-Flammarion, 1968.
CHEVALIER (J.), *Histoire de la pensée*, Paris, Flammarion, 1966, 4 vol.
COLLETTE (J.-P.), *Histoire des mathématiques*, Montréal, Éditions du Renouveau pédagogique Inc., 1973.
COUMET (E.), « *Le Problème des partis avant Pascal* », dans *Archives internationales d'histoire des sciences*, 1965, 18/73, pp. 245-272.
— « *La Théorie du hasard est-elle née par hasard ?* », dans *Annales ESC*, 1970, 3, mai-juin, pp. 574-598.
COURNOT (A.), *Essai sur les fondements de la connaissance et sur les caractères de la critique philosophique*, Paris, Hachette, 1912.
— *Traité de l'enchaînement des idées fondamentales dans les sciences et dans l'histoire*, Paris, Hachette, 1922.

— *Considérations sur la marche des idées et des événements dans les temps modernes*, Paris, Boivin et Cie, 1934, 2 vol.
— *Matérialisme, vitalisme, rationalisme (Études sur l'emploi des données de la science en philosophie)*, Paris, Hachette, 1923.

DARESTE, « *Du prêt à la grosse chez les athéniens* », dans *Revue historique*, 1867, Tome XIII.

DASTON (L.), « *L'Interprétation classique du calcul des probabilités* », dans *Annales ESC*, 1989, 3, mai-juin, pp. 715-731.

DAVID (F. N.), *Games, Gods, and Gambling*, Londres, Griffin, 1962.
— « *Some Notes on Laplace* », dans *Bernoulli 1713, Bayes 1763, Laplace 1813 Anniversary Volume*, Springer Verlag, 1965, 30-44.

DELTHEIL (R.), *Probabilités géométriques*, Paris, Gauthier-Villars, 1926.
— *Sur la théorie des probabilités géométriques*, Thèse de la Faculté des Sciences de Paris, soutenue le 23 décembre 1920.

DE WITT (J.), *Waerdye van Lyf-Renten, Naer proportie van Los-Renten*, dans *Die Werke von Jakob Bernoulli*, Bâle, Birkhäuser Verlag, 1975, Band 3.

DJEBBAR (A.), *Une histoire de la science arabe*, Paris, Seuil, 2001.

DRESDEN (S.), *L'Humanisme et la Renaissance*, Paris, Hachette, coll. « L'Univers des connaissances », 1967.

ELLUL (J.), *Histoire des institutions*, Paris, PUF, coll. « Thémis », 1958, Tome I et II.

FEBVRE (L.), *Le Problème de l'incroyance au XVIe siècle*, Paris, Albin Michel, coll. « L'Évolution de l'Humanité », 1968.

FELLER (W.), *An Introduction to Probability Theory and Its Applications*, New York, John Wiley and Sons, 1970, 3e édition, Tome I.

FERMAT (P.), DE, *Œuvres*, TANNERY (P.) et HENRY (C.) éditeurs, Paris, Gauthier-Villars et fils, 1894.

HEYDE (C.C.) et SENETA (E.), *I.J. Bienaymé*, New York, Springer Verlag, 1977.

ISAAC (R.), *Une initiation aux probabilités*, Paris, Vuibert/Springer, 2005.

KENDAL (M. G.), « *Studies in the History of Probability and Statistics: II* », dans *Biometrika*, 6/1956, 43, parts 1 et 2.
— « *Thomas Young on coincidences* », dans *Biometrika*, 1968, 55, 249-250.

KENDAL (M. G.) et MORAN (P. A. P.), *Geometric Probability*, Londres, Griffin, 1963.

KOHLI (K.), VON, « *Spieldauer : Von Jakob Bernoullis Lösung der fünften Aufgabe von Huygens bis zu den Arbeiten von de Moivre* », Inaugural-Dissertation, Universität Zürich, *1967*, dans *Die Werke von Jakob Bernoulli*, Bâle, Birkhäuser Verlag, 1975, Band 3.

KOHLI (K.), VON et WAERDEN (B. L.), VAN DER, « *Bevertung von Leibrenten* », dans *Die Werke von Jakob Bernoulli*, Bâle, Birkhäuser Verlag, 1975, Band 3.

LALANDE (A.), *Vocabulaire technique et critique de la philosophie*, Paris, PUF, 1968.

LAPLACE (P. S.), DE, *Théorie analytique des probabilités*, Paris, 1812.

LECOURT (D.), sous la direction de, *Dictionnaire d'histoire et philosophie des sciences*, Paris, PUF, 1999.

LE DANTEC (F.), *Le Chaos et l'Harmonie universelle*, Paris, Alcan, 1911.

LEIBNIZ (G.), *Nouveaux Essais Sur l'Entendement Humain*, Paris, Garnier-Flammarion, 1966.
LÉVY-BRUHL (L.), *La Mentalité primitive*, Paris, Alcan, 1922.
MAISTROV (L.E.), *Probability Theory. A historical Sketch*, New York, Academic Press, 1974.
MOIVRE (A.), DE, *The doctrine of chances*, London, 1756, et New York, Chelsea Pub. C°, 1967.
PASCAL (B.), *Œuvres complètes*, LAFUMA (L.) éd., Paris, Seuil, 1963.
PICARD (P.-C.), « *Éthnosociologie de la mathématique* », dans *L'Année Sociologique*, 1971, 3ᵉ série, 22, 13-47.
PLATON, *La République*.
POINCARÉ (H.), *Calcul des probabilités*, Paris, 1912.
— *Science et méthode*, Paris, Flammarion, 1947.
RÉNYI (A.), *Calcul des probabilités*, Paris, Dunod, 1966, traduit de l'allemand par BLOCH (C.).
RICHARD (P. J.), *Histoire des institutions d'assurance en France*, Paris, L'Argus, 1956.
RIPERT (G.), *Précis de droit maritime*, Paris, Rousseau et Cⁱᵉ, 1929-1930, 3 tomes.
ROSHDI (R.), sous la direction de, *Histoire des sciences arabes*, Paris, Seuil, 1997, Tome II : Mathématiques et physique.
RUELLE (D.), *Hasard et chaos*, Paris, Odile Jacob, coll. « Poches », 2000.
SEAL (H.), « *Sur le développement historique de l'usage des fonctions génératrices en théorie des probabilités* », dans *Bull. Actuaires Suisses*, 1949, 49, 209-228.
SENETA (E.), « *Notices historiques* », dans *Encyclopedia of Statistical Sciences*, KOTZ (S.) et JOHNSON (N.L.) éditeurs, New York, John Wiley and Sons, 1985, 9 vol.
SHEYNIN (O.), « *On the history of Bayes's theorem* », dans *Math. Scientist*, 2003, 28, 37-42.
SESIANO (J.), *Une introduction à l'histoire de l'algèbre*, Lausanne, Presses Polytechniques et Universitaires Romandes, 1999.
SPIESS (O.), VON, « *Zur Vorgeschichte des Petersburger Problems* », dans *Die Werke von Jakob Bernoulli*, Bâle, Birkhäuser Verlag, 1975, Band 3.
SPINOZA (B.), *Œuvres*, Paris, Garnier-Flammarion, 1966, 4 tomes.
STEWART (I.), *Dieu joue-t-il aux dés ? Les mathématiques du chaos*, Paris, Flammarion, 1992.
SUÉTONE, *Vie des 12 Césars*, Paris, LGF, Le Livre de Poche, 1973.
TODHUNTER (I.), *History of the Mathematical Theory of Probability*, Cambridge, Cambridge University Press, 1865, et New York, Chelsea Publications C°, 1961.
USPENSKY (J.V.), *Introduction to mathematical probability*, New York, McGraw-Hill, 1937.
WARUSFEL (A.), sous la direction de, *Probabilités – Cours et exercices*, Paris, Vuibert, 2002.
WILSON (C.), *La République hollandaise des Provinces Unies*, Paris, Hachette, coll. « L'Univers des connaissances », 1968.
YABUUTI (K.), *Une histoire des mathématiques chinoises*, Paris, Belin, 2000, traduit du japonais par KAORU (B.) et JAMI (C.).

CET OUVRAGE A ÉTÉ ACHEVÉ D'IMPRIMER PAR L'IMPRIMERIE FLOCH À MAYENNE EN JUIN 2007
N° D'ÉDITEUR : MJ409. N° D'IMPRIMEUR : 68532. DÉPÔT LÉGAL : JUIN 2007. (IMPRIMÉ EN FRANCE)

Index des principales notions

Abréviations : é.a. = événement aléatoire ; i.i.d. = indépendantes identiquement distribuées (pour des v.a.r.) ; p.s. = presque sûr (pour un é.a. de probabilité 1) ; s.i. = stochastiquement indépendants (pour des é.a. ou des v.a.r.) ; v.a.r. = variable aléatoire réelle.

Académie (Mersenne) pp. 11-12 ; (La 2e et la 3e) (La nouvelle) pp. 43-44, 48-50.
Approximation (de Moivre) pp. 125-128.
Assurance pp. 33-35, 130-131, 139-140, 149.
Barrière(s) absorbante(s) (dans une marche aléatoire) : (2 barrières) pp. 142-143 ; (1 barrière) p. 149.
Bernoulli (Tirages de) p. 99-101 ; (Marche aléatoire de) p. 141 ; (Théorème de) p. 101.
Bertrand (Paradoxe de) pp. 80-81, 88-89.
Borel (Polémique entre Le Dantec et) pp. 163-165, 168-169.
Buffon (Aiguille de) pp. 79, 89-90 ; (un précurseur) pp. 83, 115.
Combinatoire (Différences entre probabilités et) pp. 19-23 ; (Traité de Pascal sur la) p. 177-178.
Convergence (en loi ou en distribution) p. 132 ; (en moyenne d'ordre 1) p. 125 ; (presque sûre) p. 105 ; (en probabilité) p. 101.
Dimension 2 ou 3 (Marches aléatoires en) pp. 170-172.
Distribution binomiale p. 100.
Durée (du jeu) pp. 152-160 ; (pour atteindre une position) pp. 163-169 ; (pour un 1er retour) pp. 160-162.
Équitable (Jeu), *Équité* pp. 14, 67-69, 110-115, 148, 215-217.
Espace probabilisé : c'est (Ω, $\mathcal{A}$, $\mathbb{P}$) où Ω est l'ensemble des épreuves ou des événements élémentaires, $\mathcal{A} \subset \mathcal{P}(\Omega)$, $\mathcal{P}(\Omega)$ étant l'ensemble des parties de Ω, $\mathbb{P}$ une mesure de probabilité. Si Ω est dénombrable, on peut prendre $\mathcal{A} = \mathcal{P}(\Omega)$ et toute fonction $\Omega \to \mathbb{R}$ est alors une v.a.r..
Espace produit p. 99.
Espérance mathématique pp. 68-69, 75-77, 83, 109-115, 215-217.
Événement (contingent ou aléatoire) : 1) au *sens intuitif*, c'est un événement qui peut se produire ou non ; 2) au *sens mathématique*, un espace probabilisé étant donné, c'est une partie de Ω qui est élément de $\mathcal{A}$ c'est-à-dire un é.a..
Finalité pp. 42-43, 210-211.
Fonction (génératrice ou caractéristique) pp. 101, 133.
Gain positif (dans un jeu) pp. 160, 163-169.

Hasard (*Le*) (archaïque) pp. 31-32 ; (et déterminisme) pp. 208-209 ; (philosophique) pp. 40-43, 210-211 ; (scientifique) pp. 205-208 ; (son rôle dans la naissance du calcul des probabilités) pp. 27, 32, 37, 40 ; (choix au hasard (resp.) d'un point, d'une doite, entre deux expressions) pp. 86, 87-88, 83.

Histoire (des mathématiques) pp. 8, 173-183.

Indépendance (physique ou stochastique) pp. 98-99.

Inégalités (de Bienaymé-Chebyshev) (de Markov) p. 104.

Loi(s) (Falcidia) pp. 37-38 ; (des grands nombres) pp. 104-107 ; (du hasard) pp. 12, 28-29, 36 ; (naturelle) p. 37.

Ordre (et désordre) pp. 28, 40-41.

Prêt à la grosse pp. 32-34.

Probabilité(s) : 1) Fermat parle de « *fraction des hazards* » pp. 65-66, 77 ; 2) au *sens ancien*, au *sens moderne* pp. 213-215 ; 3) *objective* ou *subjective* pp. 44-45 ; 4) *géométriques* pp. 22-23, 78-82, 86-90 ; 5) *Calcul des…* : l'ancien nom était calcul des chances p. 203 ; 6) *Convergence* (en) p. 101 ; 7) au *sens mathématique* : un espace probabilisé étant donné, il peut s'agir de la mesure de probabilité $\mathbb{P}$, ou de la probabilité d'un é.a. A, c'est-à-dire de $\mathbb{P}(A)$ (analogie : dans la mesure d'une longueur, il faut distinguer l'opération de mesure et le résultat d'une mesure particulière) ; Laplace traite le cas où $\Omega = \{\omega_1, \omega_2, …, \omega_n\}$, et $\mathbb{P}$ est uniforme, $\mathbb{P}(A)$ étant le quotient par n du nombre des ω_i entraînant réalisation de A.

Probable (opinion), *probabilisme* (doctrine morale) pp. 45, 213.

Problème(s) (I, II et V de Huygens) pp. 70-75, 144-149 ; (des partis) p. 51 ; (des rencontres) p. 78 ; (de Saint-Pétersbourg) p. 107-108.

Régularité statistique pp. 29-30.

Rentes viagères pp. 37-39.

Retour (et 1er retour) *en une position* (dans une marche aléatoire) pp. 160-163.

Risque (Théorie du) pp. 139-140, 149.

Ruine (Probabilité de) pp. 142-143.

Saint-Pétersbourg (École de) p. 134 ; (Paradoxe de) pp. 107-108.

Sondage pp. 129-130.

Symbolisme pp. 176-179.

Stochastique(s) pp. 201-202 ; (Processus) pp. 139-141 ; (Convergences) pp. 101, 105, 125, 132.

Textes (fondateurs, en ordre chronologique) : *De Vetula* pp. 47-48 ; *Liber de Ludo Aleae* (Cardano) p. 54-55 ; *Sopra le Scoperte dei Dadi* (Galilée) pp. 55-56 ; *Adresse à l'Académie Parisienne* (Pascal) pp. 11-12 ; *De ratiociniis in Ludo Aleae* (Huygens) pp. 11, 67-73, 144, 214 ; *La Logique ou l'Art de Penser* (Arnauld et Nicole) pp. 214-215 ; *Essai d'Analyse sur les Jeux de hazard* (de Montmort) pp. 96, 123, 152 ; *Ars Conjectandi* (Jakob Bernoulli) pp. 72-74, 94-98, 115-117, 146-147 ; *The Doctrine of Chances* (de Moivre) pp. 147-149, 153-154 ; *Théorie Analytique des Probabilités* (Laplace) pp. 11, 178-179.

Théorème (asymptotique de Laplace) p. 133 ; (de Bernoulli) p. 101 ; (de Khinchin) p. 105 ; (de la limite centrée) pp. 134-135 ; (de la loi faible des grands nombres) p. 104 ; (de Moivre-Laplace) p. 129 ; (de Weierstrass) p. 102.

Variable aléatoire réelle pp. 76, 165.